“十四五”时期国家重点出版物出版专项规划项目
半导体与集成电路关键技术丛书
微电子与集成电路先进技术丛书

U0168379

芯片设计——CMOS 模拟集成电路设计与仿真实例：基于 Cadence IC 617

李潇然　王兴华　陈志铭　张蕾　编著

机 械 工 业 出 版 社

本书介绍 CMOS 模拟与射频集成电路的基本知识，着重讲述了利用 Cadence ADE 软件进行集成电路设计的仿真方法和操作流程。本书包含多种集成电路中常见电路单元的实例分析，包括运算放大器、低噪声放大器、射频功率放大器、混频器、带隙基准源、模-数转换器等内容。

本书注重选材，内容丰富，在基本概念和原理的基础上，通过实例分析详细讲述了 CMOS 模拟与射频集成电路关键单元的设计方法。本书为北京理工大学集成电路设计实践课程教材，并且可作为 CMOS 模拟与射频集成电路设计初学者，以及高等院校电子科学与技术、集成电路科学与工程等专业的学习用书，也可供从事微电子与集成电路领域的科研和工程技术人员参考。

图书在版编目（CIP）数据

芯片设计：CMOS 模拟集成电路设计与仿真实例：基于 Cadence IC 617/李潇然等编著. —北京：机械工业出版社，2023.2（2025.1 重印）

（半导体与集成电路关键技术丛书. 微电子与集成电路先进技术丛书）

“十四五”时期国家重点出版物出版专项规划项目

ISBN 978-7-111-72306-6

Ⅰ.①芯…　Ⅱ.①李…　Ⅲ.①芯片-设计　Ⅳ.①TN402

中国版本图书馆 CIP 数据核字（2022）第 252730 号

机械工业出版社（北京市百万庄大街 22 号　邮政编码 100037）

策划编辑：江婧婧　　责任编辑：江婧婧

责任校对：陈　越　贾立萍　　封面设计：鞠　杨

责任印制：李　昂

北京中科印刷有限公司印刷

2025 年 1 月第 1 版第 4 次印刷

169mm×239mm · 16.25 印张 · 332 千字

标准书号：ISBN 978-7-111-72306-6

定价：109.00 元

电话服务　　网络服务

客服电话：010-88361066　　机　工　官　网：www.cmpbook.com

010-88379833　　机　工　官　博：weibo.com/cmp1952

010-68326294　　金　书　网：www.golden-book.com

封底无防伪标均为盗版　　机工教育服务网：www.cmpedu.com

前　言

在政策引领和产业需求背景下，集成电路、5G、新能源汽车、人工智能、工业互联网等新一代信息技术飞速发展，不断涌现出多元化应用场景的技术融合和产品创新。其中，集成电路是现代信息技术的核心，是国民经济的重要组成部分，也是引领新一轮科技革命和产业变革的关键技术。目前，集成电路不仅在计算机、通信、消费电子、工业控制等传统产业中不可或缺，同时覆盖了物联网、云计算、无线充电、新能源汽车、可穿戴设备等新兴领域。

随着器件特征尺寸减小，MOS 器件的特征频率、最高频率和噪声系数等大幅提高。硅基 CMOS 工艺的功耗比较低、工艺十分成熟、成本较低，并且能够将数字电路、模拟电路和射频电路等集成在同一个芯片上，是实现数字与射频系统单片集成的重要技术。硅基模拟和射频集成电路技术不断提高，应用领域不断拓宽，对集成电路设计者提出了更大的挑战。

由 Cadence 公司开发的集成电路设计与仿真工具，具有丰富的功能，广泛应用于模拟和射频集成电路设计中。本书为北京理工大学集成电路设计实践课程教材，其内容从 CMOS 集成电路的基础以及 Cadence 仿真软件的基本操作入手，融合模拟和射频集成电路中的几种常见电路单元的实例分析，详细讲述了仿真操作与设计流程。

全书共分为 9 章，第 1 章是 CMOS 模拟集成电路设计流程简介。第 2 章详细说明了 Cadence 仿真软件 ADE 的使用界面和常用操作，并以 CMOS 共源放大器为例，讲述了电路搭建和仿真验证的基本操作流程。第 3 章主要对 ADE 的直流仿真、交流仿真、瞬态仿真、噪声仿真、S 参数仿真等基本仿真功能，以及参数扫描、蒙特卡洛仿真等高阶仿真功能进行概述说明，并介绍基本设置方式，每个仿真方法均通过实例进行分析。第 4 ~9 章分别讲述了几种常见电路单元的基本原理、主要性能参数、常见电路结构，然后通过实例进行详细说明。其中，第 4 章讲解了单级全差分折叠共源共栅运算放大器和闭环运算放大器；第 5 章介绍了 S 波段低噪声放大器的设计方法；第 6 章通过 S 波段功率放大器介绍了电路搭建、参数仿真、匹配方法和优化设计；第 7 章设计了一款 S 波段 Gilbert 双平衡下变频混频器；第 8 章介绍了带隙基准源的电路搭建、参数仿真、设计及优化方法；第 9 章讲述了并行式模 - 数转换器和逐次逼近式模 - 数转换器的设计和仿真流程。

本书的第 1、4 章由王兴华编写；第 2、5 章由陈志铭编写；第 3、6、7 章由李潇然编写；第 8、9 章由张蕾编写，陈铖颖和吕世东对技术和书稿也提供了大量帮助。感谢仲顺安教授对本书内容提出的宝贵意见；感谢在站博士后万嘉月、齐全文，资深工程师刘自成、韩放，以及在读研究生王瑛泽、鄂川源、李佳峄、朱宇哲、刘晓凡、卓恩锐、王超等在书稿整理和图片绘制等工作中给予的大力支持。

由于作者水平有限，加之时间较为仓促，书中难免存在疏漏和不妥之处，恳请同行和读者不吝赐教。

编著者

2022年8月

目录

第1章 CMOS模拟集成电路设计流程简介

集成电路被称为信息时代皇冠上的明珠，其应用和涵盖的技术内容日趋广泛和深入，在整个现代社会发展中具有极其重要的基础地位和前沿地位。以硅为衬底的CMOS工艺具有集成度高、功耗低、技术成熟、产能稳定、原材料丰富等众多优点，一直是大规模集成电路设计的主流工艺。

模拟集成电路作为采集接收和分析处理自然界信号过程中的重要组成部分，其设计技术最能体现经验传承的特点。虽然在现代很多复杂系统中都以数字电路和数字信号处理为主，但模拟电路仍然不可替代，并且具有重要作用。1958年，第一块集成电路在杰克·基尔比（Jack Kilby）手中问世，这是世界上第一个以单一材料制成的集成电路，证明了在一片晶圆上集成电子元器件的可行性。在之后几十年的时间里，集成电路的设计流程逐渐完善，设计方法逐步成熟。目前行业内模拟集成电路的设计流程主要如图1.1所示。

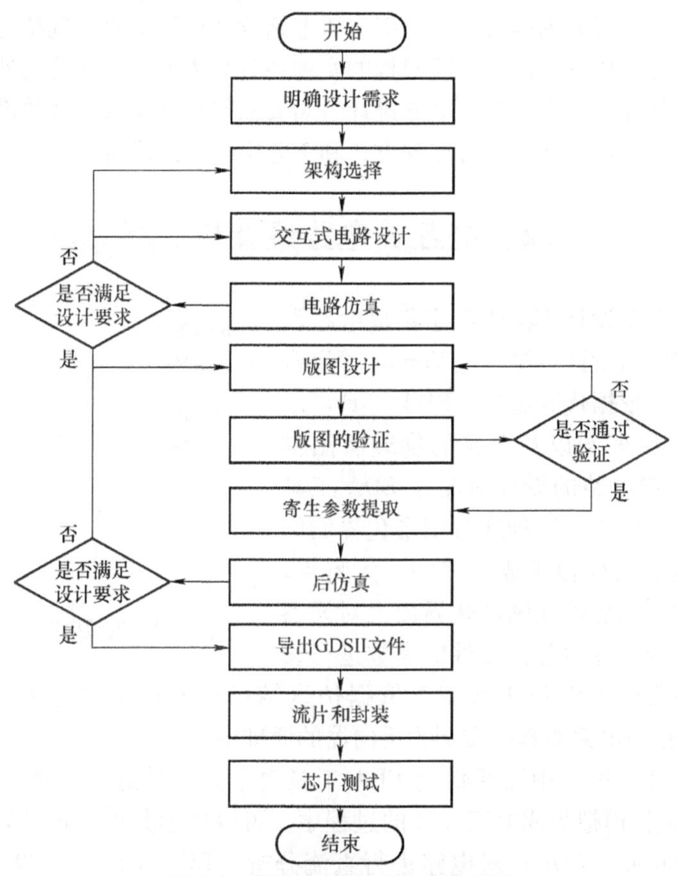

图1.1 模拟集成电路设计流程图

集成电路设计是依托在电子设计自动化（Electronic Design Automation，EDA）技术之上的工作，整个电路设计和仿真验证流程均采用精准的数学模型并通过精密的数学计算完成。在模拟集成电路的设计中，模拟电路工程师作为设计人员，需要深入理解器件和电路的数学模型来进行电路设计和仿真验证工作。从用户的设计需求出发，工程师要先完成电路原理图（Schematic）的设计，在原理图仿真满足设计要求时开始进行电路的版图（Layout）绘制，在经过版图的验证、寄生参数提取后，对电路进行后仿真验证，通过电路的后仿真验证后，工程师就可以将版图文件导出，交付给代工厂进行流片、封装，最终得到芯片实物，以完成后续的测试。

1.1 设计要求与方案选择

电路设计通常从需求出发，根据实际需求来确定模拟集成电路的各项指标。模拟集成电路工程师应站在用户角度思考问题，结合实际应用背景去思考所设计的模拟集成电路应符合的特定要求。

在明确了设计内容和目标之后，模拟电路工程师以此为依据选择该设计所依托的工艺和电路所采用的基本架构。模拟集成电路设计过程中要实现特定的功能，电路往往有多种可选择的架构，不同架构的实现各有其优缺点。除此之外，工艺的选择也会对电路的性能产生影响。电路设计者需要依据设计要求，从关键指标以及产品效益着手考量，进而在多种可实现方式和工艺中选取最优解。

1.2 交互式电路设计与仿真

模拟集成电路设计不同于数字集成电路设计，数字集成电路设计主要通过Verilog等语言进行代码描述，依据代码逻辑，EDA工具可以自动生成电路原理图以及电路的物理版图描述。而模拟集成电路的设计只能在EDA工具平台上进行手工绘制。这种通过图形化界面的交互式设计过程是模拟集成电路的一大特点。在设计过程中，工程师在图形化界面上对元器件进行布局布线，并对各元器件的参数进行设置。在设计过程中工程师通常需要依据仿真结果对原理图设计进行反复迭代。图1.2所示的模拟电路原理图实例为反向器的原理图。

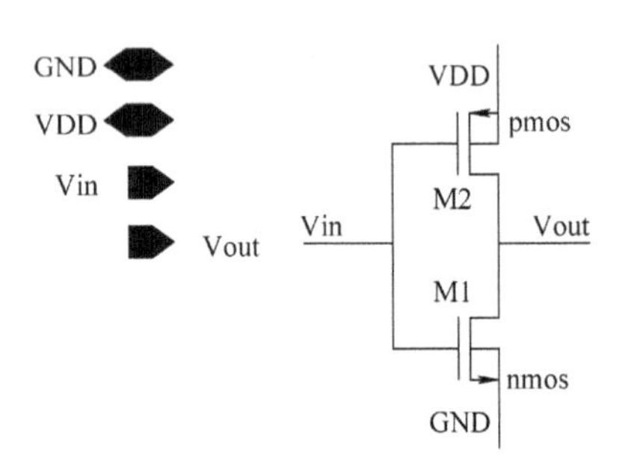

图1.2 模拟电路原理图实例

在电路设计的过程中需要借助EDA工具对电路设计进行验证。例如在利用Virtuoso软件进行模拟集成电路设计的过程中，可以借助其模拟设计环境（Analog Design Environment，ADE）对电路进行直流分析（DC Analysis）、交流分析（AC

Analysis)、瞬态分析（Transient Analysis)、噪声分析（Noise Analysis）等仿真分析。电路仿真可以辅助电路设计过程，工程师依据仿真结果对电路做出针对性的修改和优化。

模拟集成电路在仿真与设计的迭代过程中总是存在指标之间的折衷关系，因此设计师需要在各项指标之间进行权衡。

1.3　版图设计与验证

在完成了模拟电路原理图的设计和电路仿真后，需要在物理层面对电路原理图进行描述。电路物理层面的设计即为版图设计。由于模拟集成电路的特殊性，其版图设计在整个工程中占重要地位。模拟集成电路在版图设计过程中要考虑诸多影响因素，任何设计细节都可能会对最终流片结果产生很大影响。在进行版图绘制前要对电路的整体布局布线进行构思，晶体管栅的走向、输入输出端口位置、金属走线等均需要预先思考。例如，在版图绘制时需要对走线进行合理安排。原理图中互连线只表示元器件间的端点直接连接，互连线本身不会对电路性能产生影响，但是在版图设计的过程中，原理图中的每一根互连线对应了一条甚至多条金属走线，而每一段金属走线都有寄生电阻、寄生电容等，这个时候就需要合理布线以保证寄生效应对电路性能的影响降到最低。再如，模拟电路的版图设计还需进行模块间隔离以降低互相之间的干扰，图 1.3a 和 b 分别为一个单元模块和整体系统的版图。综上所述，在进行模拟集成电路的版图设计时需要兼顾各种影响因素，对版图的布局布线进行反复迭代优化。

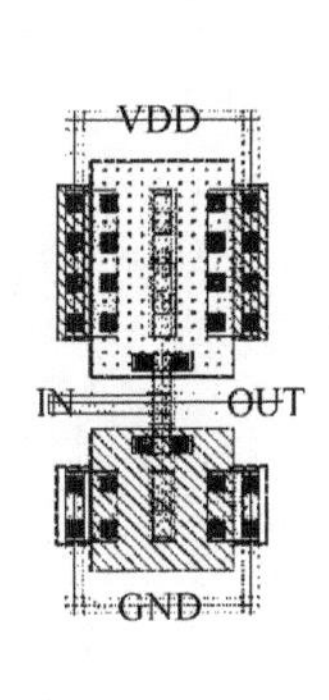

a) 反相器

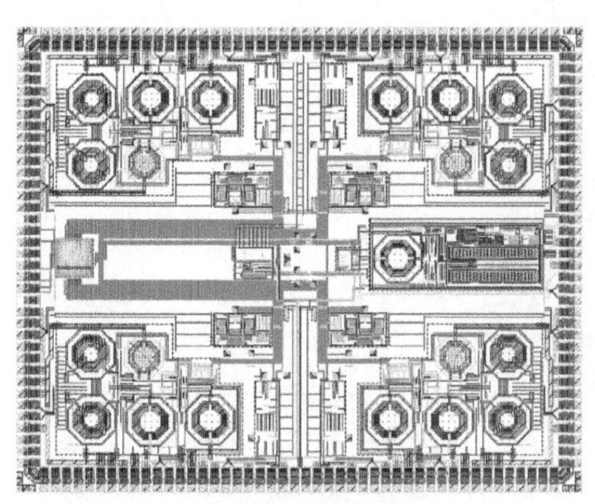

b) L波段4通道接收机

图 1.3　版图实例

既然版图是对电路原理图的物理描述，这就存在两个问题，一是工程师所绘制的版图是否准确地对原理图进行了描述；二是电路的物理描述是否具有物理实现的可行性。针对这两个问题，工程师需要对版图进行规则检验，主要包括设计规则检查（Design Rule Cheek，DRC），以及版图网表与电路原理图的比对（Layout Versus Schematic，LVS）。

DRC 可以辅助工程师对版图进行检查，避免出现违反设计规则的情况。比如两条相邻的金属线之间的距离应大于其要求的最小间距，每个金属层需要保证一定的金属密度等；再比如工艺天线效应（Process Antenna Effect，PAE），简称天线效应，是指在芯片加工生产过程中金属表面由于积累电荷过多且无法对地放电导致对栅氧化层造成破坏的现象；闩锁效应（Latch - up）也是一个重要问题，严重时会破坏芯片原本功能甚至使芯片烧毁。闩锁是指 NMOS 管的有源区、P 衬底、N 阱和 PMOS 管的有源区所构成的 n - p - n - p 结构中有一个晶体管正偏时形成的正反馈效应。DRC 可以辅助工程师检查出上述以及其他一些版图设计的细节问题，以便及时进行修正。

LVS 可以将版图和原理图进行比对，确认二者电路逻辑一致。LVS 报错的修改一般会涉及版图的布局布线，为减轻 LVS 后修改的压力，版图绘制时应注意原理图和版图要保持所用的元器件一致，包括元器件的各项参数设置；版图中各元器件的连接关系应与原理图保持一致，避免连接错误；检查版图中各个端口的情况，避免遗漏，以及检查标签所选的材料层是否正确等，图 1.4 所示为 LVS 通过的实例。

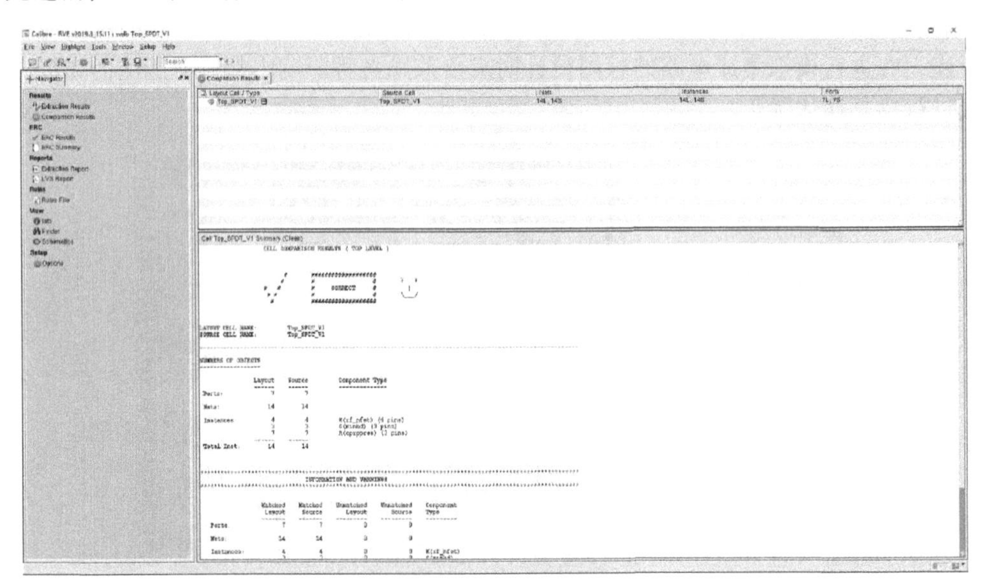

图 1.4　LVS 通过的实例

在完成了电路的版图绘制并通过了 DRC 和 LVS 等验证后，工程师需要对版图进行寄生参数提取。将电路互连线的寄生电阻、寄生电容以及寄生电感提取出来，以模拟真实的电路系统。

在完成了参数提取后，需要对电路进行后仿真验证，即将电路的寄生参数、互连延迟考虑在内并重新通过仿真对电路的功能、性能进行验证。后仿真是对电路经过物理描述后是否仍可满足设计需求的验证过程。通常电路经过物理描述并考虑物理层面的诸多寄生效应后，其性能情况会与电路原理图仿真结果存在一定差距。如果后仿真结果未达到设计要求，工程师需要有针对性地对版图或原理图进行优化。

在通过了后仿真检验后，就可以将模拟集成电路芯片的设计方案交付给代工厂进行生产制造，需要将模拟集成电路版图数据导出为 GDSII 格式文件。GDSII 为一种二进制文件，其中包含了集成电路版图的各种几何形状、文本、标签等信息。

1.4 芯片流片与测试

代工厂接收到集成电路版图的数据信息，试生产的过程称为流片，所设计的集成电路经过诸多道工序在一片晶圆上实现集成。对晶圆进行划片，将同一片晶圆上的密集的芯片分为一个个独立的单位。刚制造出的芯片，其物理结构完全暴露在空气中，与外界之间缺乏必要的隔离保护措施，将这个时候的芯片称为裸片，图 1.5所示为芯片实物显微照片。为了对芯片进行隔离保护，可依需要对其进行封装。

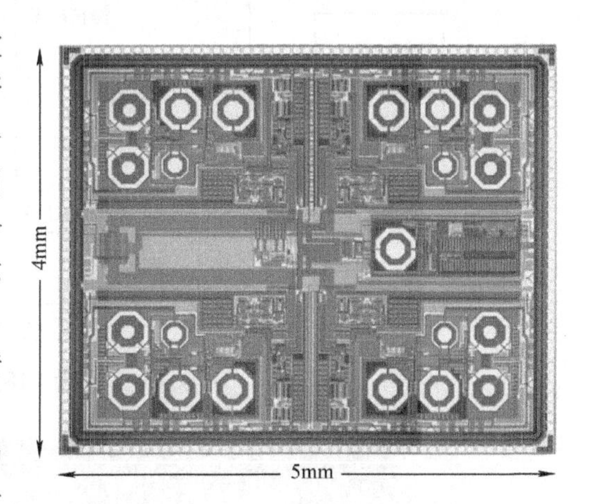

图 1.5 L 波段 4 通道接收机芯片照片

芯片测试是流片后对芯片性能的验证过程，是芯片研发过程中必不可少的环节。区别于采用 EDA 软件的仿真过程，测试是利用矢量网络分析仪、频谱分析仪、示波器等仪器设备对芯片的功能和性能进行验证的过程。

在一些芯片的测试中，需要将裸片的测试引脚通过键合的形式连接到测试 PCB 上，通过测试端口进行各项性能测试。图 1.6 为图 1.5 中芯片的测试 PCB，中间的方形部分是封装好的芯片，周围包括测试所需的外围电路。还有一些测试中，例如对于射频电路的测试，有些时候会通过芯片上的射频 PAD 直接用射频探针连接到测试仪器上，如图 1.7 所示。测试还可以选择在高温、低温等极端环境下进行，以查看芯片功能和性能受环境的影响情况。

a) PCB测试

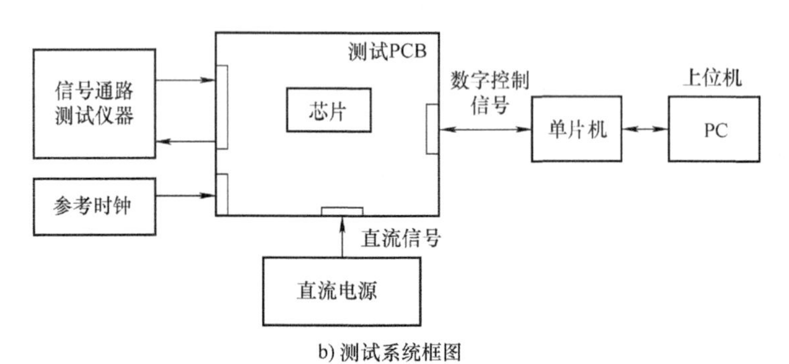

b) 测试系统框图

图1.6　L波段4通道接收机

a) 探针台测试平台

图1.7　探针台测试平台与细节展示，以及芯片照片

b) 探针台测试平台细节展示

c) 芯片照片

图 1.7　探针台测试平台与细节展示，以及芯片照片（续）

1.5　本章小结

本章从模拟集成电路的重要性着手，主要讲述了从电路需求确定，工艺和架构选择，电路设计与仿真，版图设计、验证、寄生参数提取与后仿真，到流片和测试的模拟集成电路的基本设计流程。

第 2 章　ADE 仿真概述

ADE 全称为 Analog Design Environment（模拟设计环境），是由 Cadence 公司开发的集成电路设计与仿真工具软件，具有丰富的功能，广泛应用于模拟和射频集成电路设计中。本章介绍 ADE 仿真软件的基本界面、常用操作，以及设计库中的基本元器件，并通过仿真实例进行基本操作的演示。

2.1　基本界面与操作

本节主要介绍 Cadence ADE 的主窗口与选项、设计库管理器、电路图编辑器、模拟设计环境和波形显示窗口。

2.1.1　软件启动

采用 Cadence IC 进行集成电路设计时，首先需要将 Cadence IC 由系统管理员安装在 Unix/Linux 环境下，并完成进行配置文件基本设置。然后在命令行下输入命令“virtuoso &”，运行 Cadence IC 软件。回车后，会自动弹出 Cadence IC 的命令行窗口（Command Interpreter Window，CIW），如图 2.1 所示。

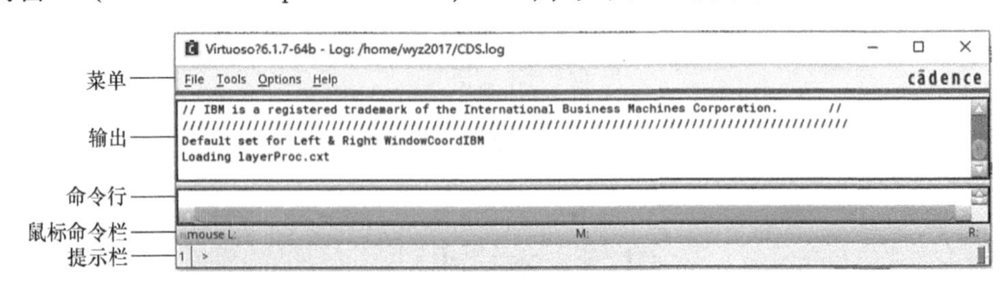

图 2.1　Cadence IC 的命令行窗口

从上到下命令行窗口内依次为菜单、输出、命令行、鼠标命令栏、提示栏。菜单中还包括：“File”“Tools”“Options” 和 “Help” 四个主选项，对应选项下包含子选项，具体如图 2.2 所示。

（1） File 选项

➢ File→New

创建新设计库（Library）或电路单元（Cellview）。

➢ File→Open

打开已有设计库（Library）或电路单元（Cellview）。

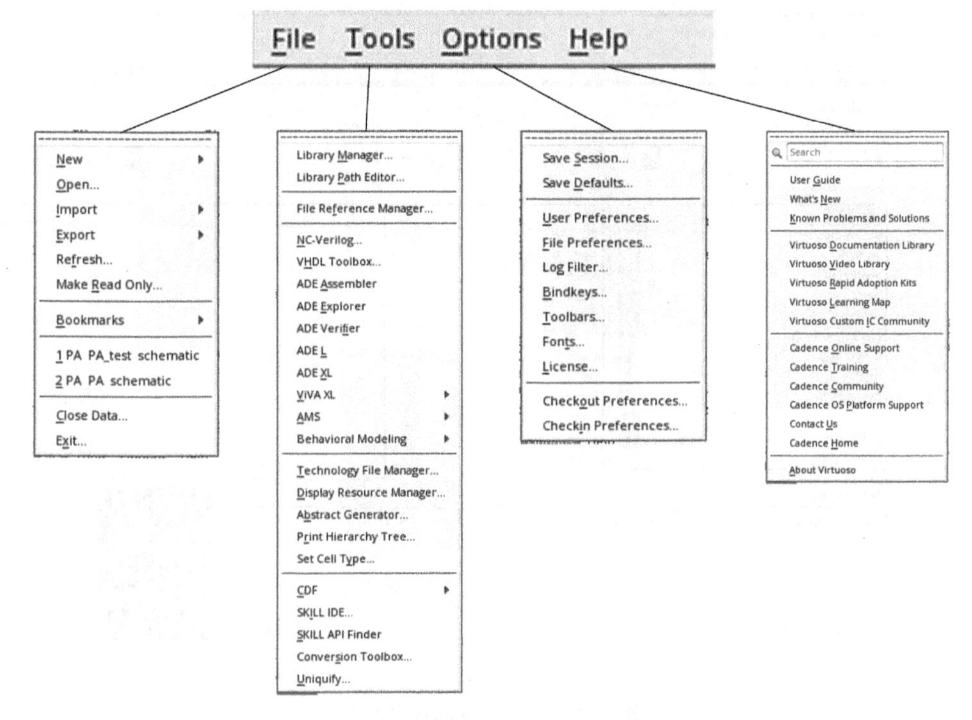

图 2.2　命令行窗口菜单栏的四个主选项和相应子选项

➢ File→Import

导入文件，可以将 GDS 版图、电路图、cdl 网表、模型库、VerilogA、Verilog 代码等不同文件导入软件中。

➢ File→Export

导出文件，可以将 Cadence 设计库中的电路或者版图导出成需要的文件类型。

➢ File→Exit

退出 Virtuoso 工作环境。

（2） Tools 选项

➢ Tools→Library Manager

图 2.3 为图形化的设计库浏览器界面，左侧的 Library 包括 cds. lib 文件添加的工艺库，以及设计者建立的设计库。点击左上角的 “Show Categories” 可以显示对应库里的目录。“Cell” 栏是对应库、对应目录里的所有电路单元。“View” 包括该电路单元下的所有文件，包括仿真图 “schematic”、仿真状态 “spectre” 和版图 “layout” 等。

➢ Tools→Library Path Editor

Library Path Editor 可以修改和添加设计库配置文件（cds. lib），如图 2.4 所示。设计者也可以采用这种方式将其他设计者的设计库加入自己的目录下，便于进行联

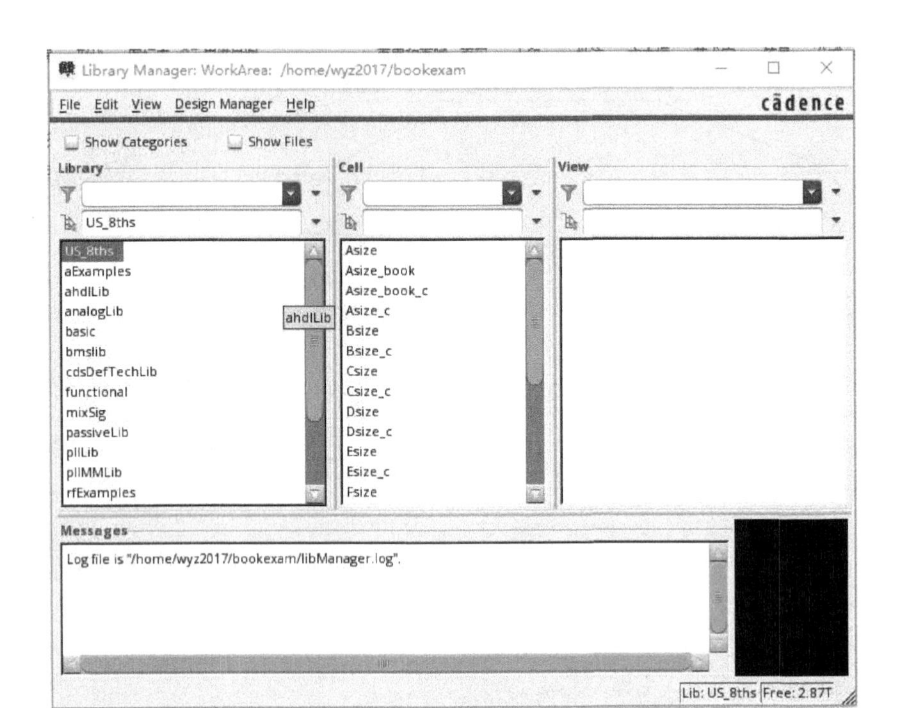

图 2.3　Library Manager 窗口

合仿真，但是这种方式加入的库通常是只读的。

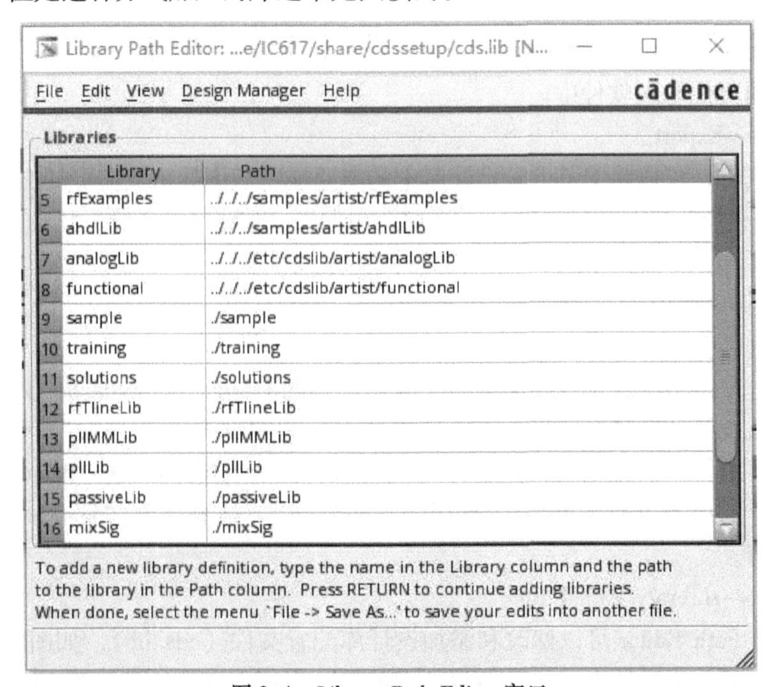

图 2.4　Library Path Editor 窗口

（3）Options 选项

用于自定义 Virtuoso 设计环境。可自定义的选项包括：

➢ User Preferences

包括电路图编辑窗口的配置、CIW 窗口的配置等。

➢ File Preferences

包括文件列表显示文件的数量、自动保存文件等。

➢ Log Filter

可通过勾选相关选项，选择命令行是否输出仿真的报错信息。

➢ Bindkeys

定义快捷键。

➢ Toolbars

对 Virtuoso 工具栏进行添加、编辑、删除等操作。

➢ Fonts

更改字体。

➢ License

管理许可证。

（4）Help 选项

用于打开 Cadence 的帮助文件，主要包括 ADE 的设置、Cadence 自带库中器件参数的设置等。

（5）其他部分

输出：该窗口用于显示操作的输出信息和提示，包括状态信息、警告信息、错误提示等。当仿真出现“Error”或者仿真无法开启时，可以通过输出窗口给出的错误提示修改操作。

命令行：在这一栏输入 SKILL 语言可以运行相应的命令，利用命令可以对界面上的任何项目进行控制，如电路编辑和仿真过程等。

鼠标命令栏：显示鼠标单击左、中、右键分别会执行的 SKILL 命令。

提示栏：显示当前 Cadence IC 程序运行中的功能提示。

2.1.2　库管理器

库管理器（Library Manager）窗口包括“Library”“Category”“Cell”“View”，如图 2.5 所示。

“Library”栏中是设计库，均在 cds.lib 文件中定义，包含设计时所需的工艺厂提供的工艺库，以及设计者建立的设计库。一个设计库下可以建立多个子库单元。在做不同的设计时，可以建立不同的设计库，方便对电路进行修改和管理。

为便于在调用时候查找设计库中的文件，“Category”将一个“Library”中的单元分成子类。当设计库规模较大时，可以用分类的方式管理设计库中的文件。如

图 2.5 所示，在“analogLib”对库中的子单元包括“Actives”（有源器件）、“Passives”（无源器件）、“Sources”（激励源）等。

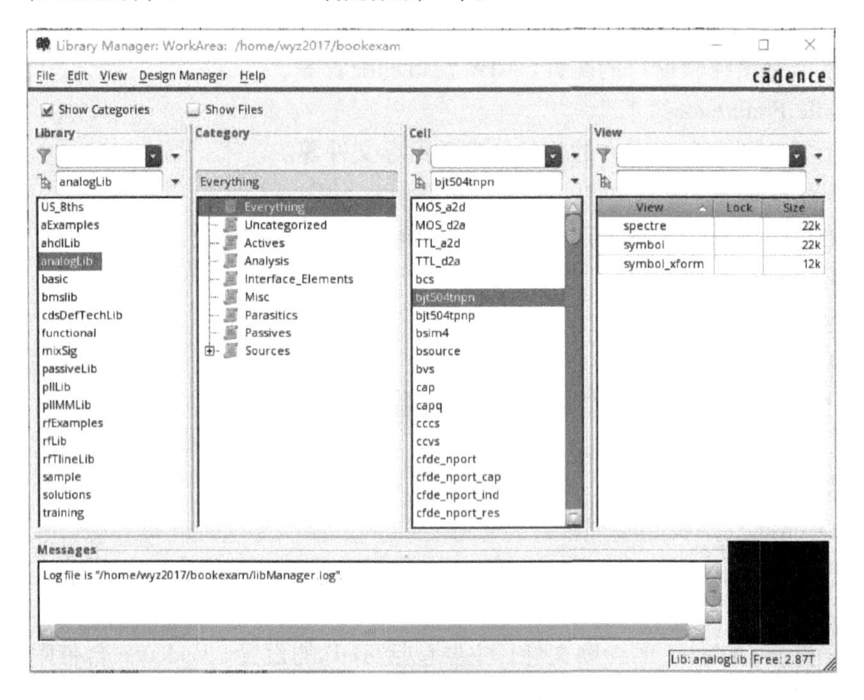

图 2.5 Library Manager 窗口

“Cell”可以是系统顶层模块、电路模块或器件，在进行电路设计时，通常以一个 Cell 为单位，也可以在一个 Cell 里调用其他的 Cell。

一个 Cell 下可能会包含不同的视图，在打开一个“Cell”时，需要根据不同的使用场景打开相应的视图，这些视图被称为“Views”。对于一个模拟电路或射频电路模块，在设计内部结构的时候需要将它表示为电路图（schematic）；在引用该模块时通常需要先将其绘制成一个器件符号（symbol）再进行调用；在绘制版图的时候需要选择版图（layout）。对于一个由数字代码生成的电路，可以显示为代码形式（例如：VerilogA），或者电路符号形式（symbol）以方便调用。

Library Manager 菜单中包含“File”“Edit”“View”等，一些常用的命令如下：

➢ File

File→New→Library/Cellview/Category：该命令与之前介绍的命令行窗口 CIW 中的选项用途相同，即新建设计库、电路单元或者分类。

File→Save Defaults/Load Defaults：将设计库中的库信息设置保存在 .cdsenv 文件中。

File→Open Shell Window：打开 Shell 命令行窗口，在命令行中进行文件操作。

➢ Edit

Edit→Copy：拷贝设计，如图2.6所示。拷贝时需选择来源库和目标库，需注意，可以不事先建立对应名称的子单元，但是要事先建立对应名称的目标库。“Copy Hierarchical”选项是指在拷贝时同时将该顶层单元下所有的子电路一起拷贝到目标库中。“Update Instance”选项保证在对来源库中子单元电路进行修改时，同步更新目标库中被拷贝的子单元电路。“Database integrity”里的两个选项是选择是否在复制命令完成后更新和验证目标库中的技术数据。

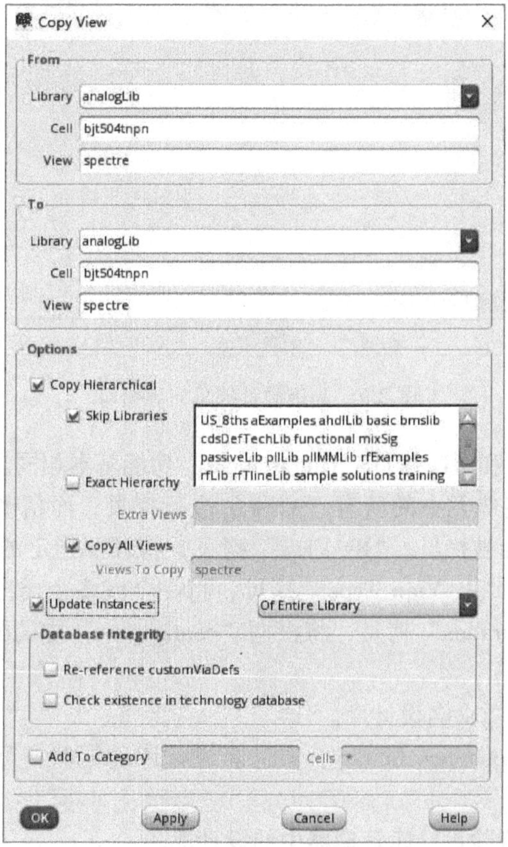

图2.6　Copy窗口

Edit→Copy Wizard：高级设计拷贝向导。如图2.7所示，这个向导支持多个模式，以简单模式“Simple”为例，这个模式上面的“Add To Category”栏可以在拷贝的同时指定加入的目标分类。“Destination Library”下拉菜单指定了拷贝的目标设计库。如果要在复制命令完成后更新和验证目标库中的技术数据，选择“Database integrity”的选项。

下面介绍其余拷贝模式。层次拷贝“Hierarchical”通过指定顶层单元，将一个顶层单元文件连同其中直接或间接引用的所有单元一起拷贝。精确层次拷贝

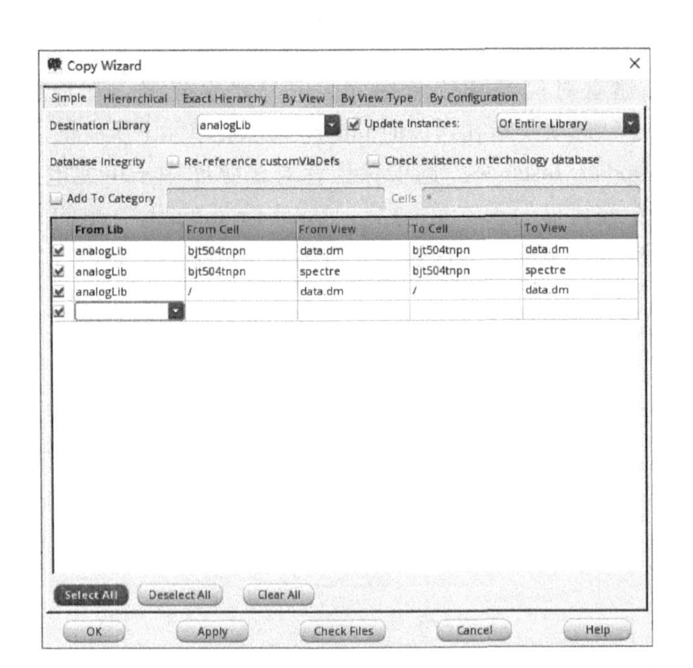

图 2.7　高级设计拷贝向导窗口

“Exact Hierarchical”和层次拷贝“Hierarchical”功能基本相同。唯一不同的是，层次拷贝时将包括这些单元中的所有“View”进行拷贝；而精确层次拷贝中只有指定单元的“View”会被拷贝。“By View”拷贝，将按照指定的过滤（Filter）选项拷贝某些设计单元。“By View Type”拷贝，将一个或多个类型的设计单元复制到其他库。“By Configuration”拷贝，将根据“config view”中的配置来选择需要拷贝的单元和“View”。

Edit→Rename：重命名设计库。

Edit→Rename Reference Library：重命名设计库的同时，可批量修改设计中的单元之间的引用。

Edit→Delete：删除设计库管理器中的设计库。

Edit→Delete by view ：用于删除设计库中指定的“View”。

Edit→Access Permission ：用来修改设计单元或者设计库的所有权和权限。

Edit→Categories：包括了对分类进行建立、修改、删除的命令。

Edit→Library Paths：调用 Library Path Editor，在 Library Path Editor 中可以删除，添加或者对现有设计库进行属性修改。

➢ View

View→Refresh：刷新显示。在调用其他目录的电路单元时通常会用到。

2.1.3　电路图编辑器

电路图编辑器（Schematic Editor）是一个图形化的界面，通过在窗口中添加各类器件、激励等来搭建电路，其窗口如图 2.8 所示，主要包括菜单、工具栏、状态栏、导航面板、工作区、鼠标命令栏、提示栏等。模拟和射频电路设计主要是依靠电路图编辑器来完成。可以通过在 CIW 或者 Library Manager 中新建或者打开已有 Cell 的电路图，并把“View”选为“schematic”以打开电路图编辑器。

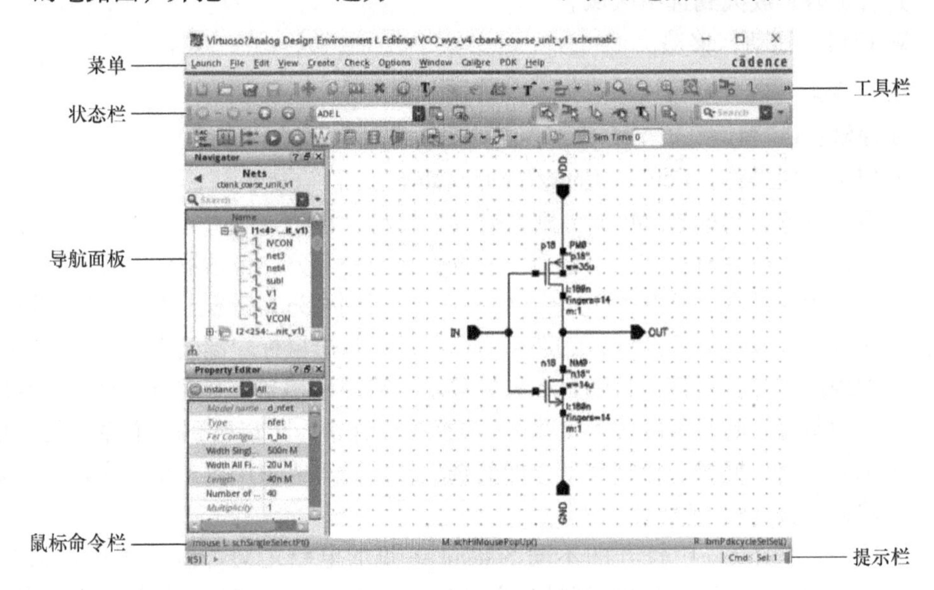

图 2.8　电路图编辑器窗口

状态栏主要包括正在运行的命令、选定的器件数、运行状态、仿真温度和仿真器类型；工作区是用来绘制电路图的部分；鼠标命令栏用于提示鼠标的左中右键分别对应的命令；提示栏显示当前命令的提示信息；菜单栏和工具栏中的选项是电路设计所需的命令。其中，工具栏中的部分功能和操作介绍如下，若快捷键文件已包含在 . cdsinit 文件中，则也可直接通过快捷键来进行。

➢ 保存

和分别是 Check & Save（检查完整性并保存）和 Save（保存）。

快捷键：S 和 X 分别是检查完整性并保存、保存。

对应菜单栏操作：File→Check and Save/Save。

功能：Check & Save / Save 分别用来实现检查完整性并保存、保存。前者主要用来检查电路中一些明显错误，而后者仅仅是保存而不提示错误。即使是从事多年电路设计工作，在绘制电路图时，也难免出现一些连接错误，通常采用检查保存选项。

➢放大、缩小、适合屏幕、放大到选中区域

、、、分别是放大、缩小、适合屏幕和放大到选中区域功能。

快捷键：［、］、F、Ctrl + T 分别表示缩小、放大、适合屏幕、放大到选中区域。

对应菜单栏操作：View → Zoom In/Zoom Out/Zoom To Fit/Zoom To Selected。

功能：Zoom In、Zoom Out、Zoom To Fit、Zoom To Selected 用来实现缩小、放大、适合屏幕、放大到选中区域。

➢ 拷贝、拖动、移动

、、分别是拷贝、拖动和移动命令。

快捷键：C、M、Shift + M 分别表示拷贝、拖动、移动。

对应菜单栏操作：Edit → Copy/Stretch/Move。

功能：Copy、Stretch、Move 分别是拷贝、拖动、移动。

执行这三个命令时：①点击选定需要操作的电路部分，包括器件、连线、端口等，也可以用鼠标在工作区框选电路的一部分，按住 Shift 键框选表示追加部分，按住 Ctrl 键框选表示排除部分；②调用命令，之后点击鼠标左键确定基准点；③移动鼠标发现选定部分高亮，且随鼠标指针移动，移动量相当于基准点到现在指针所在点之间的距离。此时可以按下键盘 F3 选择操作详情，可以看到 3 个命令的详情栏下方都有旋转、镜像、锁定移动方向的选项；④回车或再次点击鼠标左键放下选定的电路或者按 ESC 键取消。

在同一个 Virtuoso 中打开的不同 Schematic 里的电路之间可以使用拷贝命令，将一个 Schematic 中的电路拷贝到另一个 Schematic 中，也可以使用拖拽命令将其拖拽到另一个 Schematic，但是拖动命令只能在当前电路中进行。

➢ 删除、撤消、重做

、、分别是删除、撤消和重做命令。

快捷键：删除、撤消和重做分别是 Del、U 和 Shift + U。

对应菜单栏操作：Edit→Delete/Undo/Redo。

功能：Delete 删除选中的部分电路、Undo 撤销上一步操作、Redo 恢复上一步操作。

有两种方法均可以实现删除操作：①先选择电路的一部分，然后调用删除命令，选定部分将被删除；②先调用删除命令，然后依次点击或拖拽鼠标选中要删除的器件，则选中的器件将被依次删除。

➢ 查看或修改器件属性

快捷键：Q。

对应菜单栏操作：Edit →Properties→Objects。

功能：选定电路的一部分，然后调用该命令，则会出现属性对话框，如图 2.9

所示。在“Apply To”的第一个下拉菜单中可以选择属性的应用范围：“only current”表示只修改当前器件，“all selected”表示应用于所有选定器件，“all”表示应用于所有的器件；第二个下拉菜单可以选定需要修改的元素类型：“instance”为设置器件实例，“wire segment”为设置连接线。不同的器件有不同的属性特征，按需要对“CDF Parameter”进行修改即可。

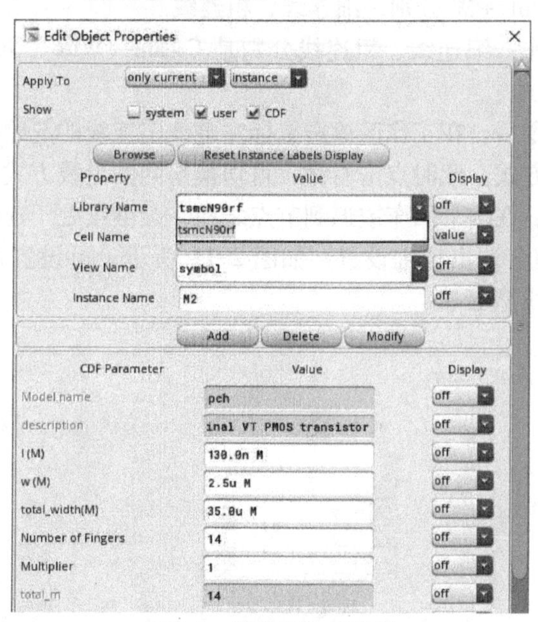

图 2.9　器件属性对话框

➢ 调用器件

快捷键：I。

对应菜单栏操作：Create→Instance。

功能：调用命令后，显示“Add Instance”对话框，如图 2.10 所示。

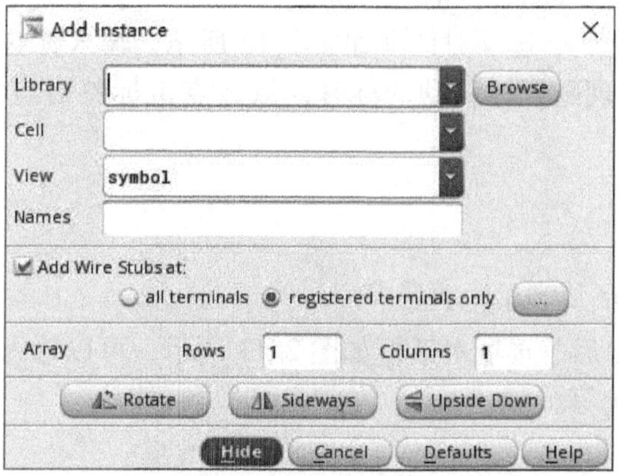

图 2.10　调用器件对话框

选择希望引用的器件或单元有三种方式：在Library和Cell栏输入需要引用的单元；点开下拉菜单检索；点击Browse，打开设计库浏览器，从中进行选择。

➢ 添加连接线

、分别是添加细连线和粗连线。

快捷键：W、Shift + W分别是细连线、粗连线。

对应菜单栏操作：细连线、粗连线分别是Create→Wire（Narrow）和Create→Wire（Wide）。

功能：调用命令后，在工作区单击鼠标左键确定连线的起始端点，拖动鼠标时可看到连线的走线方式。此时点击右键，可切换不同的走线方式；再次点击鼠标左键，确定结束端点。在按下回车或遇到节点之前，会继续处于连线操作中。在连线过程中，按下F3键会调出详细设置，如图2.11所示，可设置走线方式、锁定角度、线宽、颜色、线型等。

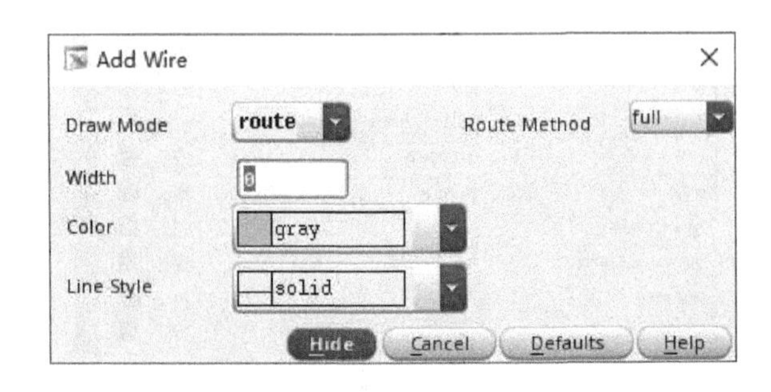

图2.11　连线详细设置对话框

➢ 添加标签

快捷键：L。

对应菜单栏操作：Create→Wire Name。

功能：调用命令后，选项对话框如图2.12所示。输入标签名字之后，回车或点击“Hide”，会出现随鼠标移动的标签，鼠标点击标签对应的走线后确定标签位置。

➢ 添加端口

快捷键：P。

对应菜单栏操作：Create→Pin。

功能：调用命令后，选项对话框如图2.13所示，可以输入端口名称、输入输出类型、是否是总线等。

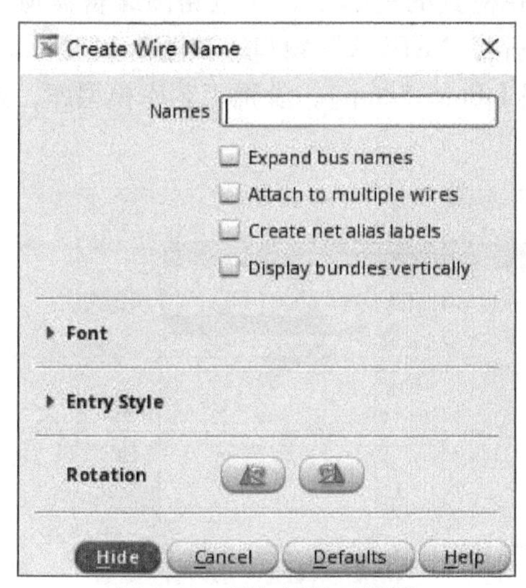

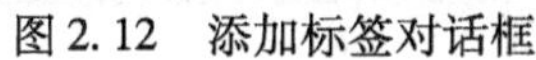
图 2.12　添加标签对话框

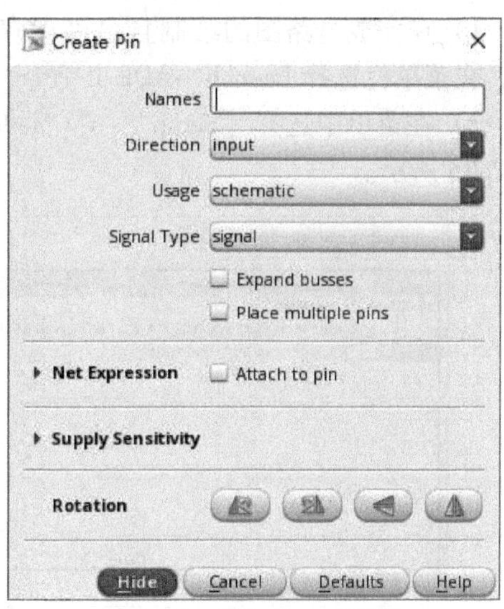

图 2.13　添加端口对话框

2.1.4　ADE 仿真设置

设计者可以通过 ADE 对电路进行参数设置和仿真验证。在 CIW 窗口中选择菜单 Tools→ADE，这样打开的 ADE 窗口中没有指定进行仿真的电路；或是在电路编辑器中选择菜单 Launch→ADE，这时打开的 ADE 窗口中已经设置为仿真调用 ADE 的电路图，ADE 的仿真界面如图 2.14 所示，其基本仿真流程如下。

图 2.14　ADE 仿真界面

1）在完成电路图的绘制且已经保存并检查的前提下，在电路图编辑器窗口中，在菜单栏选择 Launch→ADE L 命令，弹出“ADE L”窗口，如图 2.14 所示。

2）在菜单中选择［Setup］→［Model Library Setup］，设置工艺库模型库，如图 2.15 所示。

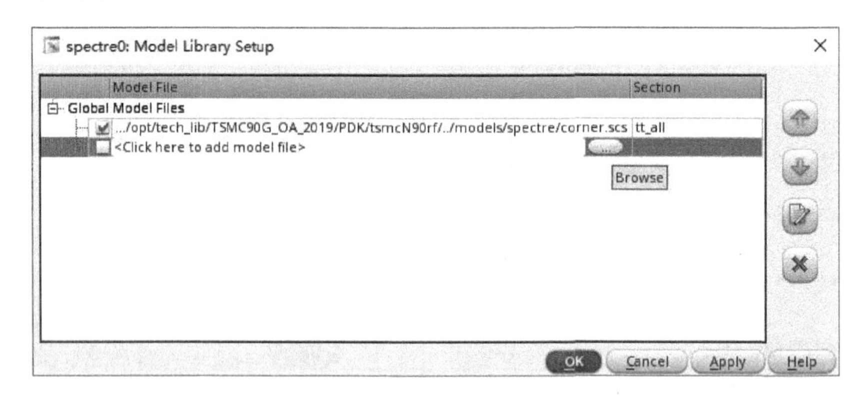

图 2.15　设置工艺库模型对话框

3）在电路设计时，设计者需要对基本参数进行计算。由于实际工艺与理想模型间的差距，因此为确定电路参数或器件参数的最优值，在设计中经常需要对这些值进行扫描。因此在设置电路器件参数时，有时会定义一些变量作为参数，例如：MOS 管的尺寸、电容的容值、电感的感值、电阻的阻值等。运行仿真之前，这些设计变量都需要在 ADE 里赋值，否则仿真不能进行。在 ADE 的工具栏上选择 Variables→Copy from Cell View，则电路图中的设计变量都自动出现在 ADE 设计变量框中，选择 Variables→Edit 或在 ADE 界面中双击任何一个变量，则出现如图 2.16 所示的窗口，可以对设计变量进行添加、修改、删除等。

注意：有时候需要在激励中设置参数，如频率等，这时“Copy from Cell View”不能把该类变量直接导入设计变量框，需手动在“Design Variable”里右键选择“Edit”来加入变量。

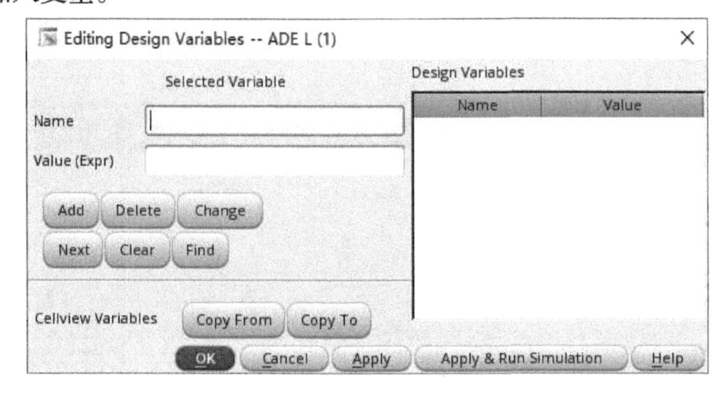

图 2.16　设置变量对话框

4）可以根据不同设计需求在 ADE 中进行不同类型的仿真，第 3 章将对模拟和射频电路中常用的仿真进行详细介绍和实例分析。选择 ADE 工具栏中的Analyses→Choose，会打开仿真分析对话框，如图 2.17 所示。

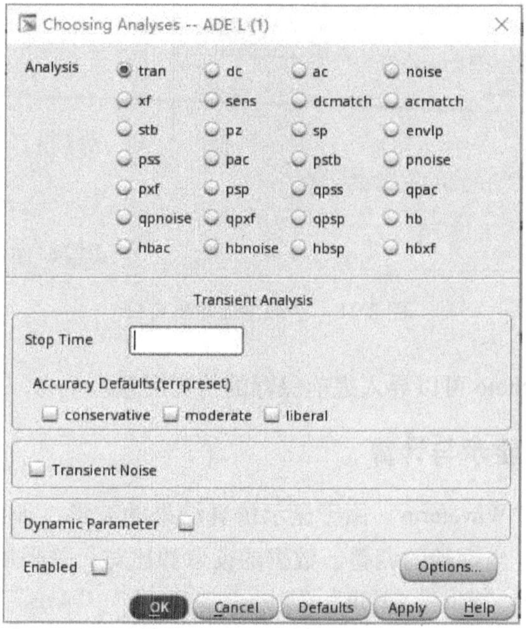

图 2.17　仿真分析对话框

5）在仿真结束后需要进行输出设置，保存或绘制波形的结果。

在 ADE 工具栏中选择 Output→To Be Plotted→Select On Design，自动弹出电路图窗口，在电路图中选择连线，按下“Esc”键后该连线的电压会被自动添加在输出栏中。同样的，选择一个器件的端口则会添加这个端口的电流作为输出，如果直接选择一个器件则会把该器件的所有端口电流都添加至输出。

可以在该窗口中手动输入需要的输出表达式，如图 2.18 所示，在工具栏中选择 Output→Setup。还可以点击 Calculator 栏的 Open 按钮，打开 Calculator，在其中编辑好表达式后，在图 2.18 窗口中点击 Calculator 栏的 Get Expression，表达式就会出现在 Expression 栏中，随后点击 Add 即可在输出栏看到所添加的输出。

6）完成上述设置后，点击工具栏 Simulation→Netlist and Run，或直接点击 ADE 最右侧栏的开始按钮，开始进行仿真。在仿真过程中，可以随时点击工具栏 Simulation→Stop 来中断仿真。如果输出结果处提前勾选了 Plot，那么仿真结束后，设置的输出会自动弹出波形文件。若未设置输出，也可以通过选择工具栏 results→Plot Outputs 来选择需要观测的节点或参数。

7）在工具栏中选择 Session→Save State 可以保存当前的仿真配置。在工具栏中

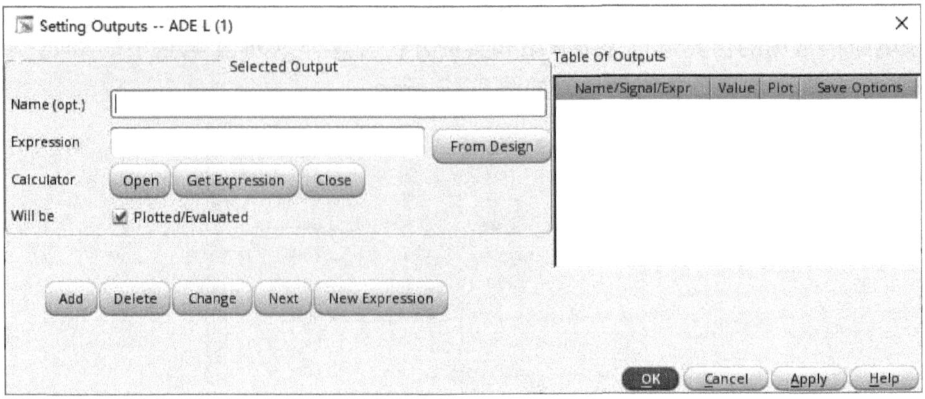

图 2.18　手动添加输出窗口

选择 Session→Load State 可以导入之前保存的仿真配置。

2.1.5　波形输出显示与计算

波形显示窗口“Waveform”用于显示仿真结果的波形，如图 2.19 所示，可完成仿真波形的缩放、坐标轴的调整、数据的读取和比对，并采用计算器对仿真结果进行处理。菜单选项“File”“Edit”“View”“Graph”“Axis”“Trace”“Marker”“Measurements”“Tools”“Window”“Browser”的具体功能分别见表 2.1 ~ 表 2.11。

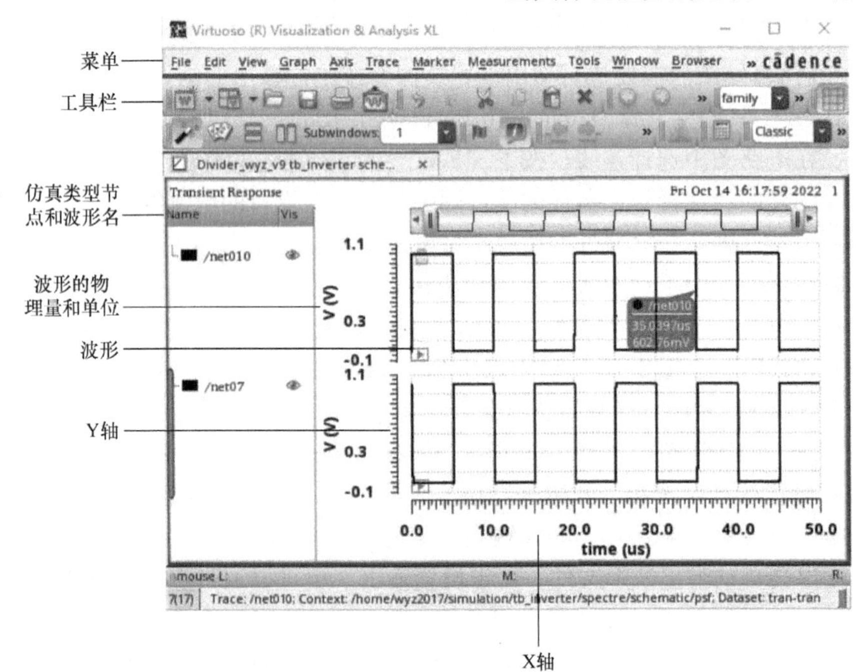

图 2.19　波形显示窗口

表 2.1　菜单选项 File 具体功能描述

菜单选项 File	功能描述
Open Results	打开“Open Waveform Database”对话框。从而打开一个已保存的波形
Save Window	将当前波形以 grf 格式保存
Save Image	将当前波形以 png、tiff 或 bmp 图片格式保存
Reload	重新读取当前窗口中波形的仿真数据
Print	打印当前窗口中的图表
Save Session	保存当前“Waveform”窗口的设置
Close Window	关闭当前“Waveform”窗口
Close All Windows	关闭所有“Waveform”窗口

表 2.2　菜单选项 Edit 具体功能描述

菜单选项 Edit	功能描述
Undo	撤销上一步操作
Redo	重做上一步操作
Cut	剪切选中的波形
Copy	赋值选中的波形
Paste	粘贴剪切或复制的波形
Delete	删除选定的对象，例如标签、标记、痕迹或图形 注意：如果未选择任何对象，将显示一条消息，确认删除活动子窗口 如果只有一个打开的窗口，则“删除”命令不可用
Delete All	删除活动窗口中的所有对象和图形。如果只有一个打开的窗口，则“全部删除”命令不可用
Properties	修改选定的图形对象的属性。默认情况下，如果未选择任何对象，将显示“图形属性”窗口

表 2.3　菜单选项 View 具体功能描述

菜单选项 View	功能描述
ZoomIn by 2	将波形放大两倍
ZoomOut by 2	将波形缩小为原来的 1/2
Zoom to End	将波形缩放到图表的末尾
Fit	将图表还原至初始大小。此命令适用于矩形和圆形图形
Previous	以上次运行“放大”或“缩小”命令之前的放大率查看图形，可以在多次放大或缩小图形时使用此选项
Next	撤销上一个命令，可以在多次放大或缩小图形时使用此选项

（续）

菜单选项 View	功能描述
Fit Trace	根据窗口将选定的波形还原到其初始大小，选择此选项时，所有图形的 X 轴以初始尺寸显示，仅缩放选定轴的 Y 轴。此命令适用于矩形和圆形图形
Fit Visible Trace	将所有可见的波形还原到其初始大小以适合窗口
Fit Y to Visible X	使轨迹的可见部分适合 Y 轴，该命令查找条带中可见的最小和最大 Y 轴值，然后执行 Y 轴缩放。此命令仅适用于放大的图形
Fit Y to Visible X all Strips	将活动图中显示的所有条带的迹线的可见部分拟合到 Y 轴，该命令查找每个条带中可见的最小和最大 Y 轴值，然后执行 Y 轴缩放。该命令仅适用于放大的迹线
Fit Smith	将选定的史密斯图表还原到其原始大小，此命令仅适用于圆形图形

表 2.4 菜单选项 Graph 具体功能描述

菜单选项 Graph		功能描述
Layout		子窗口布局
	Auto	自动选择合适的模式，根据子窗口高和宽的比值设置布局方式
	Vertical	竖排显示子窗口
	Horizontal	横排显示子窗口
	Card	层叠显示子窗口
Add Label		添加标签
Lock		锁定图形
Visible		显示或隐藏动态图表
Split Current Strip		将当前图表分为与波形数一样多的条带，并在单独的条带中显示图形中的每个波形
Split All Strips		将所有条带中的图表都分为与波形数一样多的条带
Plot to New Strip		将选定的波形绘制在新的条带中
Combine All Analog Traces		将所有单独的波形组合到一个图形中
Filter By Sweep Var		显示选定范围的波形
Redraw		刷新图形并在同一窗口中绘制更新的图形
Major and Minor Grids		显示或隐藏所选轴上的主要和次要网格
Properties		设置图形属性

表 2.5 菜单选项 Axis 具体功能描述

菜单选项 Axis	功能描述
Major Grids On	显示所选 X 轴或 Y 轴的主要网格线，该选项只在坐标轴被选中后才被激活

（续）

菜单选项 Axis	功能描述
Minor Grids On	显示所选X轴或Y轴的次要网格线，该选项只在坐标轴被选中后才被激活
Log	选中后将选中的坐标轴切换到对数模式，该选项只在坐标轴被选中后才被激活
Select Attached Traces	选择与所选轴有关的所有波形
Y vs Y	在窗口中显示所选轴的Y vs Y图，该命令仅适用于扫参数据
Swap Sweep Var	更换扫参变量。该命令仅适用于扫参数据
Properties	设置所选X轴或Y轴的属性

表2.6 菜单选项Trace具体功能描述

菜单选项 Trace		功能描述
Symbols On		在所选波形的单个数据点上显示符号。仅当在图形中选择一个或多个波形时，此命令才可用
Select By Family		选择属于一组的所有带参数化扫描数据的波形，启用此命令并选择某一组中的一条波形时，将选择属于同一组的所有迹线
Fit Trace		将波形拆分为条带时，在每个条带中显示属于同一组的波形，如果存在多组波形，则每一组将显示在单独的条带中
Fit Visible Traces		将选定的波形还原为其原始大小。选择此选项时，所有条带的X轴都以原始大小显示，而仅选定轴的Y轴缩放
Fit Y to Visible X		使轨迹的可见部分适合Y轴。该命令查找条带中可见的最小和最大Y轴值，然后执行Y轴缩放。此命令仅适用于放大的图形
Disable Reload		通过锁定数据库来禁用自动更新波形功能
Select All		选择所有波形
	In Graph	选择图形中的所有波形
	In Strip	选择条带中的所有波形
Delete All		删除所有波形
Move to		将选定的波形移动到以下位置
	Move Selected Traces To New Window	将选定的波形移动到新窗口
	Move Selected Traces To New Subwindow	将选定的波形移动到新的子窗口
	Move Selected Traces To New Strip	将选定的波形移动到新的条带
Copy to		将选定的波形复制到以下位置
	Copy Selected Traces To New Window	将选定的波形复制到新窗口
	Copy Selected Traces To New Subwindow	将选定的波形复制到新的子窗口

（续）

菜单选项 Trace		功能描述
Copy Selected Traces To New Strip		将选定的波形复制到新的条带
Bus		总线选项
	Create	根据选中的数字波形，创造一条总线
	Expand	将总线中的数据分开显示
	Collapse	折叠总线以显示完整的总线
Export		导出活动窗口中选定的波形
Properties		修改所选波形的属性

表 2.7　菜单选项 Marker 具体功能描述

菜单选项 Marker	功能描述
Tracking Cursor	启用或禁用图形的跟踪光标。在跟踪或图形对象上移动鼠标指针时，跟踪光标将显示跟踪名称和图形对象信息
Snap Tracking Cursor	将跟踪光标定位到仿真点
Create Marker	创建标记点
Create Delta Marker	添加一个标记显示两个点间的横竖坐标差（增量标记），需要在轨迹上放置点标记或选择现有点标记
Show Delta Child Labels	显示或隐藏增量标记的标记标签
Select All	选中当前“Waveform”窗口中的所有标记
Delete All	删除当前“Waveform”窗口中的所有标记
Export	以给定格式导出选定的标记信息
Properties	指定标记的属性

表 2.8　菜单选项 Measurements 具体功能描述

菜单选项 Measurements	功能描述
Eye Diagram	绘制眼图
Spectrum	绘制选定图形的谱线
Analog To Digital	将模拟信号转换成相应的数字信号
Digital To Analog	将数字信号转换成相应的模拟信号
Derived Plots	生成导数曲线图
Histogram	直接在图形上生成直方图
Transient Measurement	打开瞬态测量，显示特定沿上瞬态标记的计算测量值

表 2.9　菜单选项 Tools 具体功能描述

菜单选项 Tools	功能描述
Calculator	打开计算器

表 2.10　菜单选项 Window 具体功能描述

菜单选项 Window	功能描述
Assistants	显示或隐藏选定的助手窗格
Spectrum	“频谱助手”用于绘制和计算周期波形的快速傅里叶变换（FFT），并计算部分参数
Browser	“浏览助手”将显示先前保存的结果
Marker Toolbox	向轨迹添加点、垂直、水平和参考点（A Ref Point 或 B Ref Point）标记
Eye Diagram	使用眼图助手创建眼图。眼图是通过重复采样信号并将重复采样叠加在同一 X 轴上来表示数据信号的一种方法
Horiz Marker Table	查看表中水平标记的数据
Trace Info	查看有关所选波形的信息，如波形名称和颜色、Y 最小值、Y 最大值、X 最小值、X 最大值、时间、结果目录、数据集、时间、数据格式和数据点数。它还显示有关选定波形的扫描和拐角条件的信息
Vert Marker Table	查看表中垂直标记的数据
Transient Measurement	瞬态测量助手可显示计算出的瞬态标记测量值
Customize Trace Groups	此助手用于自定义属于同一族的波形设置
Subwindows	子窗口是可以在窗口中打开的图形。子窗口助手显示窗口中打开的所有子窗口的图标
Toolbars	显示或隐藏选定的工具栏
Edit	“编辑”工具栏包含以下按钮：Undo、Redo、Cut、Copy、Paste、Delete 
View	“视图”工具栏包含以下按钮：Previous、Next、Fit、ZoomIn by 2、ZoomOut by 2、Fit Trace、Fit Y Visible、Fit Smith 
Graph	“图形”工具栏包含以下图标：Layout Icons（Auto、Card、Vertical、Horizontal）、Subwindows 

（续）

菜单选项 Window		功能描述
	Calculator	显示计算器按钮以将选定的波形发送到计算器缓冲区 
	Snap	“捕捉”工具栏包含以下按钮： Previous Edge——根据选定的捕捉条件将选定的标记移动到上一条边； Next Edge——根据选定的捕捉条件将选定的标记移动到下一条边； Snapping Criterion——显示捕捉选定标记所基于的条件； Value——显示捕捉条件的值 
	Marker	“标记”工具栏包含以下按钮：Create Marker、Tracking Cursor 
	Strip	条带工具栏包含以下按钮：Strip By、Combine All Analog Traces、Split Current Strip、Copy to a New Strip、Move to a New Strip 
	Measurement	“测量”工具栏包括以下按钮：Histogram 
	Axis	可以使用“轴”工具栏打开或关闭图形中的栅格 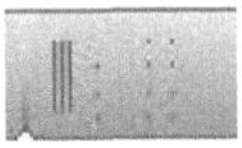
	File	“文件”工具栏包括以下几个按钮：Create New Window、Create New Subwindow、Load Window、Save Window、Print、Save Image 
	Workspaces	可以使用“工作区”工具栏处理可用的工作区
Workspaces		显示、保存、加载和配置选定的工作区
	Basic	允许显示以下固定的助手：Subwindows、Results Browser、Graph
	Browser	允许显示以下固定的助手：Results Browser、Graph

（续）

菜单选项 Window		功能描述
	Classic	允许显示以下固定的助手：Graph
	Marker Table	允许显示以下固定的助手：Subwindows、Results Browser、Graph、Marker Table
	TM	允许显示以下固定的助手：Subwindows、Results Browser、Graph、Transient Measurement Assiatant
	Save As	保存选定的工作区
	Delete	删除选定的工作区
	Load	加载选定的工作区
	Set Default	设为默认工作区
	Revert to Saved	还原为出厂设置
Tabs		页面选项
	Close Current Tab	关闭当前页面
	Close Other Tabs	关闭其他页面

表 2.11　菜单选项 Browser 具体功能描述

菜单选项 Browser	功能描述
Results	结果浏览页面
Open Results	在结果浏览页面中打开结果目录
Export	从结果浏览页面导出选定的信号
Close Results	关闭结果浏览页面
Reload	将上次打开的结果目录重新加载到结果浏览页面中
Set Context	在结果目录中设置数据库，用于在结果浏览器中打印信号
Options	选项
Graph Modifier	指定图形打印方式
Plot Style	选择要打印图形的模式
Select Data	设置数据的扫描范围
Enable Fast Waveforms	启用快速波形格式，Virtuoso Visualization 和 Analysis XL 工具可以在几秒钟内呈现非常大的数据集

可以采用波形计算器（Waveform Calculator）对输出波形进行计算和变换等处理，以便在电路设计时对仿真结果做深入分析。在波形显示窗口选择 Tools→Calculator，或在 ADE 窗口中选择 Tools→Calculator，启动波形计算器，如图 2.20 所示。在波形计算器中可以创建、打印和显示包含带表达式的仿真输出数据，以 .csv 等形式输出。通过在缓存中输入包含节点电压、端口电流、直流工作点、模型参数、噪声参数、设计变量、数学公式，以及算法控制变量的表达式，可以直接以文本或

者波形的形式显示仿真输出结果，也可以保存在ADE的输出栏里。缓存中的内容可以保存至存储器，存储器中的内容也可以重新读入到缓存中；存储器中的内容可以保存到文件中，文件中保存的内容也可以重新读入到存储器中。

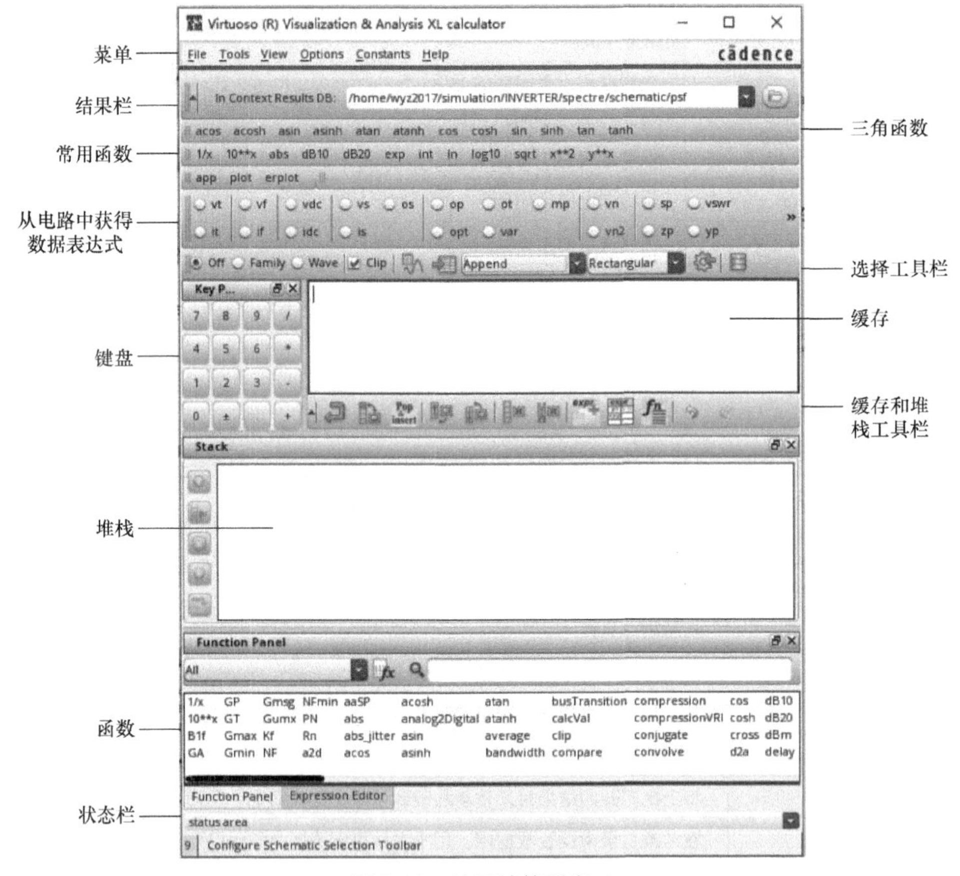

图2.20 波形计算器窗口

常用的电路表达式按照仿真类型分类如图2.21所示。在仿真结束后打开波形计算器窗口，点击选择合适的电路表达式，保持选中状态，然后在电路图窗口中选择要观测的连线、节点或器件。获取数据后，在电路图窗口保持激活的状态下，按下“Esc”键，退出数据获取模式。表2.12为各个表达式按键子选项获取的数据类型。

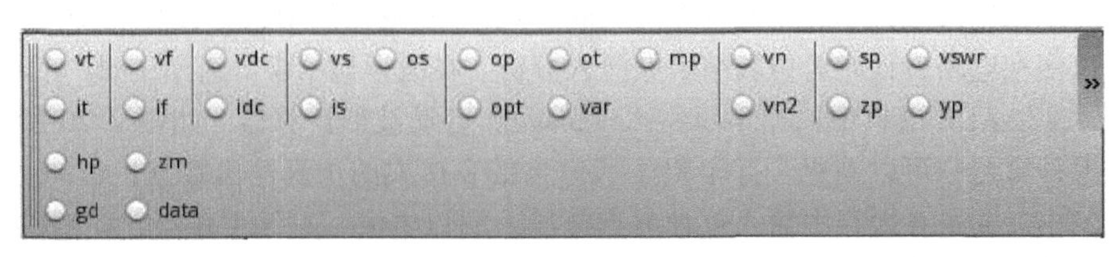

图2.21 波形计算器中常用表达式

表2.12 表达式按键子选项获取的数据类型

按键	数据类型	按键	数据类型
vt	瞬态仿真节点电压	it	瞬态仿真端口电流
vf	交流节点电压	if	交流端口电流
vdc	直流工作点节点电压	idc	直流工作点端口电流
vs	直流扫描节点电压	is	直流扫描端口电流
op	直流工作点	opt	瞬态工作点
var	设计变量	mp	模型参数
os	直流工作点	ot	瞬态工作点
vn	噪声电压	vn2	噪声电压二次方
sp	S参数	zp	阻抗参数
vswr	电压驻波比	yp	导纳参数
hp	H参数	zm	其他所有端口匹配时的输入阻抗
gd	群延时	data	绘制先前的分析数据

波形计算器中包括取信号的幅度、相位、实部、虚部，以及取对数、倒数、绝对值等基本函数，见表2.13，同时包含sin、asin、cos、acos、tan、atan、sinh、asinh、cosh、acosh、tanh、atanh等各类三角函数公式。此外，波形计算器还可以计算输出信号带宽，计算输出波形的平均值、最大值、最小值，进行微分和积分运算等，这些函数对电路仿真结果的分析十分重要。

表2.13 波形计算器中的基本函数

函数	功能	函数	功能
mag	取信号幅度	exp	e^x
phase	取信号相位	10 * * x	10^x
real	取实部	x * * 2	x^2
imag	取虚部	abs	取绝对值
ln	取自然对数	int	取整
log10	以10为底取对数	1/x	取倒数
dB10	对功率表达式取dB值	sqrt	$x^{1/2}$
dB20	对电压、电流取dB值		

2.2 实例分析：共源放大器

本节以共源放大器为例，介绍如何采用ADE进行模拟集成电路仿真。

在输入“virtuoso &”运行Cadence之前，应确保相应的配置文件和工艺库文件放在 Cadence IC 的运行目录下。

1）在命令行输入“virtuoso &”，运行 Cadence IC，弹出 CIW 窗口。

2）建立设计库，选择 File→New→Library 命令，弹出“New Library”对话框，输入“ADE_example”，如图 2.22 所示，在“New Library”窗口中选择“Attach to an existing technology library”选项，弹出“Attach Library to Technology Library”对话框，在“Technology Library”选项的下拉菜单中选择已经存放于 Cadence IC 启动目录下的工艺库“smic18mmrf”，将设计库关联至 SMIC18 工艺库文件，点击 OK 按钮后即可在 Library Manager 左侧栏里看到新建的“ADE_example”库。

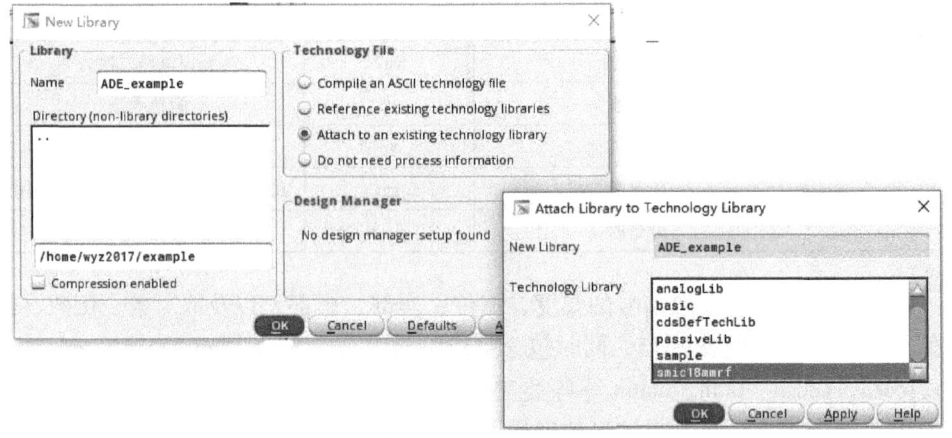

图 2.22　建立设计库

3）在 CIW 窗口选择 File→New→Cellview 命令，弹出“Cellview”对话框，输入“amp_cs”，如图 2.23 所示，点击 OK 按钮，此时原理图设计窗口自动打开。

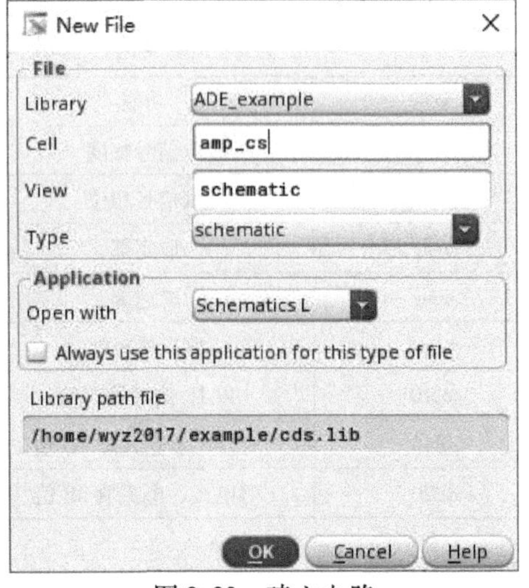

图 2.23　建立电路

4）按下键盘“I”键，弹出“Add Instance”对话框，“Library”选择“simc18mmrf”，从工艺库“simc18mmrf”中调用 NMOS“n18”，更改参数，分配宽长比为 2μm/180nm，如图 2.24 所示。点击 Hide 或按下键盘“Enter”键，将 NMOS 放置在电路图上。之后若想更改参数，可按下键盘“Q”键，弹出属性对话框对其进行更改。

5）放置电阻和电容。Cadence 软件包含 analogLib、basic、ahdllib 等库文件，在设计中通常会借助其中的理想器件和信号源进行电路仿真验证。重复 4）中操作，“Library”选择“analogLib”，调用理

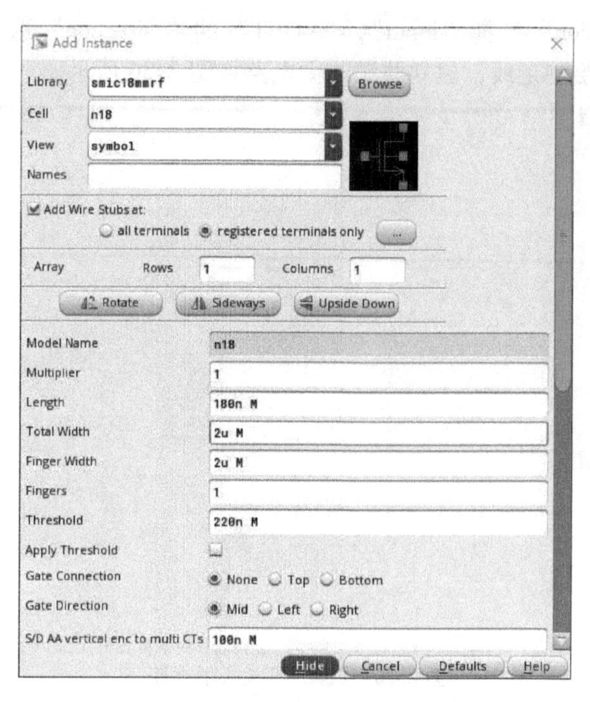

图 2.24　设置 n18 宽长比 2μm/180nm

想电阻“res”，在阻值“Resistance”填入 20k，点击“Hide”放置电阻。同样的方法再分别放置 10kΩ、5kΩ、1kΩ 的电阻。再调用理想电容“cap”，在容值“Capacitance”处填入 1μ，点击“Hide”放置电容，如图 2.25 所示。

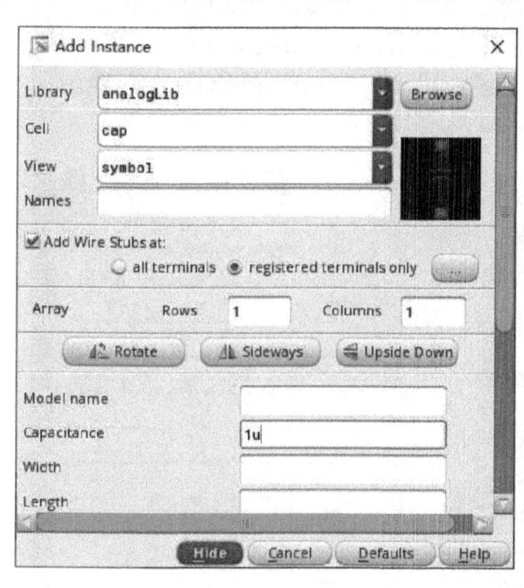

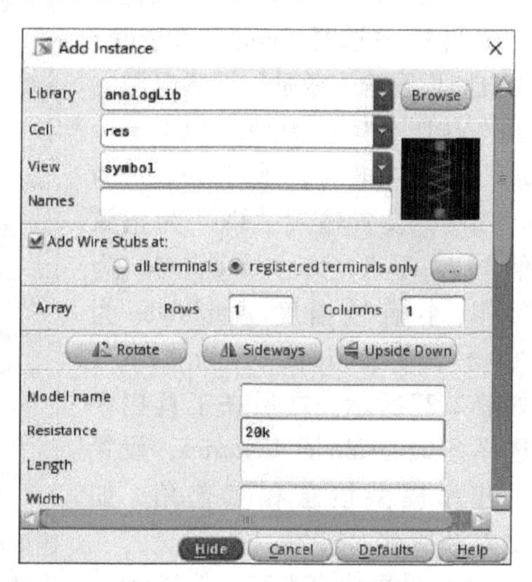

图 2.25　设置电阻和电容

6）按下键盘“P”键设置端口“VIN”“VDD”“GND”和“VOUT”，其中，

前三者的“Direction”选择“input”，“VOUT”的“Direction”选择“output”。按下键盘“W”键绘制走线，建立共源放大电路如图2.26所示。

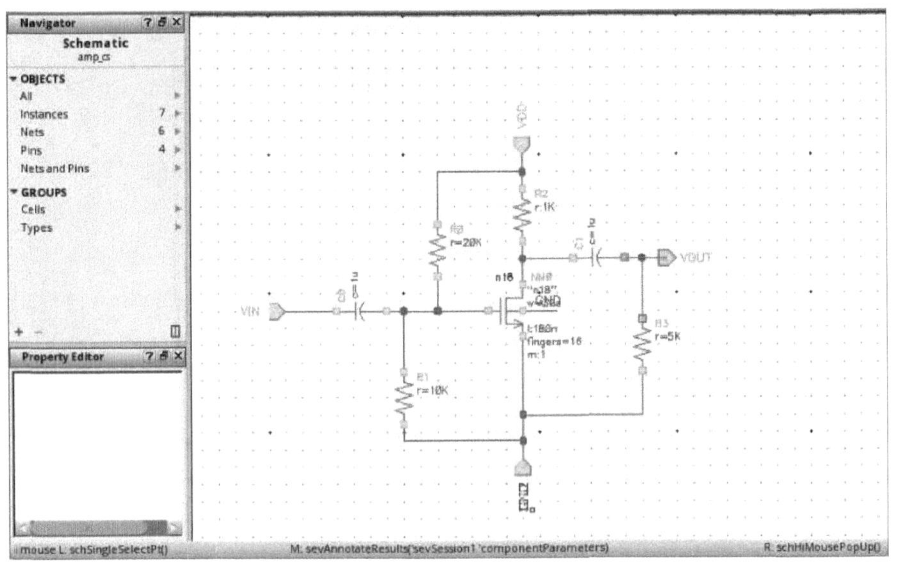

图2.26　共源CS放大器电路

7）添加激励。在最上方的工具栏中点击Check and Save对电路进行检查和保存，再选择Launch→ADE L命令，弹出ADE L对话框，在工具栏中选择Setup→Stimuli，为电路设置输入激励，设置电源电压“VDD”为dc类型，“DC voltage”为“1.8V”，地“GND”为dc“0”，设置输入“IN”为正弦信号“sin”，AC magnitude为“1”，小信号幅度Amplitude为“10m”，频率Frequency为“1M”，如图2.27所示。之后在工具栏中选择Setup→Model Libraries，设置工艺库模型信息和工艺角，如图2.28所示。

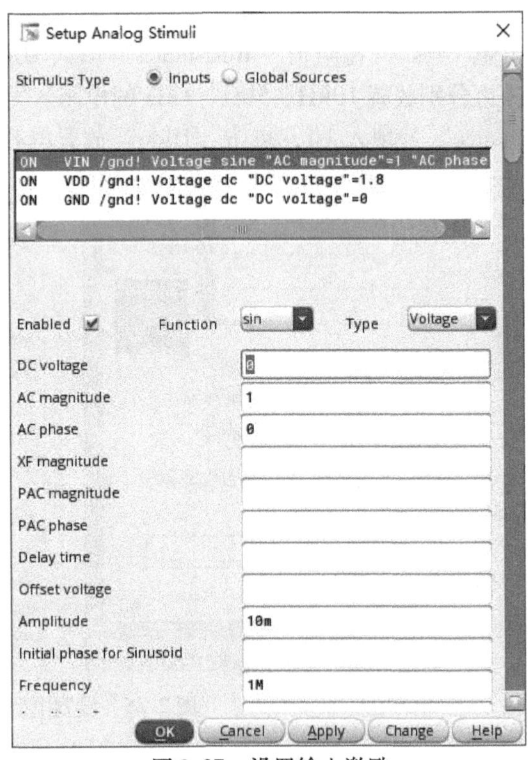

图2.27　设置输入激励

8）设置仿真类型。选择Analyses→Choose命令，弹出对话框，选择“tran”进行瞬态仿真，在

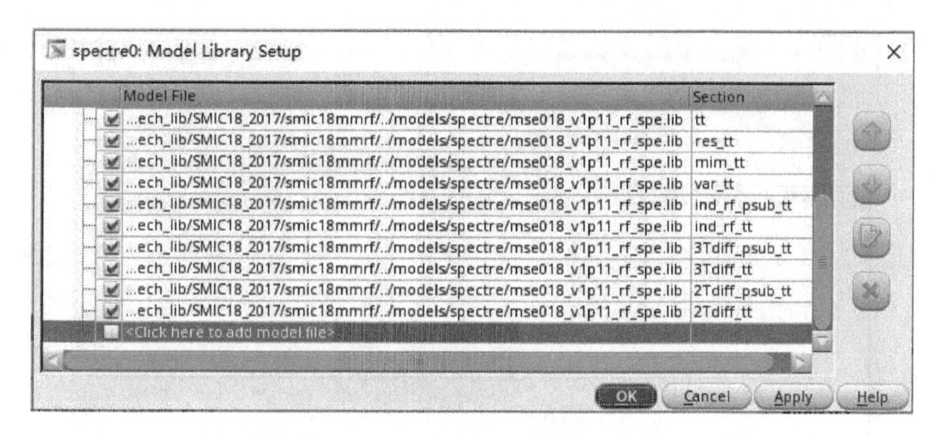

图 2.28　设置工艺库模型信息和工艺角

“Stop Time”栏中输入仿真时间“10u”，在“Accuracy Defaults”中选择仿真最高准确度“conservative”，如图 2.29 所示，点击 OK 按钮，完成设置。

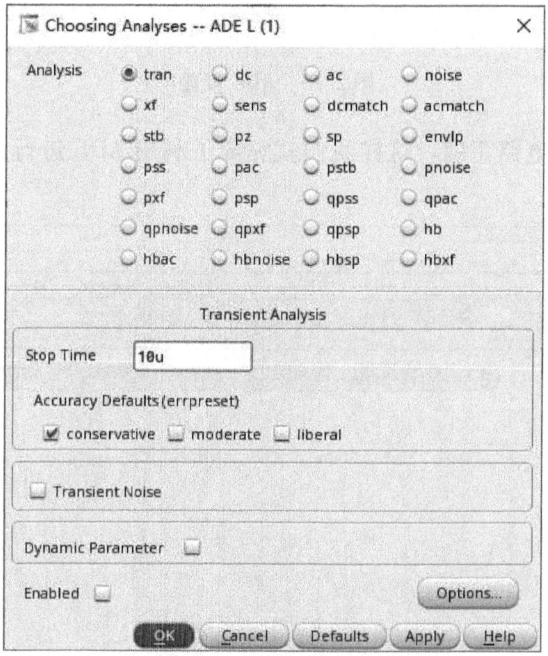

图 2.29　“tran”瞬态仿真设置

9）选择 Outputs→To Be Plotted→Select On Schematic 命令，在电路图上单击输入和输出的连线，按下键盘“Esc”键，将其添加至“Outputs”栏中，如图 2.30 所示，这样就将输入“VIN”和输出“VOUT”添加为自动显示，完成设置。

10）在 ADE L 中点击右侧的 Netlist and Run 命令，开始仿真。仿真结束后，自动弹出仿真结果，如图 2.31 所示，可见输出信号与输入信号完全反向，且幅度比

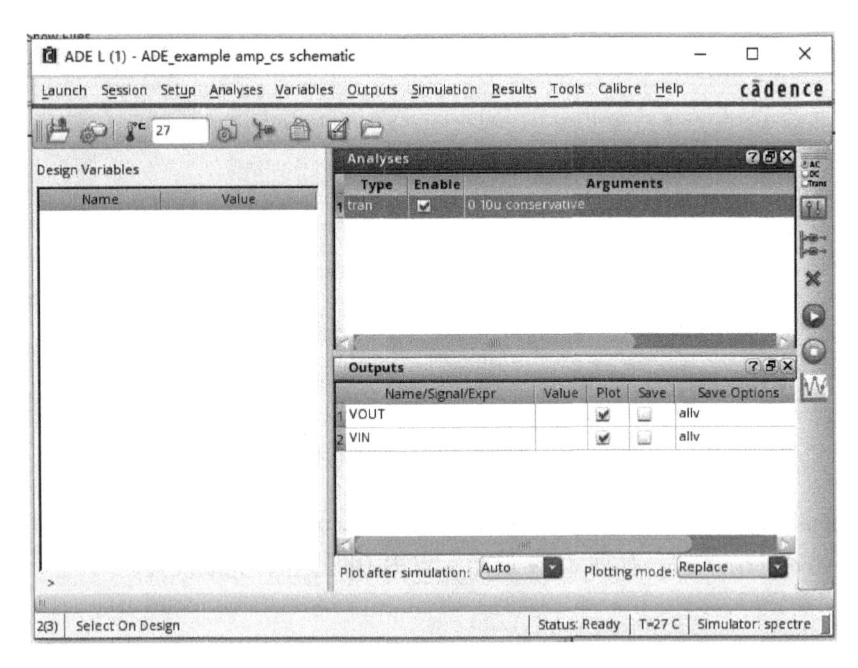

图 2.30　ADE 设置

输入信号大，说明电路正确。这样我们就完成了利用 ADE 进行共源放大器仿真的基本流程。

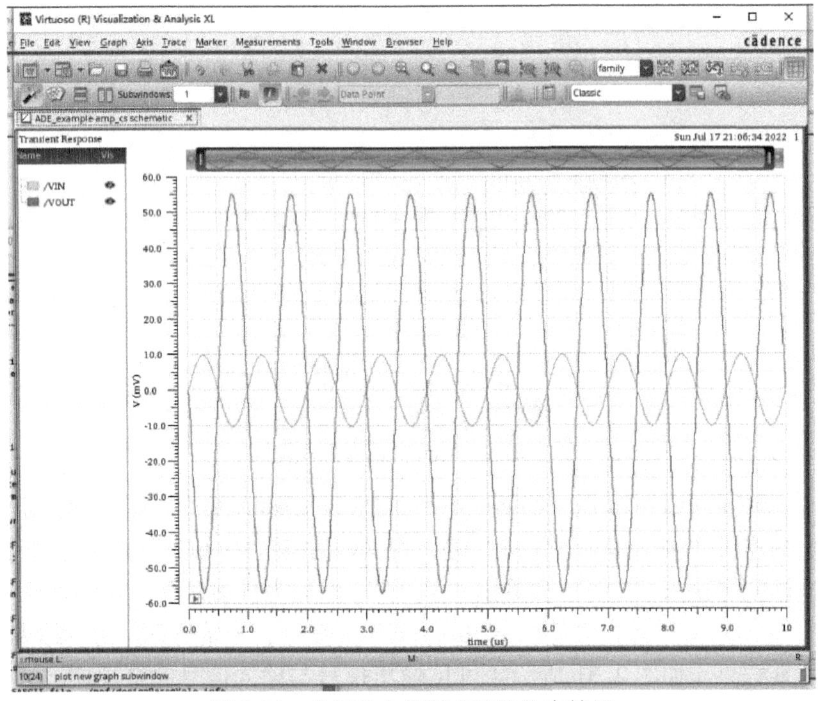

图 2.31　共源放大器瞬态特性仿真结果

2.3　本章小结

本章概述了 ADE 仿真软件的使用界面和基本操作，介绍了软件启动方法、设计库管理器和电路图编辑器的使用、模拟设计环境的仿真设置，以及仿真波形输出显示与结果计算方法。最后以 CMOS 共源放大器为例，讲述了如何利用 ADE 对模拟集成电路进行设计和仿真验证。

第3章　ADE 仿真功能基础

Cadence ADE 作为重要仿真工具，广泛应用于模拟、射频、数字等集成电路的设计中。通过 ADE 仿真，可对电路进行直流分析（DC Analysis）、交流分析（AC Analysis）、瞬态分析（Transient Analysis）、噪声分析（Noise Analysis）、S 参数仿真（S – Parameter Analysis）和周期稳定性分析（Periodic Steady – State Analysis, PSS Analysis）等，以及参数扫描、蒙特卡罗分析等高阶仿真。本章主要介绍 Cadence ADE 的基本仿真和高阶仿真功能，结合实例讲述如何进行参数设置、仿真验证和性能优化等。

3.1　直流仿真

直流仿真是电路仿真和分析的基础，用于确定直流工作点或直流传输曲线。在直流仿真中，可以进行单点仿真，也可以通过指定参数和扫描范围生成传输曲线，扫描的参数可以是温度、器件参数、网表参数、电路参数等。

3.1.1　直流仿真基本设置

对于直流工作点的分析，仿真器计算每个节点电压、每条支路电流，各 PN 结、晶体管的直流参数等；对于直流特性扫描，仿真器可以扫描和模拟多个参数。

（1）Temperature

扫描电路温度参数：根据电路实际应用场景，设计者可以确定电路工作的温度范围，并对相应温度范围的电路进行仿真，得到直流工作点随温度变化的情况。

（2）Design Variable

扫描设计变量：设计者在电路设计中，为便于电路修改和仿真，有时会将一些电路参数首先设置为变量，例如：将电路的偏置电压设置为变量进行参数扫描，得到在不同偏置电压下电路的工作状态。

（3）Component parameter

扫描器件参数：与扫描设计变量类似，有时会将电路中器件的参数，例如晶体管的长和宽、电阻值、电感值和电容值等设置为变量进行扫描，得到在器件参数下电路的工作情况。

（4）Model Parameter

扫描工艺库模型文件中的参数：通常在设计过程中，工艺库文件都由晶圆厂提供标准模型，所以一般不使用这项扫描功能。

打开 ADE 窗口，选择 Analysis→Choose…，在弹出的对话框中选中“dc”选项，如图 3.1 所示，此时窗口中选择对电路温度进行扫描。为观察直流仿真结果，需要选中“Save DC Operating Point”以保存电路的直流工作点信息。如果需要对参数进行扫描，还需要选中“Sweep Variable”中的子选项。

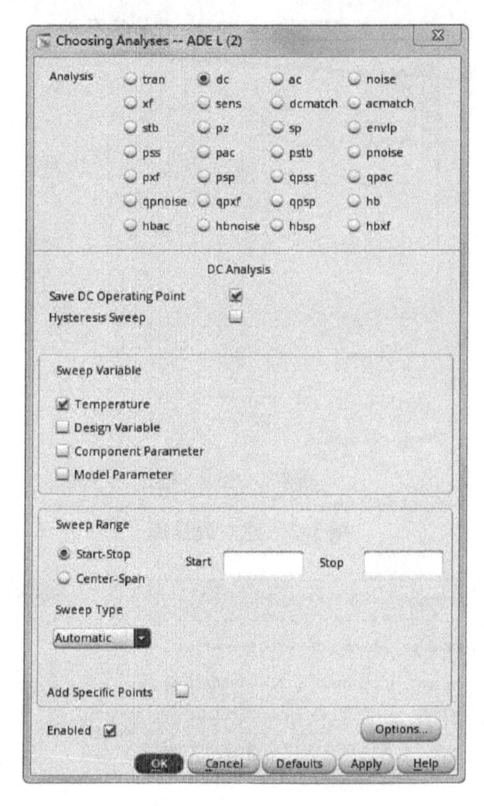

图 3.1　“dc”设置对话框

3.1.2　实例分析

本小节以一个电阻为负载的共源放大器为例进行直流分析，分别进行直流工作点和直流特性扫描仿真，介绍直流分析的仿真流程。

（1）建立共源放大器电路

1）选择 File→New→Library，弹出“New Library”对话框，输入“ADE_example”建立设计库，如图 3.2 所示。点击 OK 按钮后，在图 3.3 所示的 Technology File for New Library 窗口中选择“Attach to an existing technology library”选项，弹出“Attach Design Library to Technology File”对话框，如图 3.4 所示，在“Technology Library”选项的下拉菜单中选择已经存放于 Cadence IC 启动目录下的工艺库“smic18mmrf”，将设计库关联至 SMIC18 工艺库文件，点击 OK 按钮后即可在 Library Manager 左侧栏里看到新建的 “ADE_example” 库。

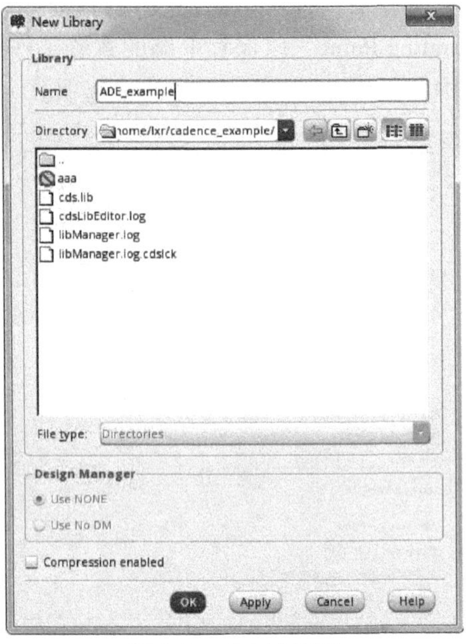

图 3.2　建立设计库

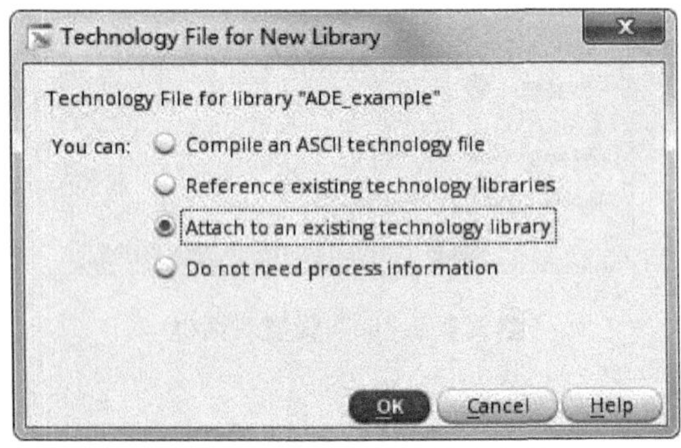

图 3.3　选择关联的工艺库文件

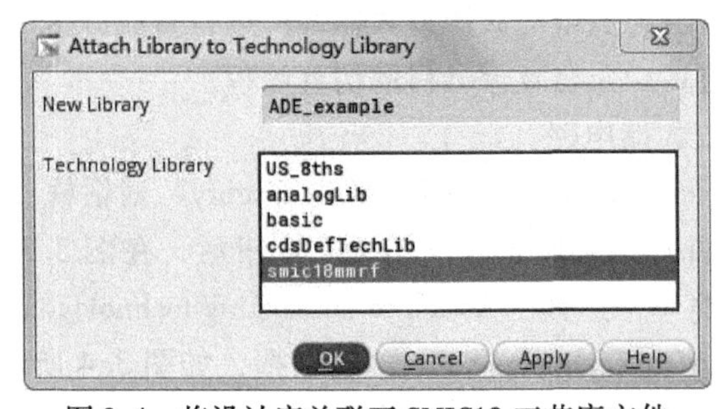

图 3.4　将设计库关联至 SMIC18 工艺库文件

2）在CIW窗口选择File→New→Cellview，弹出“Cellview”对话框，在Cell输入框输入“amplifier”，如图3.5所示，点击OK按钮。

3）在电路图编辑器窗口按下键盘上的“I”键，弹出设计库管理器，从工艺库“simc18mmrf”中调用NMOS n18，更改参数，分配宽长比为8μm/180nm（Finger Width为2μm，Number of Fingers数为4）。从理想工艺库“analogLib”中调用理想电阻“res”，设置电阻值为1.2K；再从中调用理想电容“cap”，设置电容值为500f。点击“P”键添加pin，其中VIN、VDD和GND类型为“input”，VOUT类型为“output”。点击“L”键弹出“Create Wire Name”对话框，在“Names”中填写GND，之后点击“Hide”，为NMOS管的衬底添加Label。最后点击“W”键将电路连接起来，如图3.6所示，完成共源放大器电路的建立。

图3.5 建立共源放大器电路

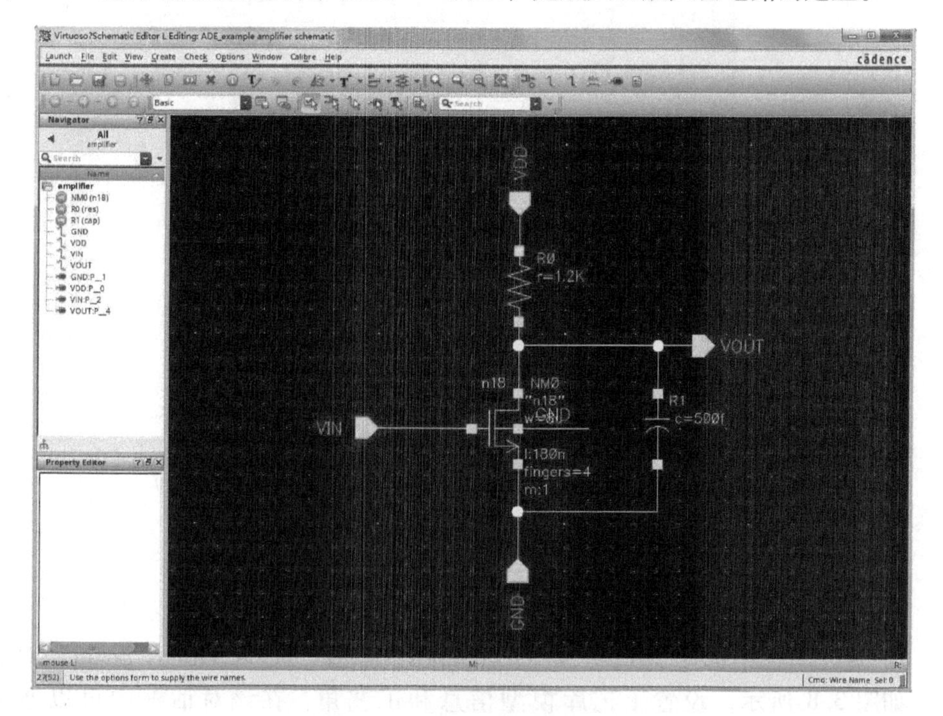

图3.6 共源放大器电路原理图

（2）直流工作点仿真

1）添加激励。在上方的工具栏中点击 Check and Save 对电路进行检查和保存，再选择 Launch→ADE L，弹出 ADE L 对话框，在工具栏中选择 Setup→Stimuli。设置电源电压“VDD”的激励源“Function”为 dc 类型，“Type”为“Voltage”，“DC voltage”为“1.8”；地“GND”的激励源“Function”也为 dc 类型，“Type”为“Voltage”，“DC voltage”为“0”。设置输入“VIN”的激励源“Function”为正弦信号“sin”，“Type”为“Voltage”，MOS 管栅极偏置电压“DC voltage”为“0.8”，小信号幅度 Amplitude 为“1m”，频率 Frequency 为“10M”，如图 3.7 所示。

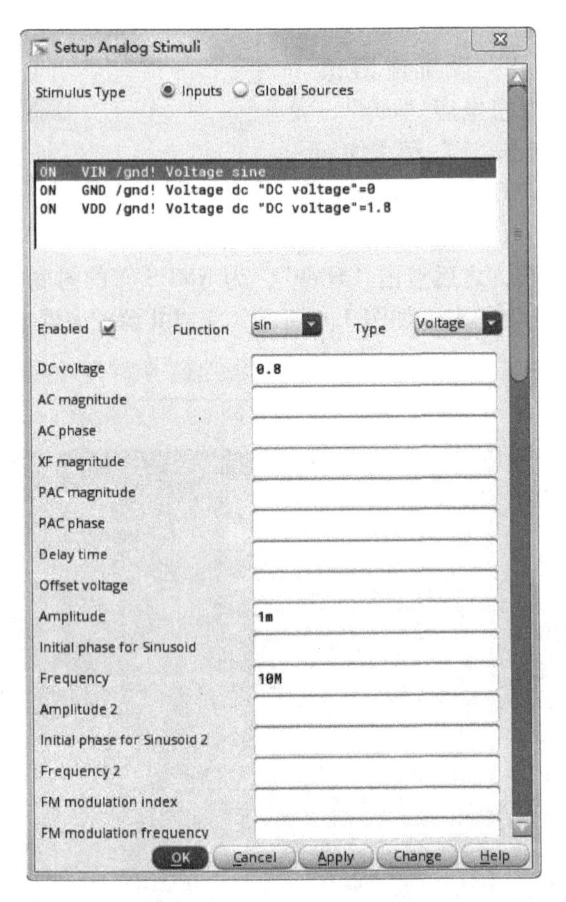

图 3.7　直流仿真激励设置

2）在工具栏中选择 Setup→Model Libraries，弹出“Model Library Setup”对话框，如图 3.8 所示，设置工艺库模型信息和工艺角。在该对话框中可以通过“Browse..”按键选择已存在路径下的工艺库文件，之后在“Section（opt.）”栏中输入工艺角，然后单击“Add”完成添加。

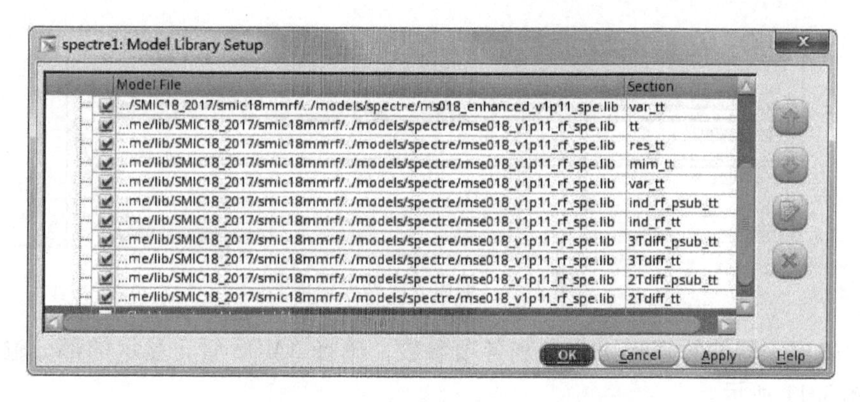

图 3.8　设置工艺库模型信息和工艺角

3）在 ADE 窗口中选择 Analyses→Choose…，弹出对话框，从对话框中选中“dc”选项，选择“Save DC Operating Point”，如图 3.9 所示，点击 OK 按钮，完成设置。

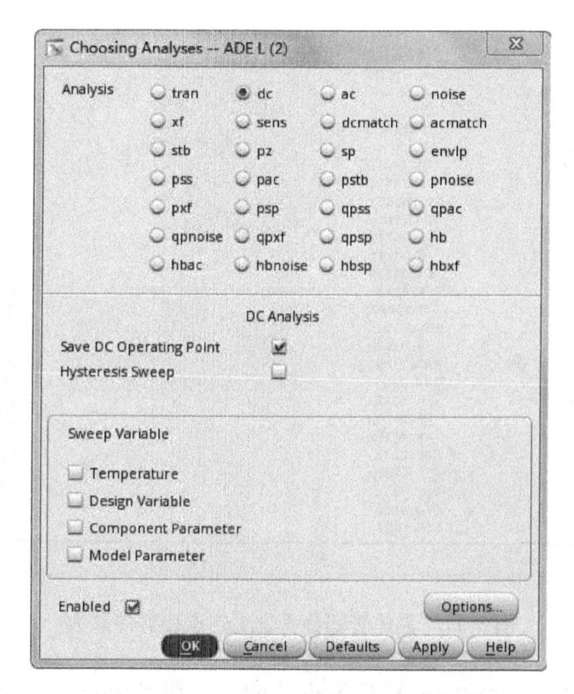

图 3.9　直流工作点仿真设置

4）选择 Stimulation→Netlist and Run，开始仿真。仿真结束后，选择 Results→Print→DC Node Voltages，用箭头在电路图中选择观测节点，就会输出该点电压值，此时输出节点的电压如图 3.10 所示。

5）在工具栏选择 Results→Print→DC Operating Points，在电路图中要选择观测

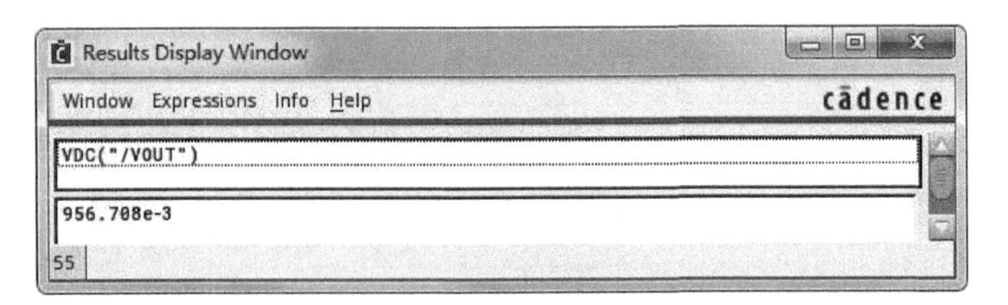

图3.10 输出节点的电压值

器件，输出该器件的直流工作点和各项参数，选择NMOS管，显示的部分输出结果如图3.11所示。

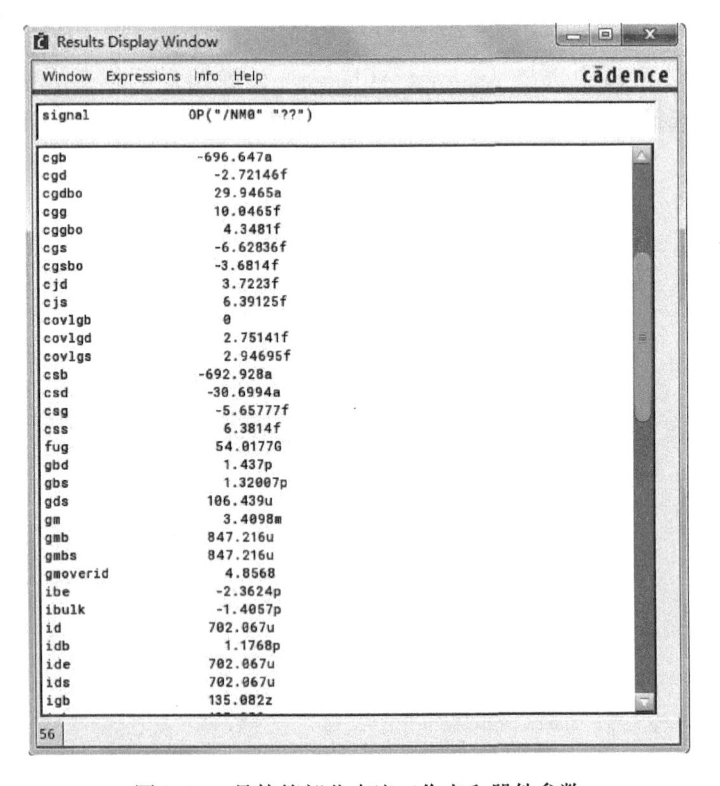

图3.11 晶体管部分直流工作点和器件参数

6）选择Results→Annotate→DC Node Voltages和Results→Annotate→DC Operating Points，电路图中显示在这个工作条件下各个节点电压和器件直流工作点，如图3.12所示。

（3）直流特性扫描仿真

1）首先在“dc”设置对话框中选中“Save DC Operating Point”，选择“Temperature”，设置仿真起始温度“Start”和结束温度“Stop”分别为“-40”和

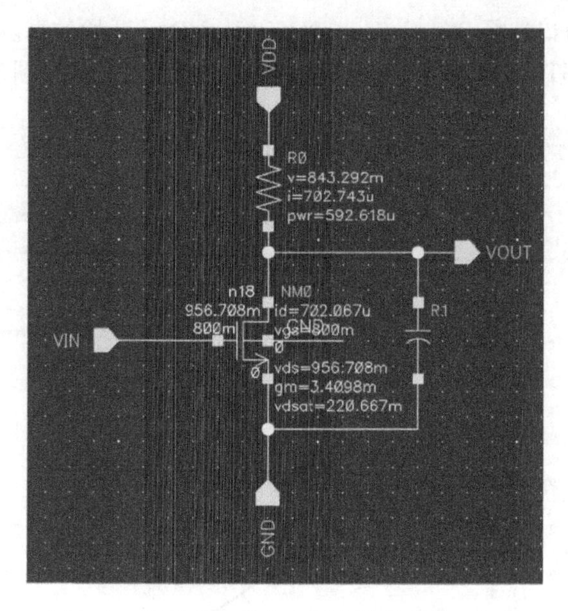

图 3.12　显示各个节点电压和器件直流工作点

“125”，如图 3.13 所示。

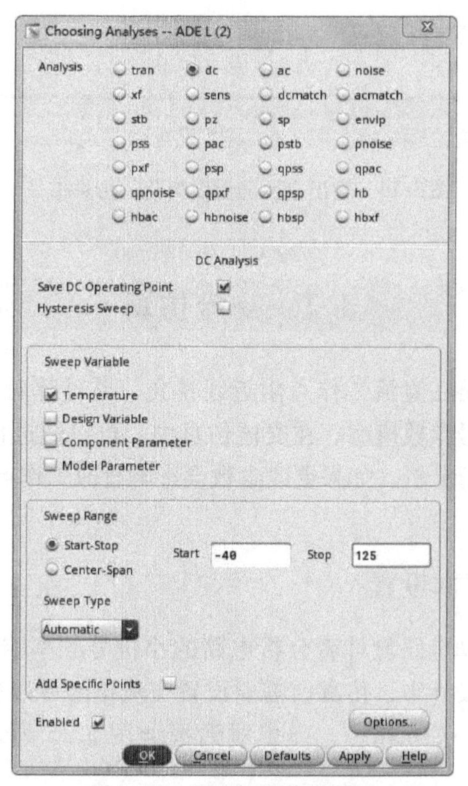

图 3.13　温度扫描范围设置

2）在 ADE 窗口选择 Stimulation→Netlist and Run 开始仿真。仿真结束后，点击输出端口“VOUT”，得到输出电压随温度变化的仿真结果如图 3.14 所示。

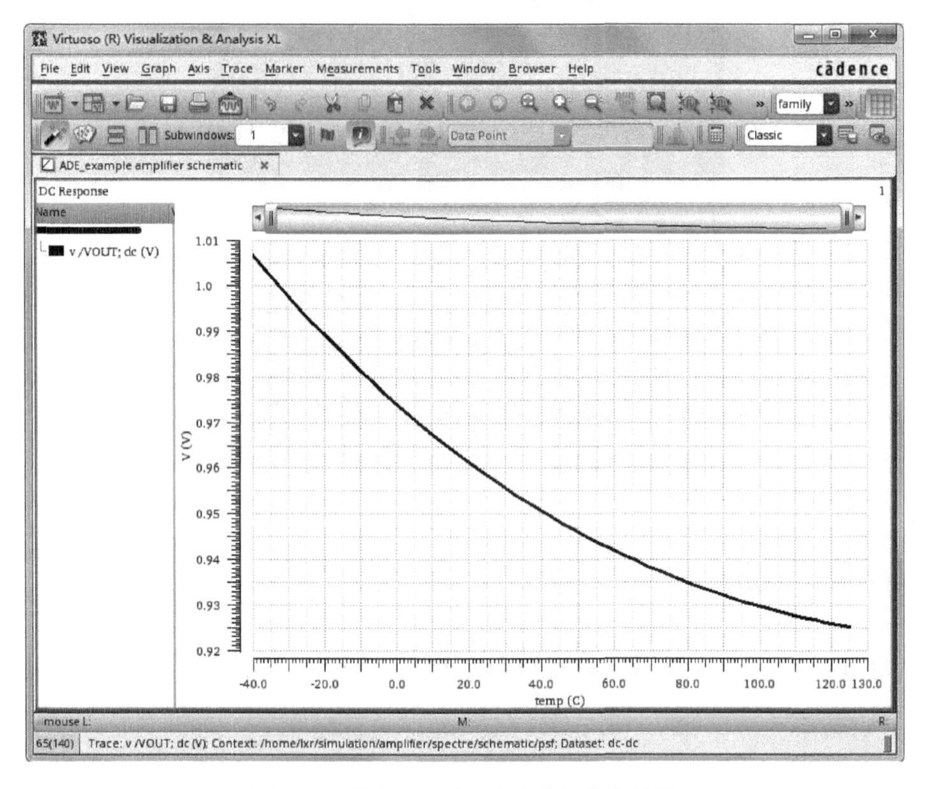

图 3.14　输出电压随温度变化的仿真结果

3.2　交流仿真

交流仿真使得电路在直流工作点附近线性化，并计算对给定小信号刺激的响应，构建电路的小信号参数模型。在交流仿真中，可以通过扫描频率，设计变量、温度、器件参数等进行分析，如果更改参数会影响直流工作点，在每一步将会重新计算直流工作点。

3.2.1　交流仿真基本设置

交流仿真可以帮助电路设计者分析电路的小信号频率响应特性，常用于放大器、滤波器等电路的设计中，仿真前需要设置交流信号源以提供激励。在 ADE 窗口中，选择 Analyses→Choose…，弹出对话框如图 3.15 所示，从对话框中选中“ac”选项。

同样的，交流仿真也可以扫描“Design Variable”“Temperature”“Component Parameter” “Model Parameter”。对这些参数进行扫描时，需要在“At Frequency (Hz)”处填入特定的仿真频率，如图3.16所示。除此之外，交流仿真还可以对频率参数“Frequency”进行扫描，用于仿真电路在不同频率信号下的响应。此时，“Sweep Range”是电路的频率范围，其中“Start”是起始频率；“Stop”是终止频率。“Sweep Type”是仿真的取点方式，可根据需要输出仿真结果，包括自动取点“Automatic”、线性取点“Linear”和对数取点“Logarithmic”。

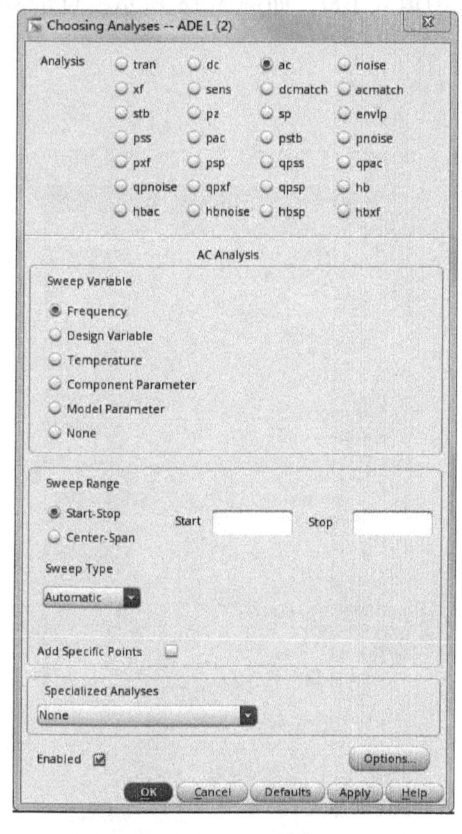

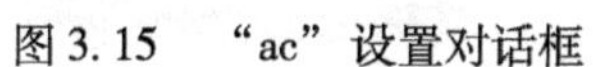
图3.15 “ac”设置对话框

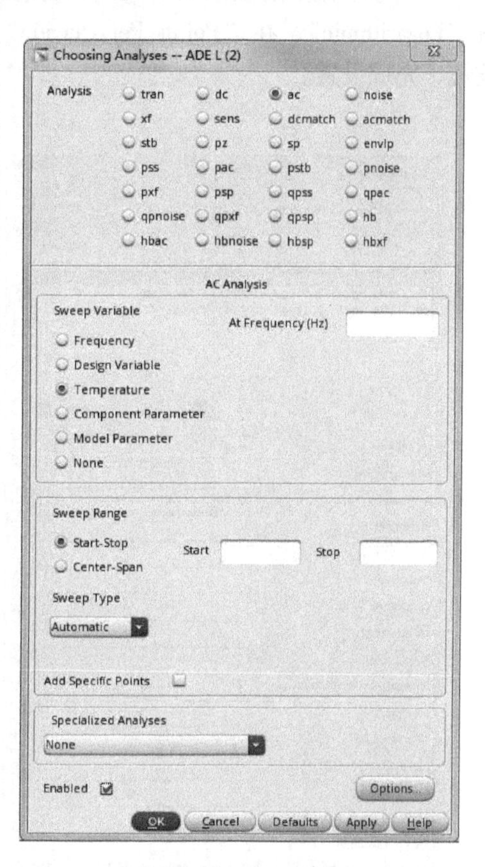

图3.16 扫描温度时的“ac”仿真设置

3.2.2 实例分析

本节以3.1.2小节中的共源放大器为例介绍放大器增益和相位的仿真流程，共源放大器的电路图参见图3.6。

1）设置交流信号源作为激励源，通常以“analogLib”中的“vsin”信号为激励源，在这里我们直接通过ADE设置激励，同时设置交流摆幅和直流偏置。如图3.17所示，在工具栏中选择Setup→Stimuli弹出“Setup Analog Stimuli”对话框，选中输入信号“VIN”，选择激励源“Function”为正弦信号“sin”，“Type”为“Voltage”，交流信号幅值“AC magnitude”通常都设置为“1”，“-1”表示 180°相位翻转，也可以通过交流信号相位“AC phase”来设置相位，“AC phase”缺省设置为“0”，直流偏置电压“DC voltage”设置为“0.8V”。电源电压“VDD”和地“GND”的设置与直流仿真相同。

2）然后选择 Analyses→Choose，弹出对话框，选择“ac”，在“Start”和“Stop”中分别输入起始频率“1”和终止频率“1G”，在“Sweep Type”中选择对数“Logarithmic”，在“Points Per Decade”中填入 100，如图 3.18 所示，点击 OK 按钮，完成设置。

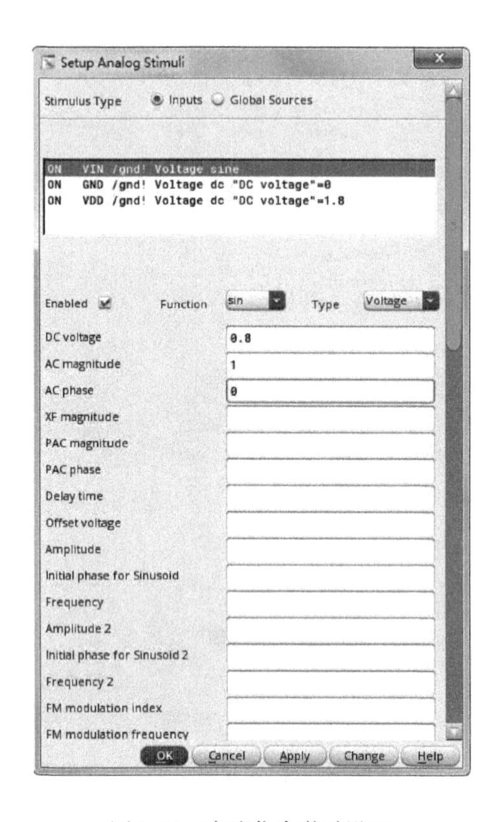

图 3.17　交流仿真激励设置

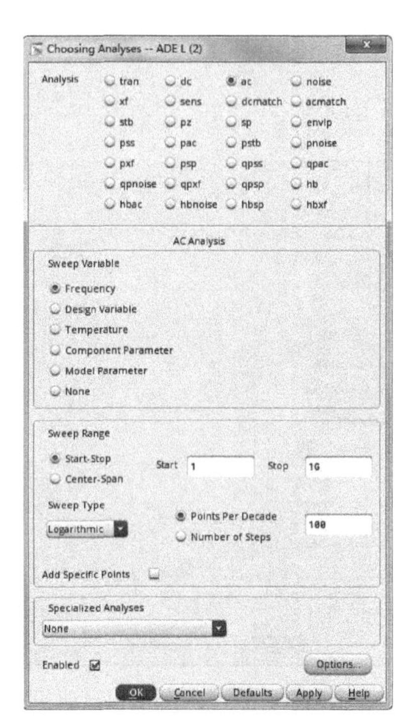

图 3.18　交流仿真设置

3）选择 Stimulation→Netlist and Run 开始仿真。仿真结束后，选择 Results→Direct Plot→Main Form，弹出对话框如图 3.19 所示，选择“dB20”和“Phase”输出放大器的增益曲线，并点击输出端“VOUT”的连线，仿真结果如图 3.20 所示，还可以选择“Phase”查看放大器的相位。

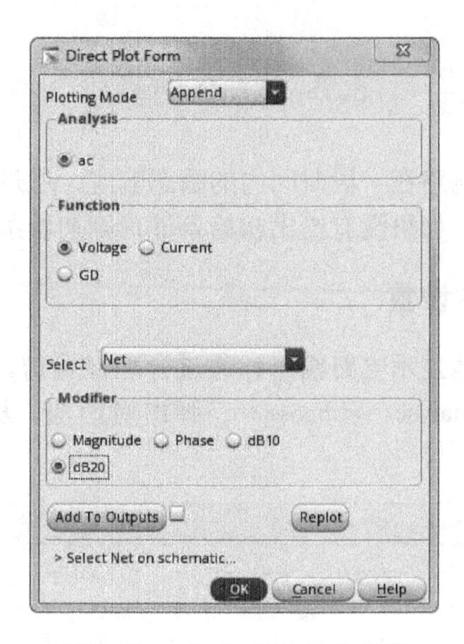

图 3.19 “ac”输出结果选择

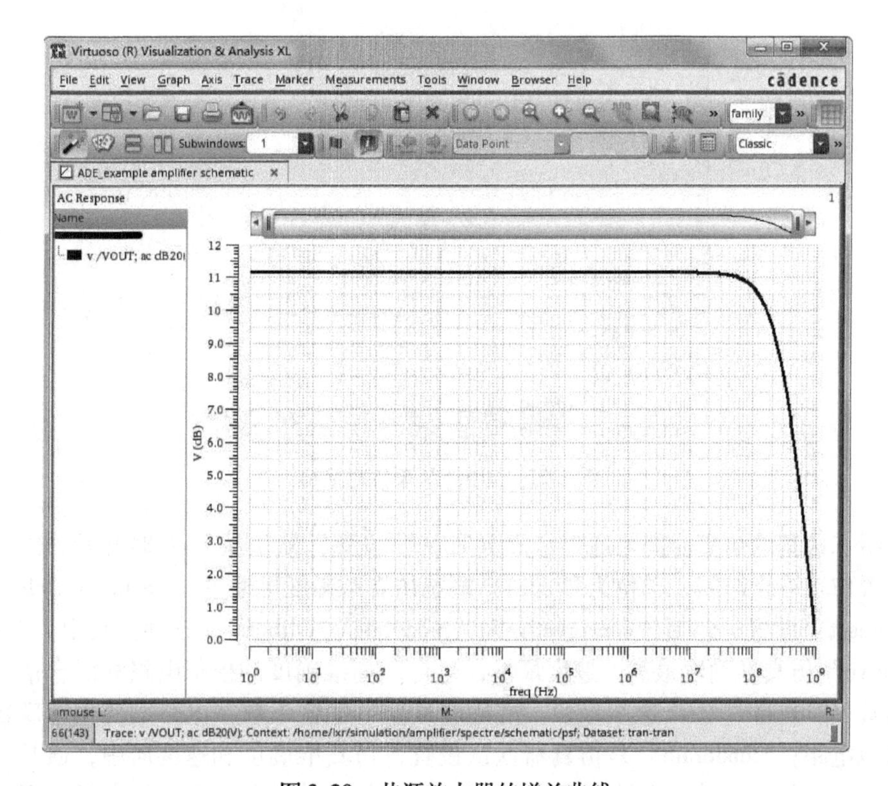

图 3.20 共源放大器的增益曲线

3.3 瞬态仿真

瞬态仿真用来计算电路在一段时间内的瞬态响应，通过瞬态仿真可以得到电路各节点的时域输出结果。如果没有给出初始条件，则初始条件取为直流稳态解。

3.3.1 瞬态仿真基本设置

瞬态仿真可以直观地显示电路输出，通过合理设置仿真条件来评估电路性能。在 ADE 窗口中，选择 Analyses→Choose…，弹出对话框，从对话框中选中“tran”选项，如图 3.21 所示。

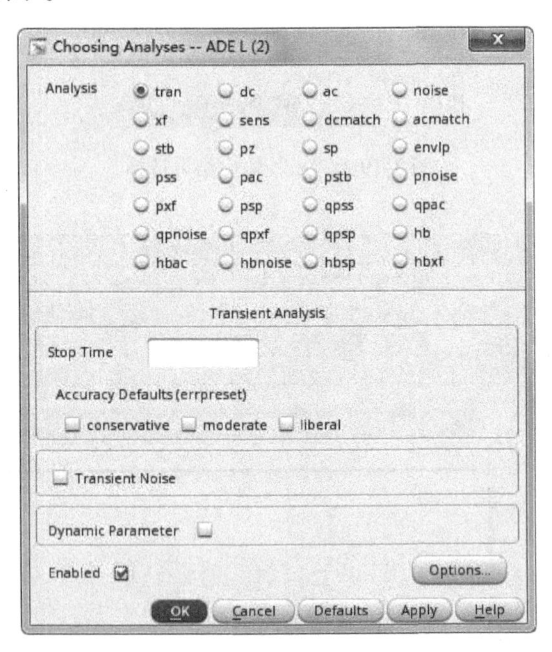

图 3.21　“tran”设置对话框

瞬态仿真的仿真时间可通过“Stop Time”设置，默认从 $t=0$ 时开始，因此需要设置仿真终止时间，单位为秒（s）。瞬态仿真准确度可通过“Accuracy Defaults”（errpreset）设置，包括“conservative”“moderate”“liberal”三种。其中，“conservative”仿真准确度最高，速度最慢，适合于高准确度的模拟电路和混合信号电路仿真；“liberal”仿真速度最快，准确度最低，适合于数字电路或变化速度较低的模拟电路；“moderate”是仿真器默认设置，仿真准确度和速度居中，通常采用此选项。此外，为满足个性化需求，电路设计者可对瞬态仿真进行高级设置，在图 3.21窗口中点击“options”，对仿真参数和计算方法进行修改，如图 3.22 所示。

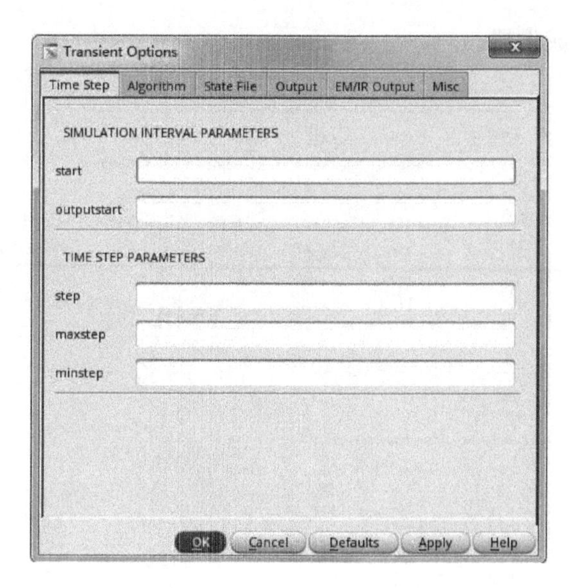

图 3.22　“options”参数设置窗口

3.3.2　实例分析

本节以 3.1.2 节中的共源放大器为例介绍瞬态仿真流程，共源放大器的电路图如图 3.6 所示。

1）设置激励源，在工具栏中选择 Setup→Stimuli 弹出“Setup Analog Stimuli”对话框，选中输入信号“VIN”，选择激励源“Function”为正弦信号“sin”，“Type”为“Voltage”，直流偏置电压“DC voltage”设置为“0.8V”，在“Amplitude”栏中输入幅度为“1m”，在“Frequency”栏中输入频率为“10M”。电源电压“VDD”和地“GND”的设置与直流仿真相同。瞬态仿真激励设置如图 3.23 所示。

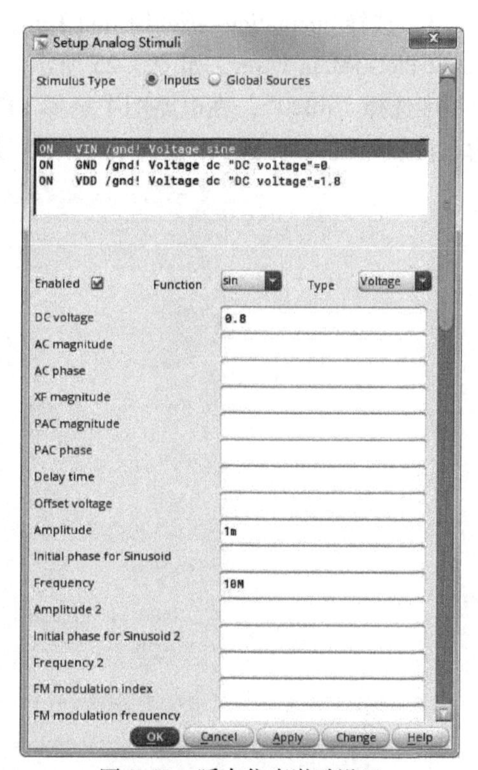

图 3.23　瞬态仿真激励设置

2）点击 Analyses→Choose，弹出对话框，选择“tran”进行瞬态仿真，在“Stop Time”栏中输入仿真时间“1u”，在“Accuracy Defaults”中选择仿真最高准确度“conservative”，如图 3.24 所示，

点击 OK 按钮，完成设置。

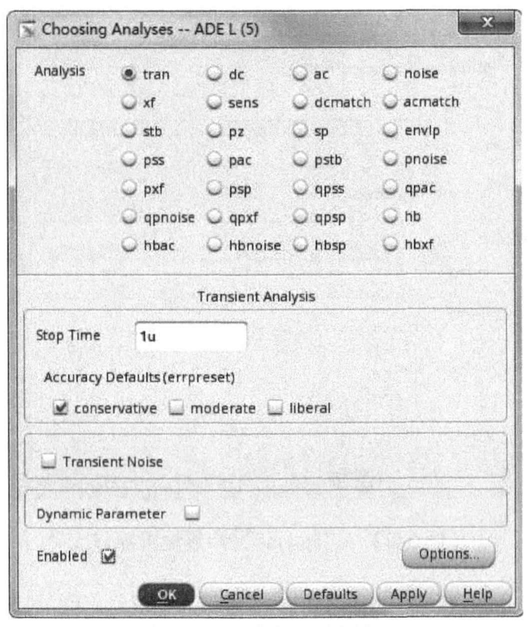

图 3.24　瞬态仿真设置

3）选择 Simulation→Netlist and Run，开始仿真。仿真结束后，选择 Results→Direct Plot→Main Form，如图 3.25 所示。“Function” 中选择 “Voltage”，“Modifier” 中选择 “dB20”，在电路图中选择 VIN 端口和 VOUT 端口或其相应连线，得到瞬态波形如图 3.26 所示，上侧为输入信号，下侧为输出信号。

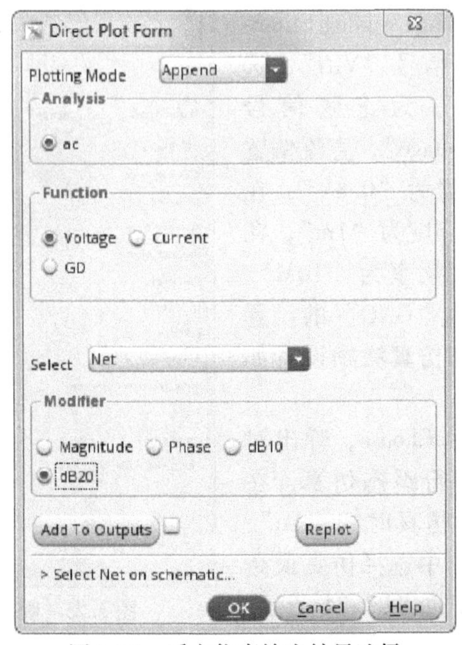

图 3.25　瞬态仿真输出结果选择

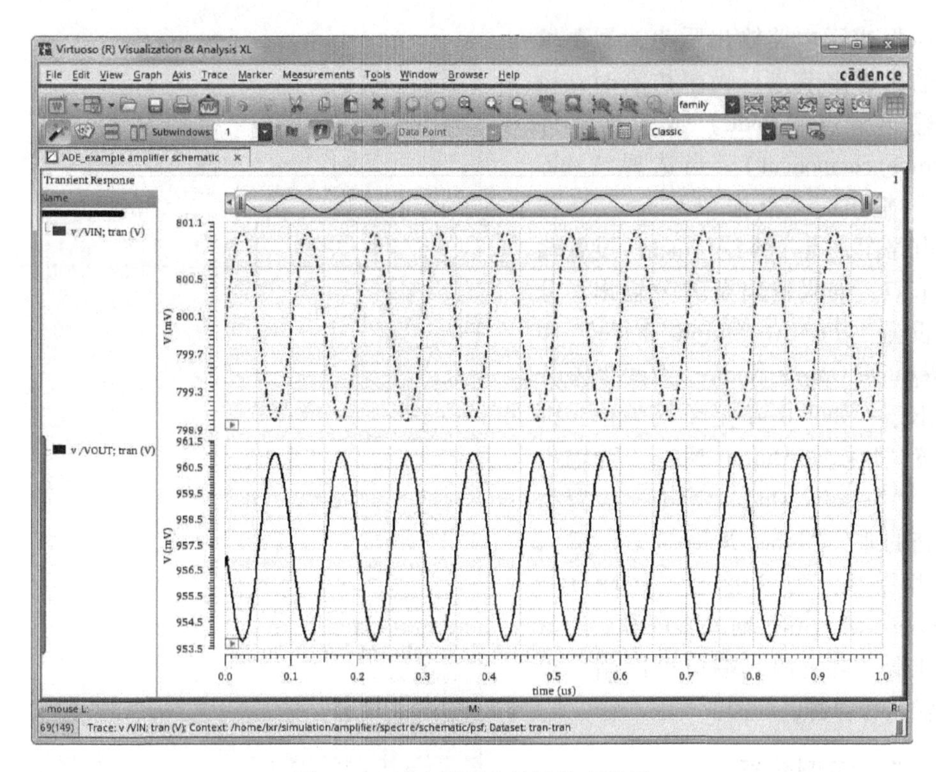

图 3.26　放大器瞬态特性仿真结果

3.4　噪声仿真

噪声仿真是将电路在直流工作点附近线性化，并计算输出端的噪声频谱密度。噪声分析通常计算输出端的总噪声，其中包括来自输入源和输出负载的噪声。对电路中每个噪声源的输出噪声也会进行计算和输出。如果输入源不包含噪声，则计算等效无噪声网络的传递函数和输入参考噪声。如果输入源包含噪声，则还需要计算噪声因子和噪声系数。

3.4.1　噪声仿真基本设置

在 ADE 窗口中，选择 Analyses→Choose…，弹出对话框，从对话框中选中“noise”选项。噪声仿真同样可以进行“Frequency”“Design Variable”“Temperature”“Component Parameter”“Model Parameter”这些参数扫描。“noise”设置对话框如图 3.27 所示。

以对频率“Frequency”进行扫描为例，如图 3.27 所示，此时“Sweep Range”是电路的频率范围，其中“Start”是起始频率；“Stop”是终止频率。“Output

Noise”表示电路输出噪声，需要填入输出噪声节点。噪声仿真时，设置输出节点（Node）或输出器件（Probe component）。当选择“voltage”输出时，点击“Select”后弹出电路图，点击连线（net）设置输出节点。如果输出是差分输出，分别设置“Positive Output Node”和“Negative Output Node”为两个差分输出端；如果电路是单端输出，则设置“Positive Output Node”为输出端，“Negative Output Node”设置为电路的地。“Input Noise”表示输入参考噪声，需要通过“Input Port Source”填入等效输入噪声源。通常电压源、电流源或端口可以用作等效输入噪声源。

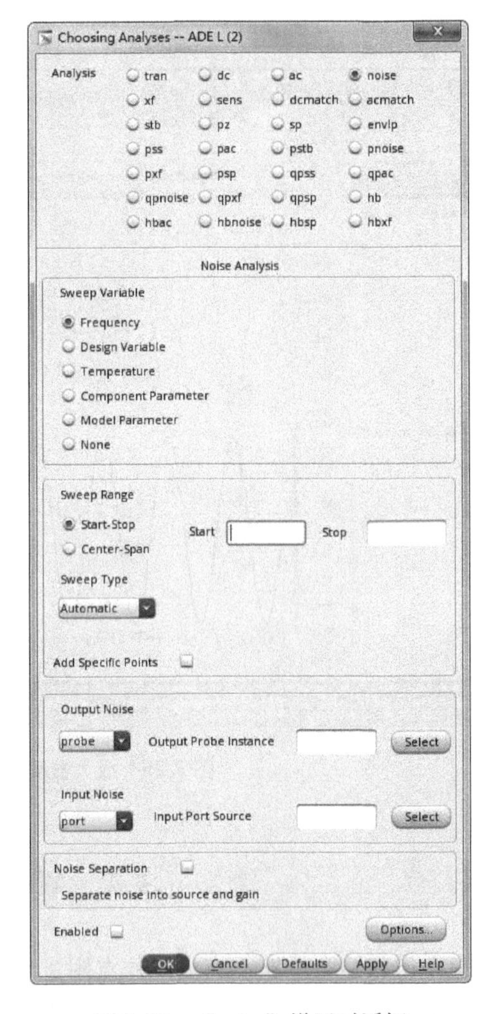

图3.27 “noise”设置对话框

3.4.2 实例分析

本节以3.1.2节中的共源放大器为例介绍噪声仿真流程，共源放大器的电路图如图3.6所示。

1）从理想器件库“analogLib”中调入端口“port”，如图3.28所示，在“DC voltage”中输入直流偏置电压“800m”，并对图3.6的电路进行修改，如图3.29所示。

2）在ADE中选择Analyses→Choose…，弹出对话框，选择“noise”选项，在“Sweep Variable”中选择“Frequency”。在“Sweep Range”一栏里，起始频率“Start”中输入“1”；终止频率“Stop”中输入“1G”。在“Sweep Type”一栏里，选择“Automatic”。在“Output Noise”中选择“Voltage”，在“Positive Output Node”中，点击“Select”，用箭头在电路图中选择放大器输出“VOUT”，重复同样操作在“Negative Output Node”中选择地“GND”。在“Input Noise”中选择采用“port”，并用箭头在电路图中选择放大器输入“port”，完成设置后如图3.30所示。

3）选择Simulation→Netlist and Run，开始仿真。仿真结束后，选择Results→Direct Plot→Main Form，弹出对话框如图3.31所示。其中，“Function”一栏中包括

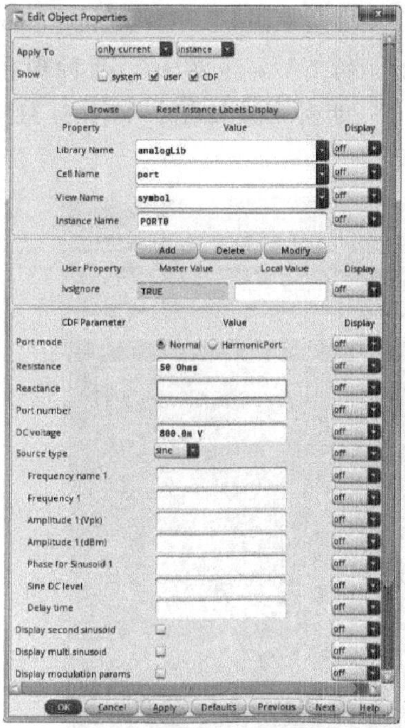

图 3.28　“port”设置对话框

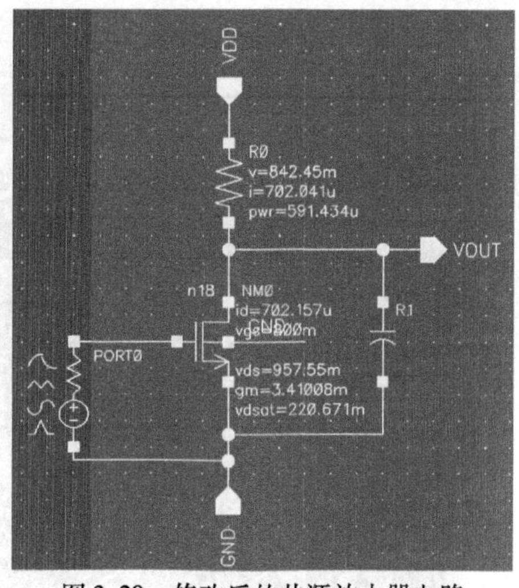

图 3.29　修改后的共源放大器电路

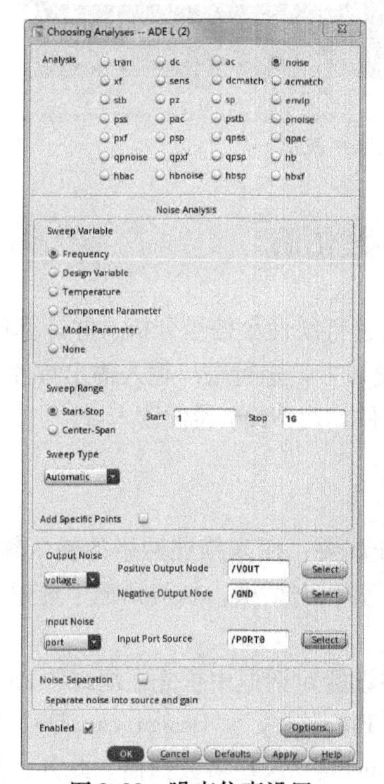

图 3.30　噪声仿真设置

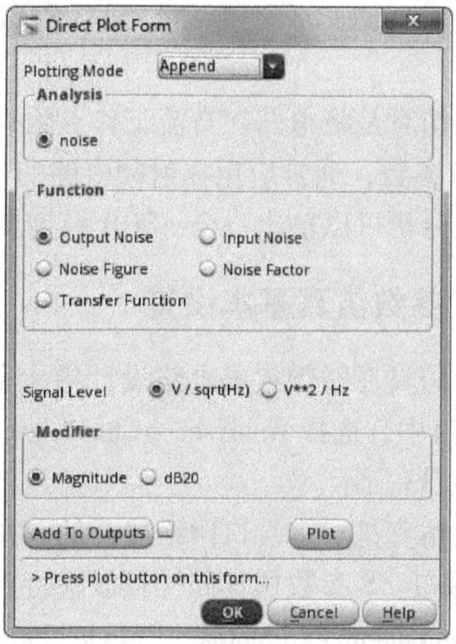

图 3.31　噪声仿真输出选择对话框

“Output Noise”“Input Noise”“Noise Figure”“Noise Factor”“Transfer Function”；在“Signal Level”一栏中包括“V/sqrt（Hz）”和“V＊＊2/Hz”两种单位，在“Modifier”一栏中包括“Magnitude”或“dB20”两种形式输出。如图3.31所示，点击“Plot”后，输出噪声波形如图3.32所示。

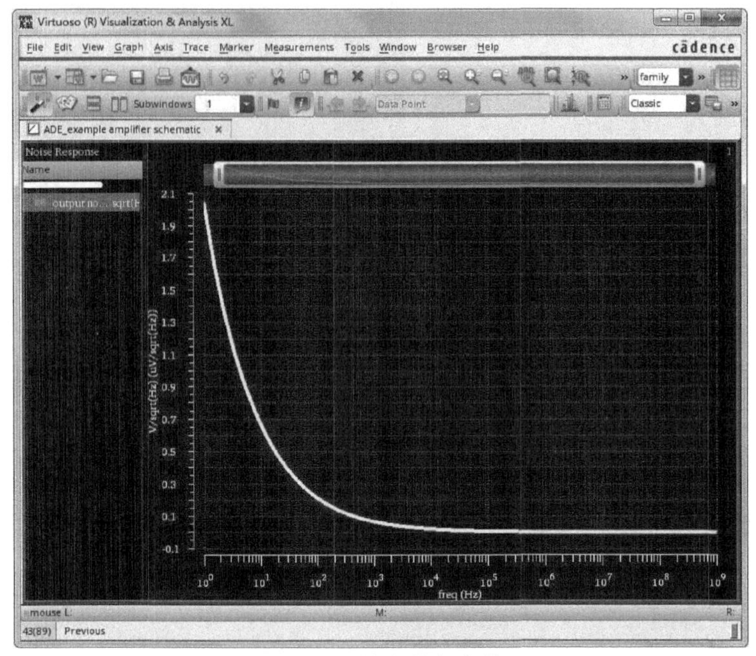

图3.32 输出噪声波形

3.5 S参数仿真

S参数仿真是将电路在直流工作点附近进行线性小信号分析，并计算作为N端口电路的S参数，通常应用在射频电路的设计中，进行端口输入输出特性的仿真分析。S参数分析可以输出一个ASCII模型文件，由Nport器件读入。

3.5.1 S参数仿真基本设置

S参数仿真在射频集成电路设计中十分重要，用来描述网络的输入输出特性。在ADE窗口中，选择Analyses→Choose…，弹出对话框，从对话框中选中“sp”选项，如图3.33所示。

S参数仿真是对多端口网络展开的，在设置对话框中首先在端口“Ports”栏中选择待测端口。S参数仿真同样可以进行“Frequency”“Design Variable”“Temperature”“Component Parameter”“Model Parameter”这些参数扫描。此外，还可以通过“Do Noise”中的选项“yes”或“no”来选择是否进行噪声分析。

3.5.2　实例分析

本节以一个共源共栅结构的低噪声放大器为例，介绍 S 参数的仿真流程。

1）从工艺库“analogLib”中调入两个“port”用于输入和输出端口，输入端口“PORT0”和输出端口“PORT1”的设置如图 3.34 所示，阻值“Resistance”中均填入“50”，信号源类型“Source Type”选为“sine”。从工艺库“smic18mmrf”中调入 NMOS 管和电感，两个 NMOS 管的宽长比均为 4μ×60/180n；电感参数的设置如图 3.35 所示，填好内径“Inner Radius”、线圈数“Coil Turns”、线宽“Width”以及工作频率“Freq”等参数，具体数值如图 3.36所示。再从“analogLib”中调入理想电容“cap”和理想电阻“res”，其容值和阻值如图 3.36 所示。采用键盘的 I、P、W、L 键完成电路的器件调用、打 pin 和连线，建立好的共源共栅低噪声放大器电路图，如图 3.36 所示。

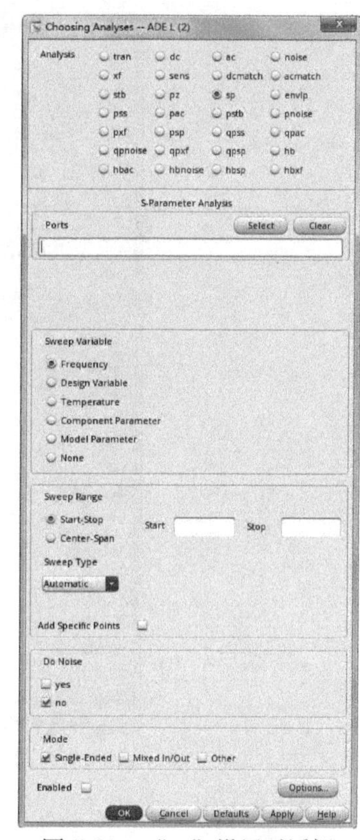

图 3.33　“sp”设置对话框

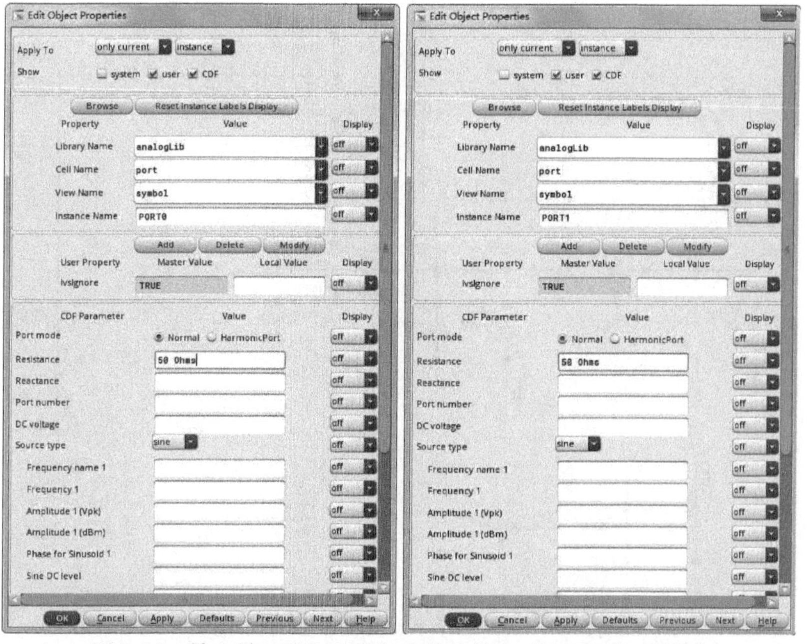

图 3.34　输入端口“PORT0”和输出端口“PORT1”的设置

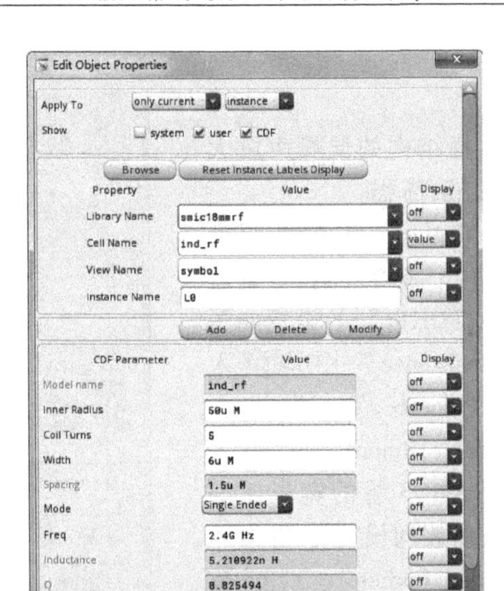

图3.35　电感参数设置

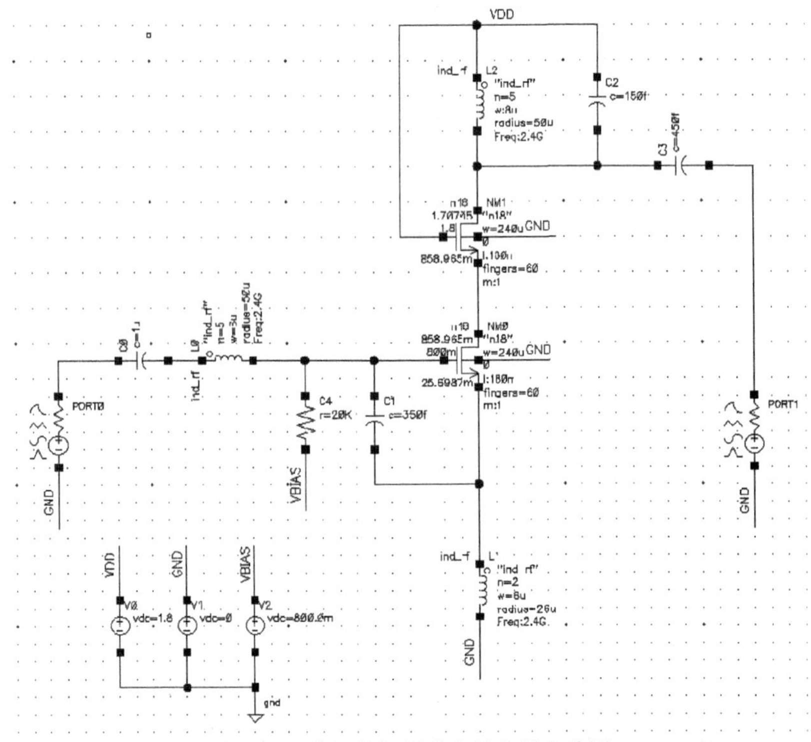

图3.36　共源共栅低噪声放大器电路图

2）在 ADE 对话框中选择 Analyses→Choose…，弹出对话框，从对话框中选中“sp”选项。在“Ports”中点击“Select”，然后在电路中依次选择输入端口“PORT0”和输出端口“PORT1”。在“Sweep Variable”中，选择“Frequency”，在“Sweep Range”中的起始频率“Start”和终止频率“Stop”中，分别输入“0.1G”和“5G”；在“Sweep Type”中选择“Linear”类型；“Step Size”中填入“0.01G”。在“Do Noise”中选择“yes”，对低噪声放大器进行噪声分析，“Output port”和“Input port”分别选择“PORT1”和“PORT0”，完成设置后如图 3.37 所示。

3）选择 Simulation→Netlist and Run，开始仿真。仿真结束后，选择 Results→Direct Plot→Main Form，弹出对话框如图 3.38 所示。

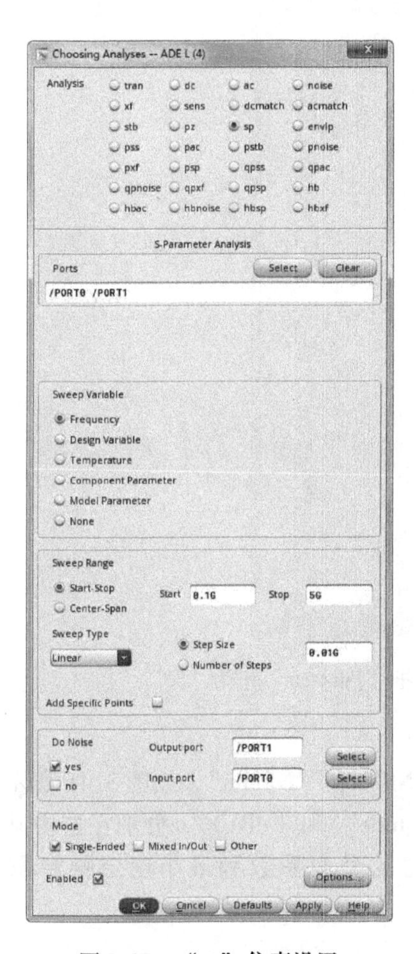

图 3.37　“sp”仿真设置

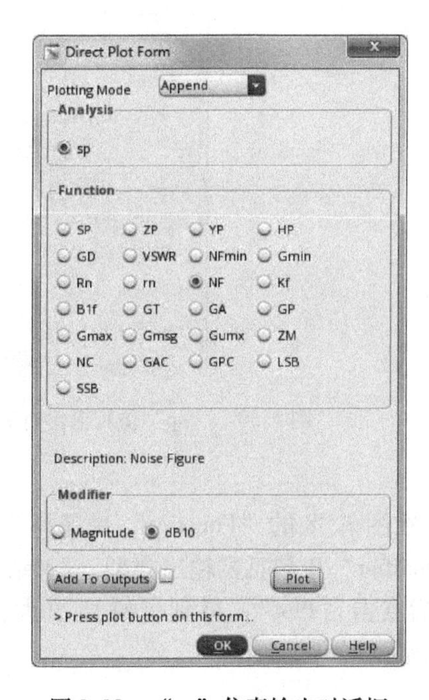

图 3.38　“sp”仿真输出对话框

4）在图3.38的“Function”中选择“SP”，如图3.39所示。其中，“Plot Type”中包括四种输出类型：“Rectangular”“Z－Smith”“Y－Smith”和“Polar”，“Modifier”中包括五种输出类型：“Magnitude”“Phase”“dB20”“Real”和“Imaginary”。选择“S11”“S22”和“S21”，观测低噪声放大器的输入和输出端口匹配情况以及增益，选择“dB20”进行输出，如图3.40所示。

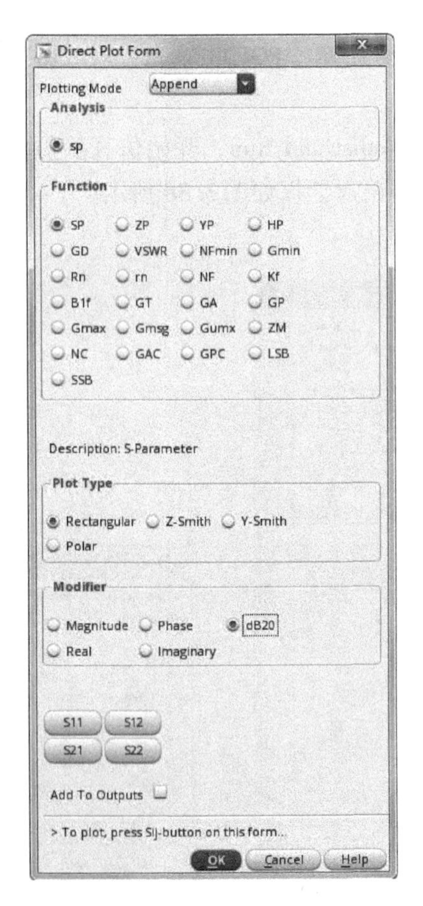

图3.39 “sp”仿真输出对话框“Function”中为“SP”

5）在图3.38的“Function”中选择“NF”和“NFmin”，如图3.41所示。其中，“Modifier”中包括两输出类型：“Magnitude”和“dB10”，分别在选中某种输出类型后点击“Plot”，得到低噪声放大器的噪声系数和最小理想噪声系数如图3.42所示。

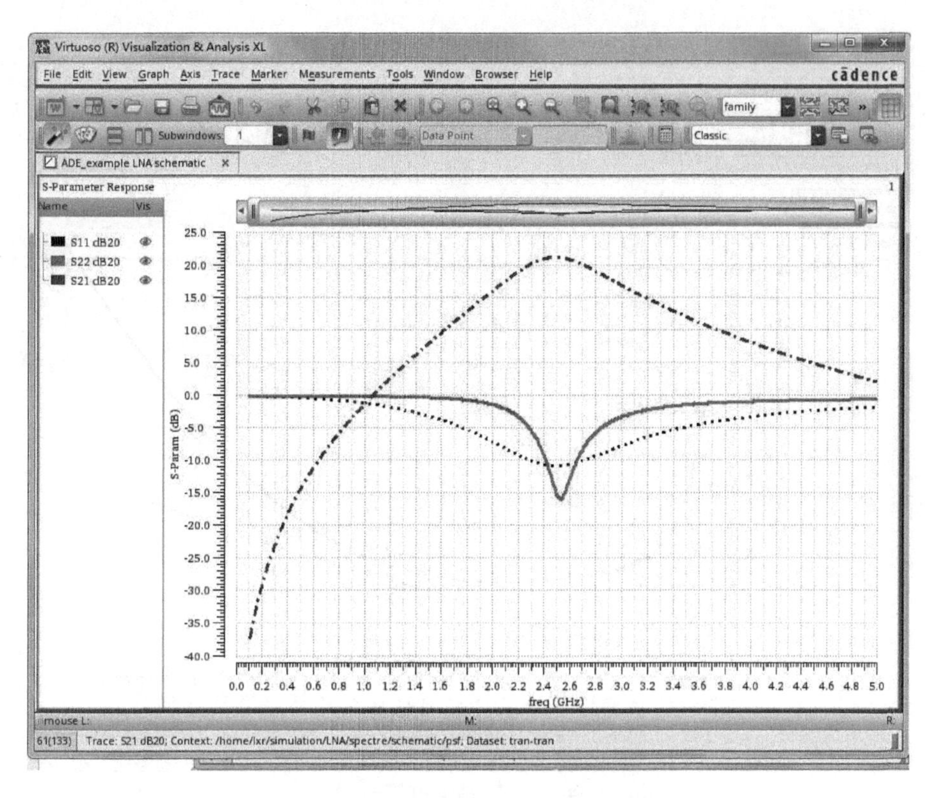

图 3.40　低噪声放大器 SP 仿真输出结果

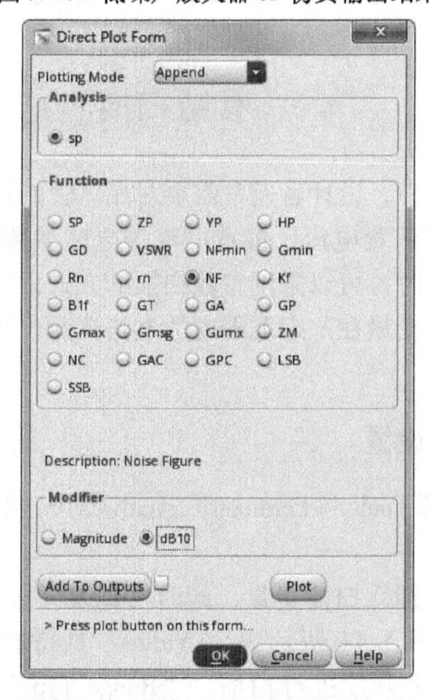

图 3.41　“sp”仿真输出对话框“Function”中为“NF”和“NFmin”

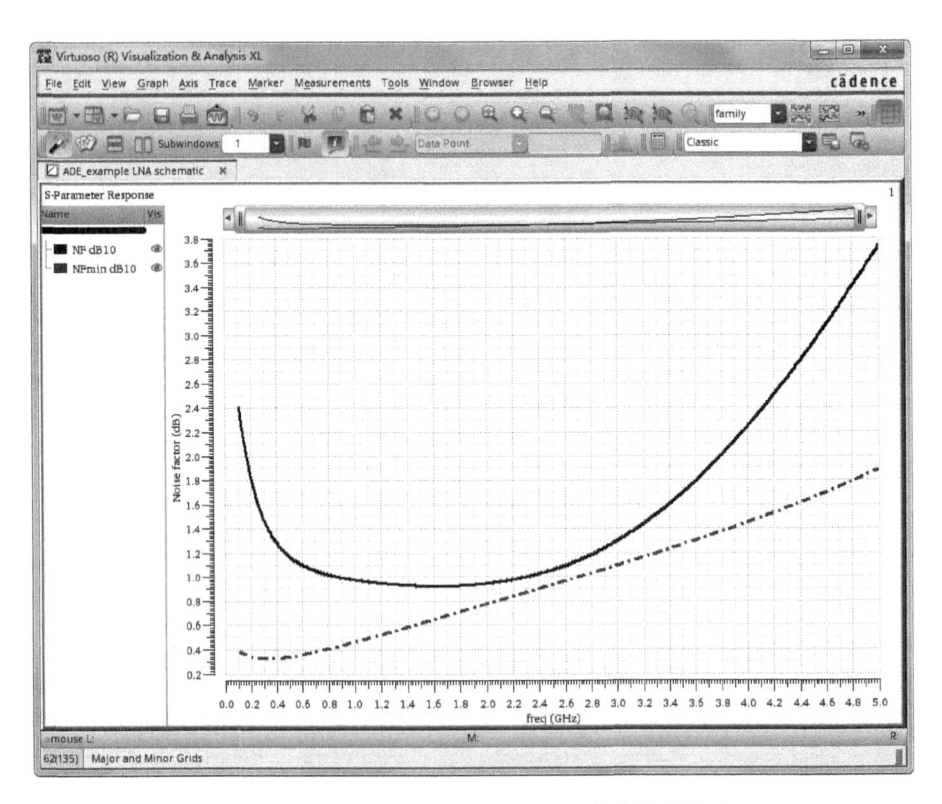

图3.42 低噪声放大器NF和NFmin仿真输出结果

3.6 参数扫描

在集成电路设计过程中，设计者通常需要对晶体管的宽长比、电阻的阻值、电容的容值等器件参数，或偏置电压、偏置电流等电路参数进行详细分析和多次仿真，从而确定最优值。此时，可以采用参数扫描的方式，对器件参数或电路参数进行赋值，扫描一个或多个变量在一定范围内的电路情况，快速且直观地表现不同参数对电路的影响。

3.6.1 参数扫描基本设置

在ADE窗口中选择Tools→Parametric Analysis…，打开参数仿真窗口，如图3.43所示。

“Variable”中可以选择待扫描变量，同时可添加多个参数进行扫描，默认情况下只有温度变量，如图3.44所示。“Value”是待扫描变量目前的默认值，“Sweep?”表示是否对这个参数进行扫描。“Range Type”表示扫描范围的类型，其中“From/To”设定扫描的起始值和终止值，从而确定扫描范围；“Center/Span”

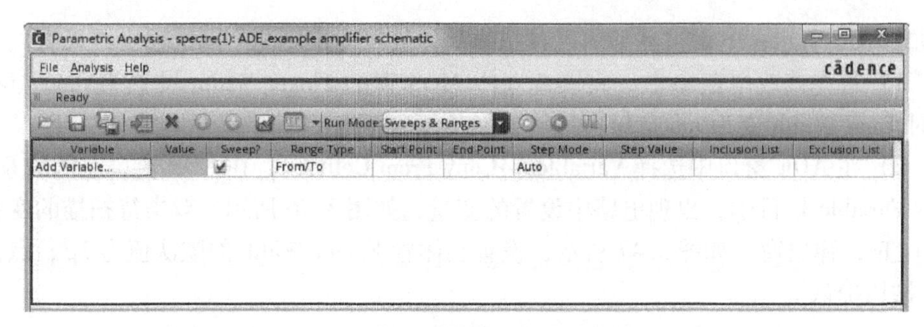

图 3.43 参数仿真窗口

是设定中心点的值，以及以中心点为基准的范围变化量；“Center/Span%”是设定中心点的值，以及以中心点为基准的范围百分比变化量。

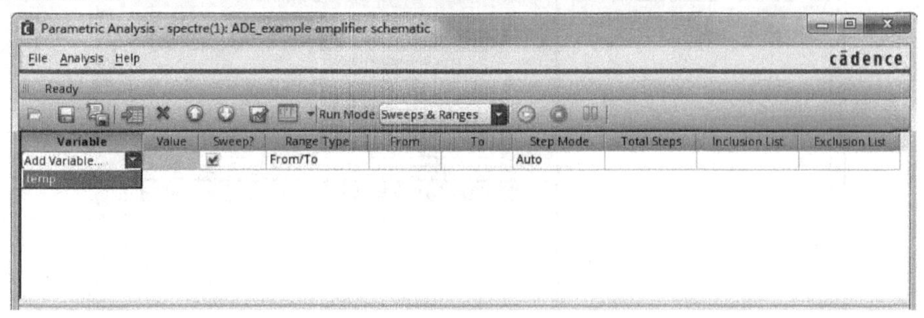

图 3.44 参数扫描默认温度变量

“Step Mode”表示扫描步长模式，主要有“Auto”“Linear”“Linear Step”“Decade”“Octave”“Logarithmic”“Times”七种步长变化方式，如图 3.45 所示。“Inclusion List”表示对扫描范围内某些特定的参数点进行扫描，“Exclusion List”表示在扫描范围内排除某些特定参数点的扫描。

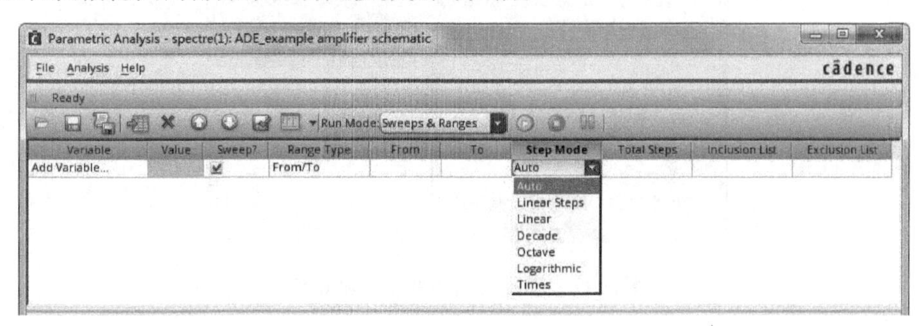

图 3.45 参数扫描模式

3.6.2 实例分析

本节以 3.1.2 节中的共源放大器为例介绍参数扫描的流程，共源放大器的电路图如图 3.6 所示，下面讲述如何通过扫描晶体管尺寸来观测不同的输出结果。

1）首先修改电路参数，将图 3.6 中 MOS 管的 Finger Width 设置为 nmos_fw，此时 Total Width 变为 nmos_fw ＊4。

2）在 ADE 窗口中选择 Variables→Copy From Cellview，在 ADE 窗口左侧的 Design Variable 栏目中，出现电路中设置的变量，如图 3.46 所示。双击待扫描的变量 nmos_fw，弹出窗口如图 3.47 所示，设置晶体管 Finger Width 的默认值为 2μ，点击 OK 按钮确认。

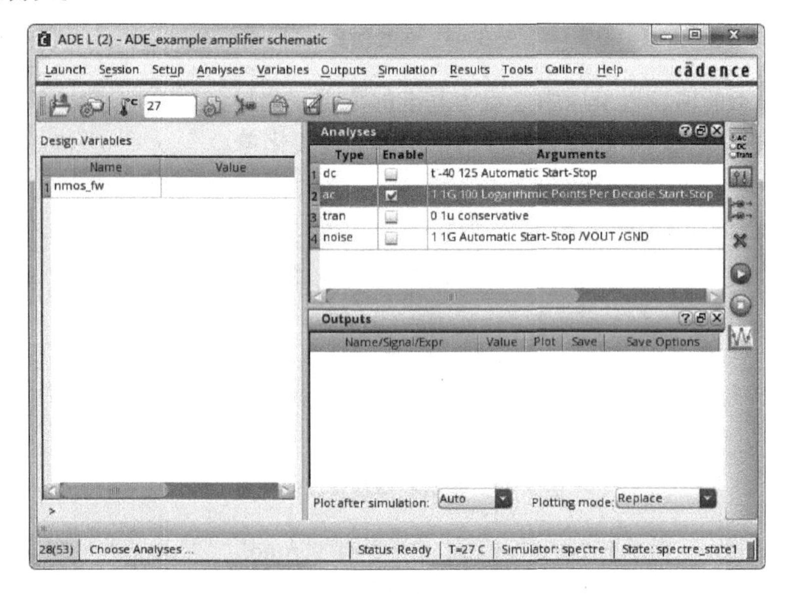

图 3.46 添加待扫描的变量

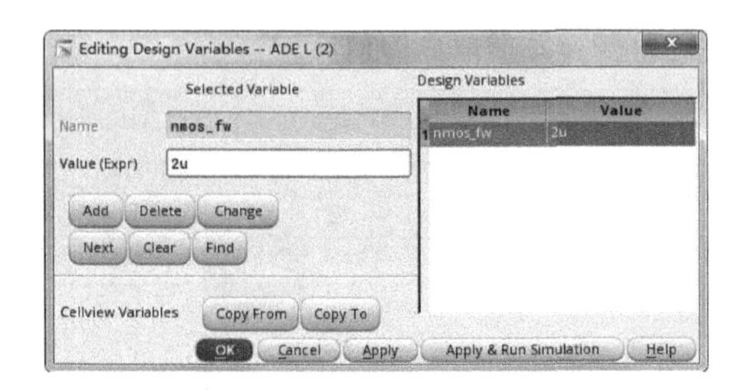

图 3.47 设置待扫描变量的默认值

3）在 ADE 窗口中选择 Tools→Parametric Analysis…，打开参数仿真窗口，在“Variable”中选择待扫描变量 nmos_fw，“Value”中会自动填入 2u。在“From/To”中，“From”输入“1.5u”，“To”输入“2.5u”；“Step Mode”下拉菜单中选择“Linear Steps”，在“Step Size”中输入“0.2u”，完成参数扫描设置，如图 3.48所示。

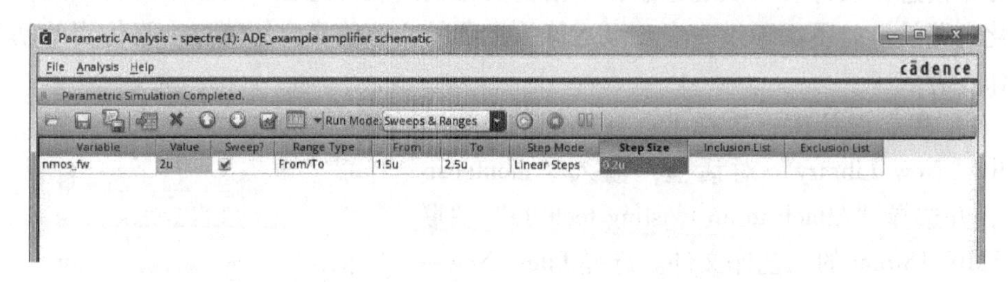

图 3.48　设置完成后的参数分析窗口

4）点击 开始仿真，仿真结束后，按照交流仿真的方式进行选择，得到输出波形如图 3.49 所示。

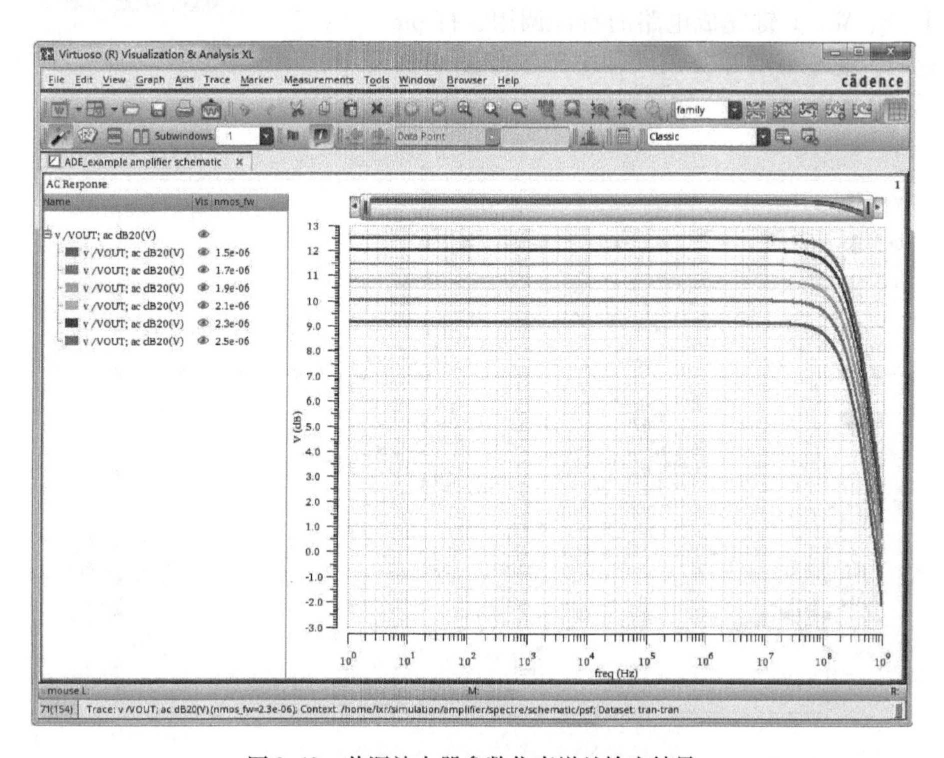

图 3.49　共源放大器参数仿真增益输出结果

3.7　蒙特卡洛仿真

在集成电路设计中，设计者不仅需要完成电路功能并达到性能指标的要求，同时还需要考虑工艺偏差、工作电压、温度等变化给电路带来的影响，以提高芯片实际流片的良率。若工艺库中有蒙特卡洛模型，相应的模型中会包含工艺和失配的高斯分布信息，设计者可以通过蒙特卡洛仿真在电路设计过程中对结果进行预判，以优化电路设计。下面通过一个二级运算放大器的交流仿真介绍蒙特卡洛仿真的基本操作步骤。

1）建立设计库，选择 File→New→Library，弹出“New Library”对话框，输入“montecarlo”，并选择“Attach to an existing techfile”关联至 SMIC 180nm 的工艺库文件。选择 File→New→Cellview 命令，弹出“Cellview”对话框，输入“two_stage_opa”，如图 3.50 所示，点击 OK 按钮。

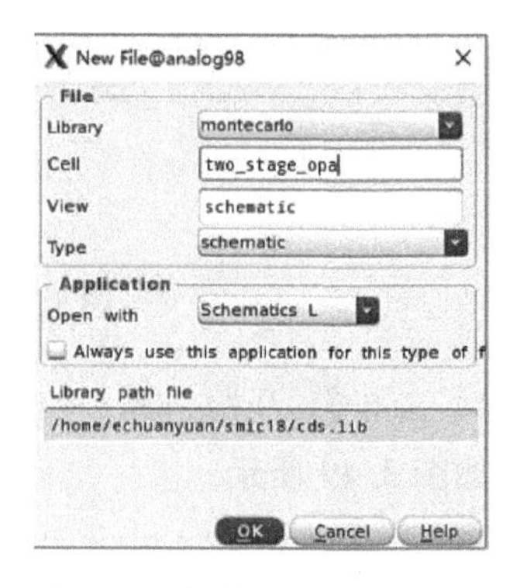

图 3.50 创建运算放大器电路

2）绘制两级运算放大器电路图，采用键盘的 I、P、W、L 键完成电路的器件调用、打 pin 和连线，建立好的运算放大器电路图如图 3.51 所示。

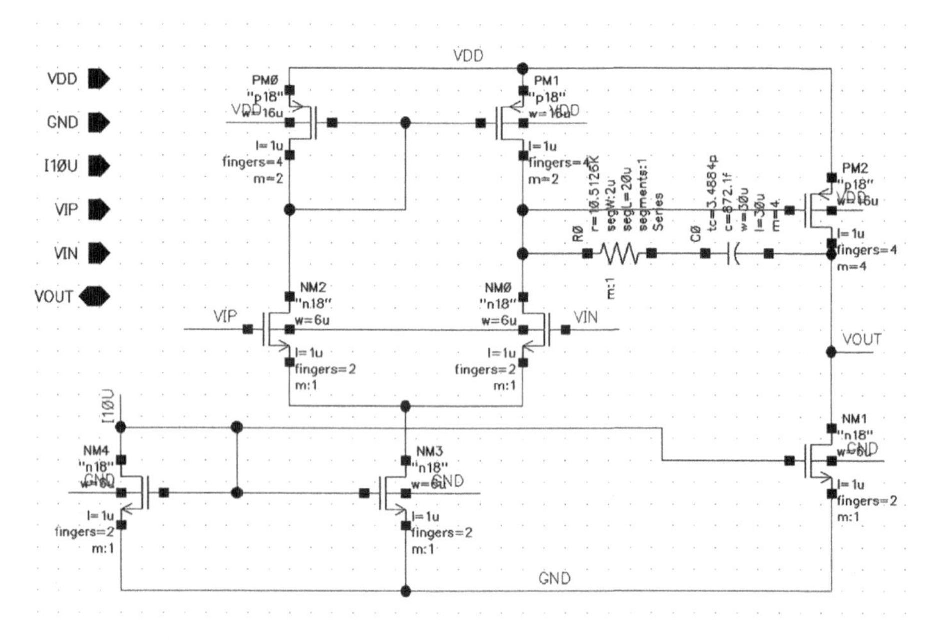

图 3.51 运算放大器电路图

3）建立运算放大器的 Symbol，从工具栏中选择 Create→Cellview→From Cellview，弹出“Create From Cellview”对话框，点击 OK 按钮，如图 3.52 所示，之后弹出窗口如图 3.53 所示，设置 Symbol 顶部、底部、左边和右边的端口，点击 OK 按钮，完成 Symbol 建立，如图 3.54 所示。

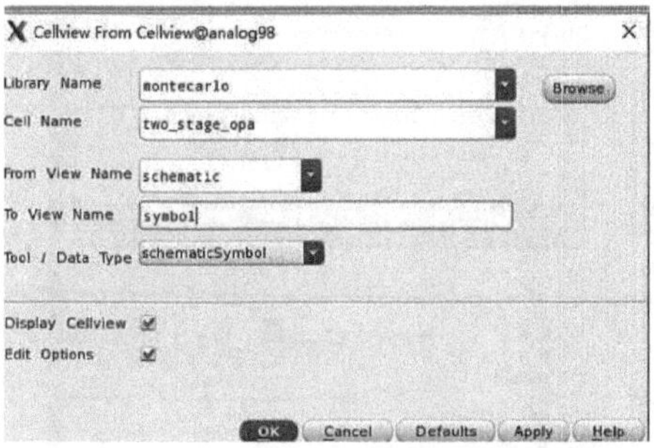

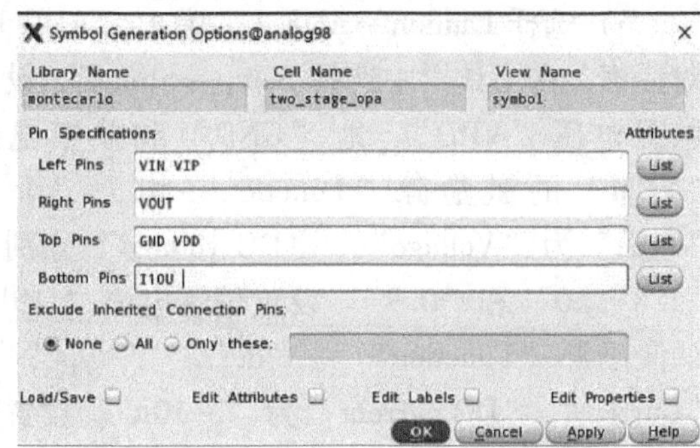

图 3.52　建立运算放大器 Symbol

图 3.53　端口命名和位置分配

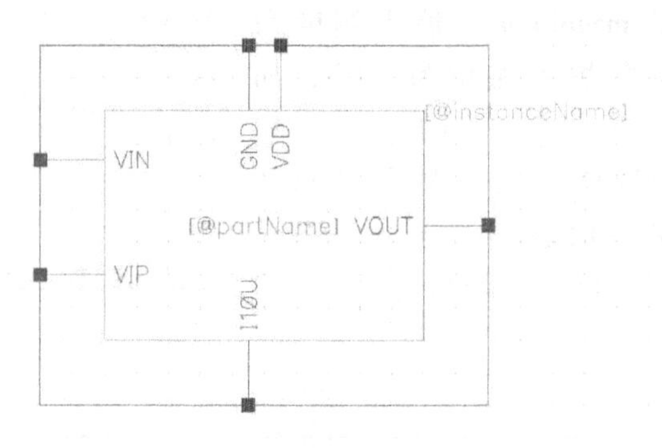

图 3.54　运算放大器 Symbol

4）建立运算放大器的测试电路，选择 File→New→Cellview，弹出“Cellview”对话框，输入“two_stage_opa _ac”，点击 OK 按钮，运用键盘的 I、P、W、L 键进行操作建立测试电路如图 3.55 所示。

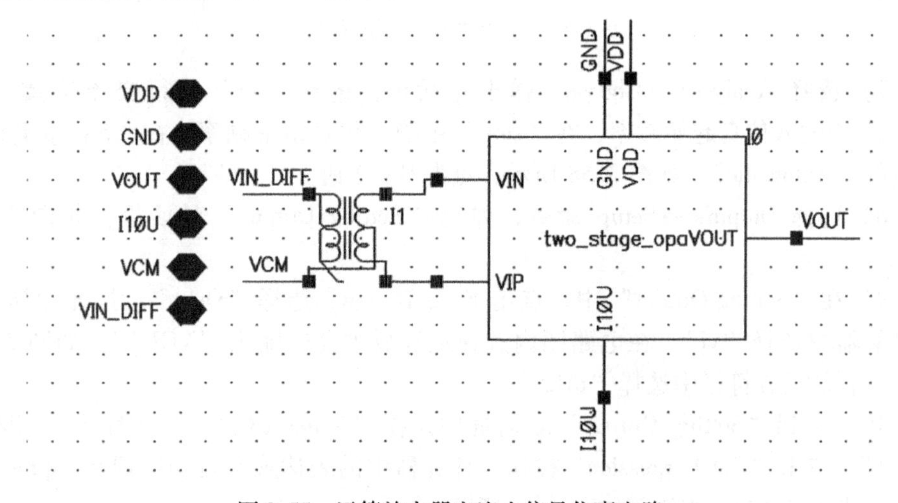

图 3.55　运算放大器交流小信号仿真电路

5）选择 Launch→ADE L，弹出“ADE L”对话框，在工具栏中选择 Setup→Stimuli。设置电源电压“VDD”、地“GND”和共模电压“VCM”的激励源“Function”均为“dc”，“Type”为“Voltage”，“DC voltage”分别为“1.8”“0”和“0.9”。设置偏置电流“I10U”的激励源“Function”为“dc”，“Type”为“Current”，“DC current”为“-10u”。设置输入信号“VIN_DIFF”为交流小信号，其激励源“Function”为正弦信号“sin”，“Type”为“Voltage”，在“AC magnitude”填入幅度为“1”，在“AC phase”填入相位为“0”，如图3.56所示。

6）在工具栏中选择 Setup→Model Libraries，设置工艺库模型信息和工艺角，输入“mc”调用工艺库中的统计模型，如图3.57所示。

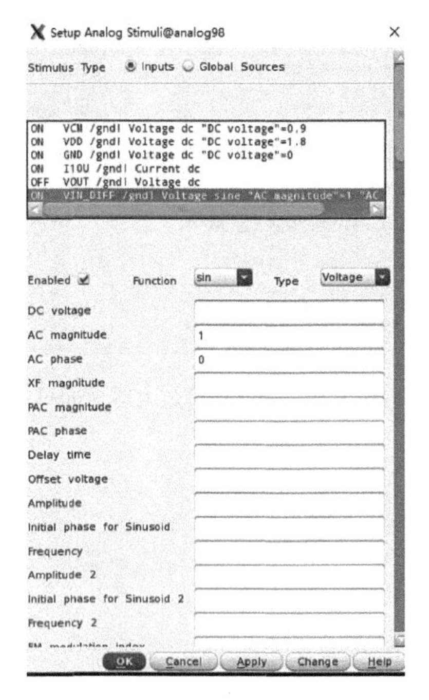

图3.56　激励设置

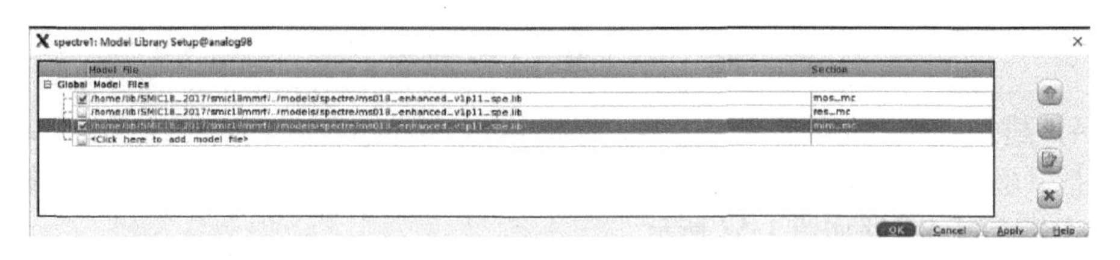

图3.57　设置“mc”工艺库文件

7）选择 Analyses→Choose，弹出对话框，选择“ac”进行交流仿真，在“start”中输入仿真起始频率，在“stop”中输入仿真结束频率，在“Sweep Type”中选择“Automatic”，如图3.58所示，点击OK按钮。

8）选择 Outputs→Setup 命令，弹出“Setting Output”对话框，如图3.59所示。

9）在“Setting Output”中，点击 From Design，选择“Open”，打开计算器。在计算器中选择“vf”，在电路图内选择运算放大器的输出“VOUT”，如图3.60所示，再从运算符栏中选择“dB20”。

10）回到“Setting Output”对话框中，在“Name（Opt.）”中输入“dB20_VOUT”，点击“Get Expression”按钮，计算器中的表达式会自动出现在 expression 框中，点击“Add”按钮，如图3.61所示。

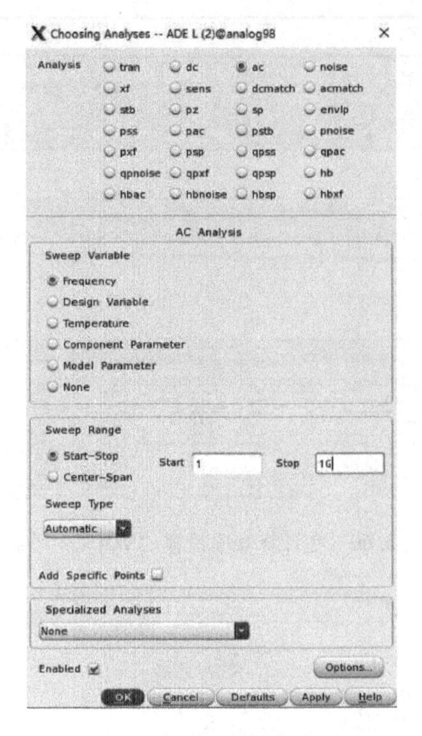

图3.58　交流小信号仿真设置

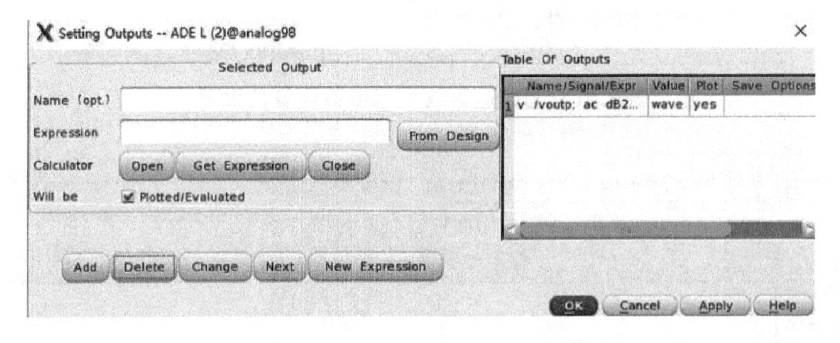

图3.59　“Setting Output”对话框

11）在“Setting Output”中，点击“Next”按钮，在原理图框内选择运放输出“VOUT”。之后从运算符栏中选择“bandwidth”，对Function Panel进行设置，点击OK按钮，如图3.62所示。

12）回到“Setting Output”对话框中，在“Name（Opt.）”中输入“bandwidth”，点击“Get Expression”按钮，计算器中的表达式会自动出现在expression框中，点击“Add”，这样就添加了运放3dB带宽的计算，如图3.63所示，点击OK按钮完成设置，此时ADE对话框如图3.64所示。

13）选择Launch→ADE XL命令，弹出对话框，进行如图3.65～图3.67所示的设置。

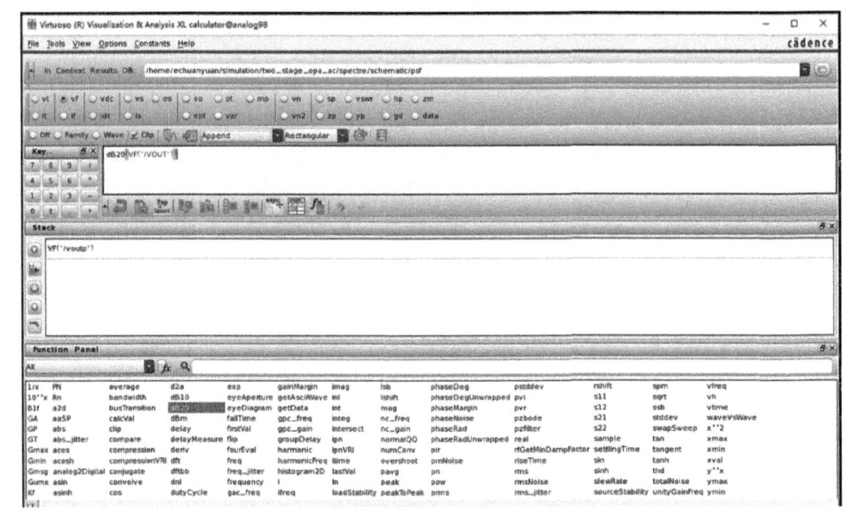

图 3.60　在计算器中设置“VOUT”增益

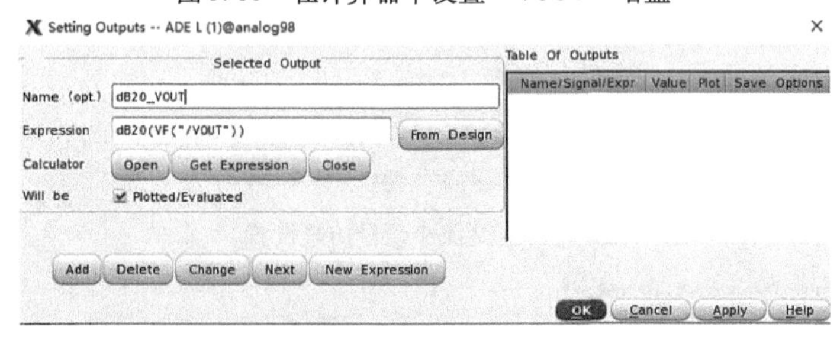

图 3.61　完成运算放大器增益计算的设置

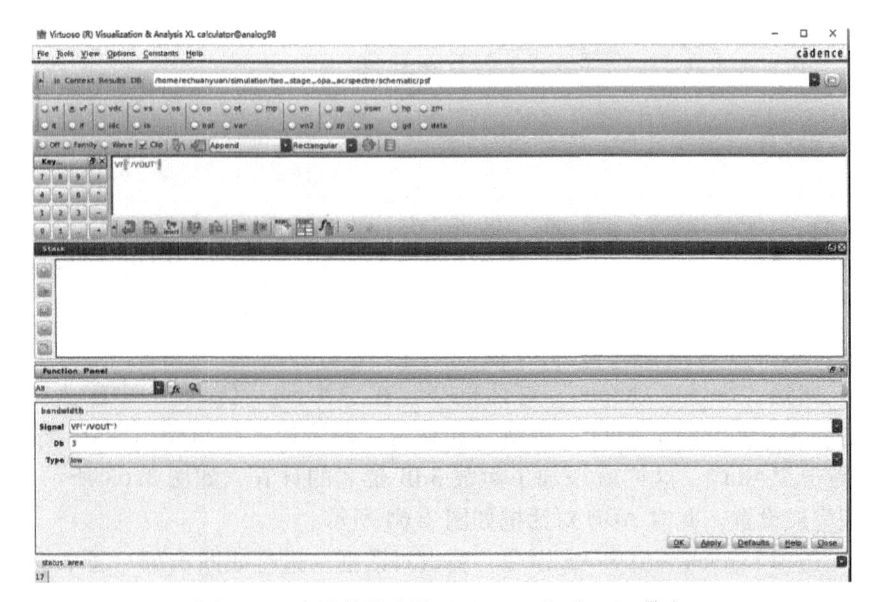

图 3.62　在计算器中设置“VOUT”为 3dB 带宽

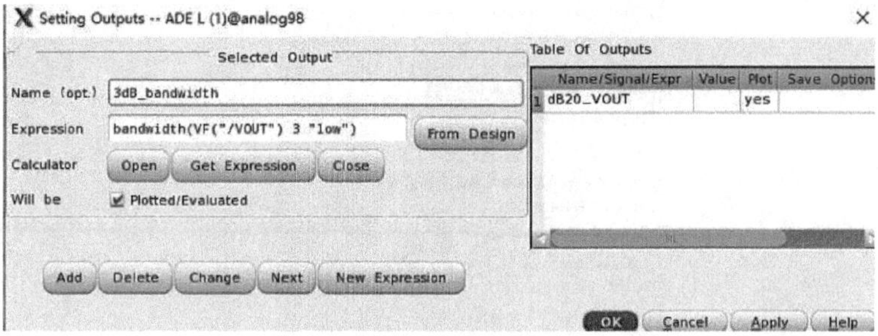

图 3.63　计算 3dB 带宽

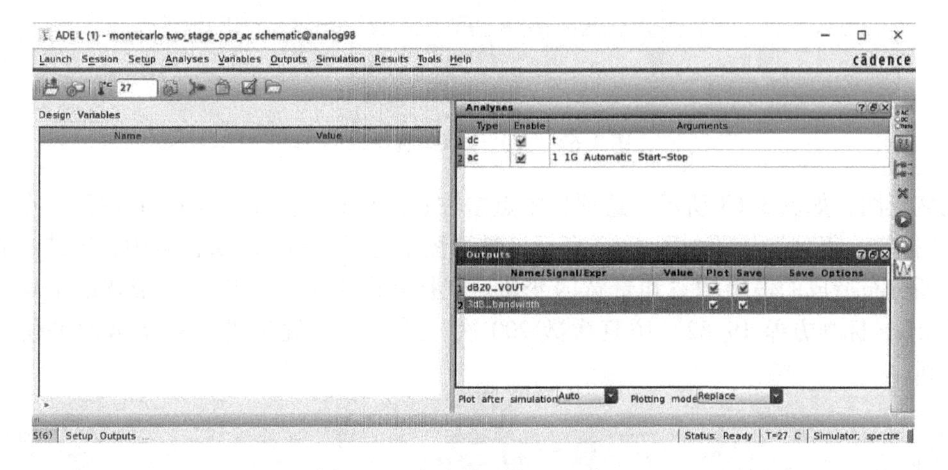

图 3.64　完成设置的 ADE 窗口

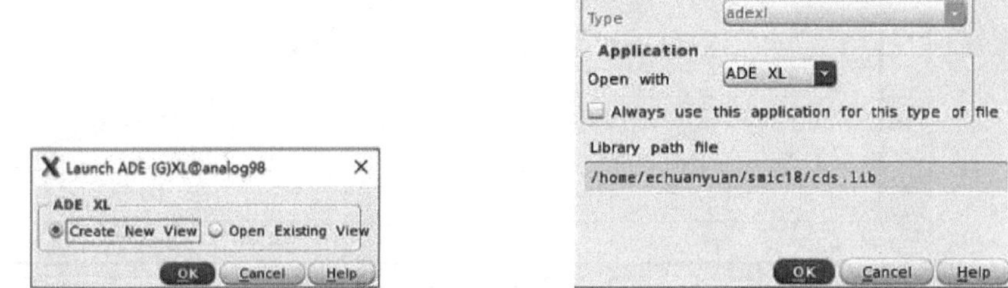

图 3.65　ADE XL 创建对话框

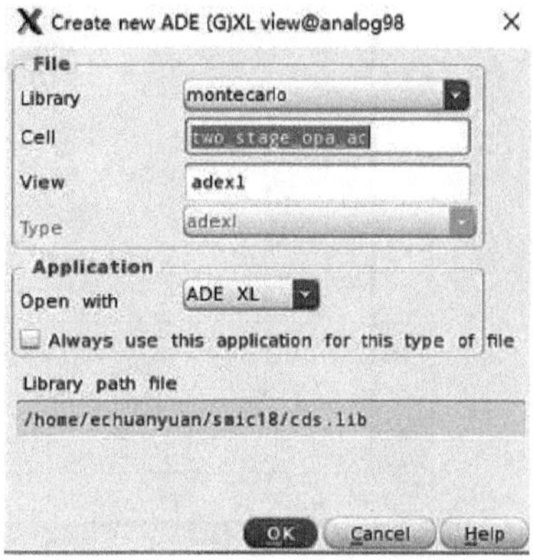

图 3.66　ADE XL 设置对话框

14）选择 Simulation→Run 开始仿真。仿真结束后在仿真项点击 plot all 按钮得

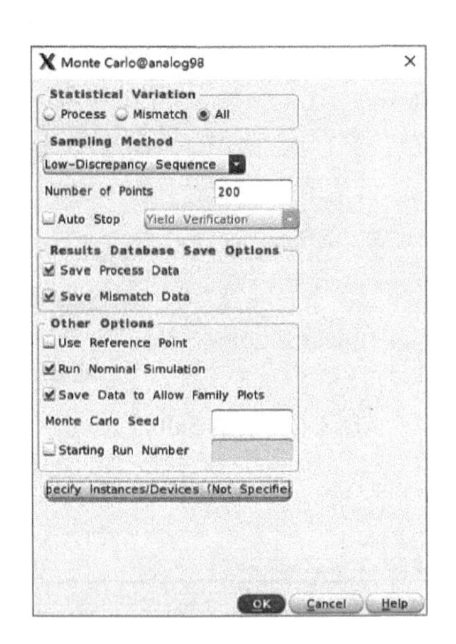

图 3.67　蒙特卡洛仿真对话框

到波形图，如图3.68所示，选项栏中点击柱状图标志，点击histogram按钮，点击OK按钮，得到柱状图如图3.69所示。波形图中可以看到200次仿真中，工艺参数高斯分布造成的输出增益和带宽的变化。在柱状图中可以直接读出带宽的平均值292Hz，标准方差19.82，仿真次数200次。到此我们就完成了蒙特卡罗的仿真分析。

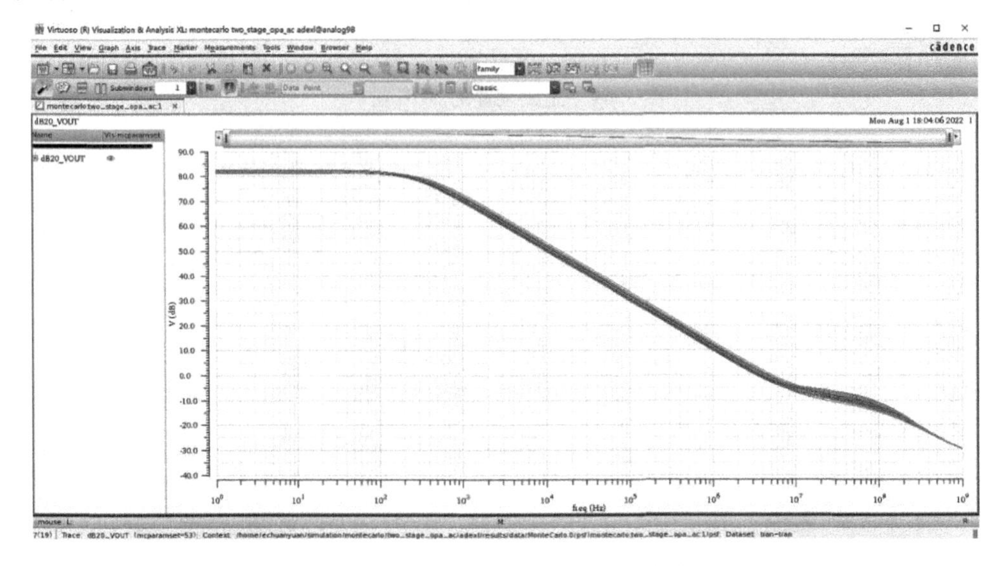

图 3.68　VOUT交流小信号仿真曲线

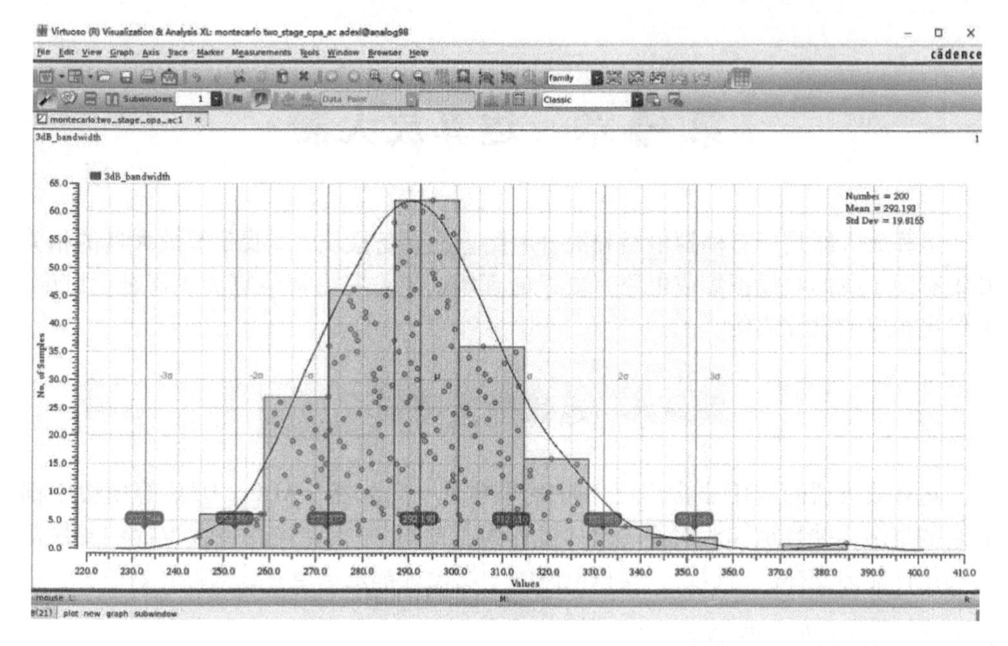

图 3.69　带宽柱状图

3.8　本章小结

本章主要对 ADE 的直流仿真、交流仿真、瞬态仿真、噪声仿真、S 参数仿真等基本仿真功能，以及参数扫描、蒙特卡洛仿真等高阶仿真功能进行概述说明，介绍了基本设置方式，并通过实例进行分析。后续章节将根据不同的电路模块的功能和性能参数，采用这些仿真功能进行具体设计。

第4章　运算放大器

运算放大器是所有模拟电路和混合电路里的必备模块，掌握运算放大器的相关知识有助于我们对模拟集成电路有更好的理解。本章将会对运算放大器进行讨论，并给出相应的设计实例。

4.1　运算放大器简介

运算放大器的应用非常广泛，带隙基准源、滤波器、ADC、DAC 等模块中都有它的身影，并且运算放大器的设计过程为其他模拟/混合电路设计也提供着最基本的设计能力支撑。可以说，模拟电路的一切设计都是从运算放大器开始的。

4.1.1　运算放大器概述

运算放大器通常由五部分组成，主体部分是输入级、中间级和输出级，此外还需要有反馈电路和偏置电路，如图 4.1 所示。

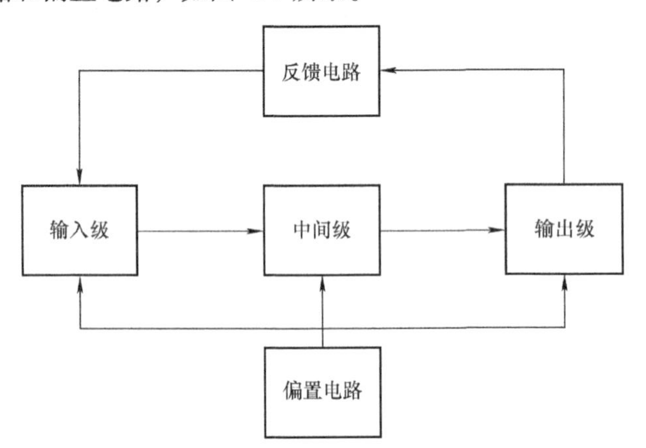

图 4.1　运算放大器结构框图

输入级通常采用差分的形式来输入信号，该部分的电路不仅具有一定的差模放大能力，而且能够较好地抑制共模信号。

中间级电路主要负责提供高增益，使得运放具有较强的放大能力。

输出级负责减小运放的输出阻抗，以便能够更好地驱动负载。

反馈电路通常用于优化运放的整体性能，例如常见的频率补偿反馈、共模反馈。

偏置电路则为整个运放电路提供稳定的静态工作点，使得电路能够正常工作。

4.1.2　常见运算放大器结构

（1）两级共源运算放大器

对于单级运放而言，增益与摆幅通常不能同时满足要求，例如共源共栅运放在提高增益的同时限制了摆幅，而两级的运放结构则可以较好地解决这个问题，该结构将增益与摆幅分开考虑，即第一级电路提供高增益；第二级电路提供较大的输出摆幅。图4.2展示了一种经典的两级共源运算放大器电路。

但两级放大电路并非没有缺点，这种结构为电路引入了多极点，电路的稳定性也就受到了影响，因此需要在两级电路之间设置频率补偿，即电路图中的电容与电阻构成的支路，电阻的作用在于改善零点的频率，同时使得输出极点离开原点，从而改善相位裕度，以提高电路的稳定性。

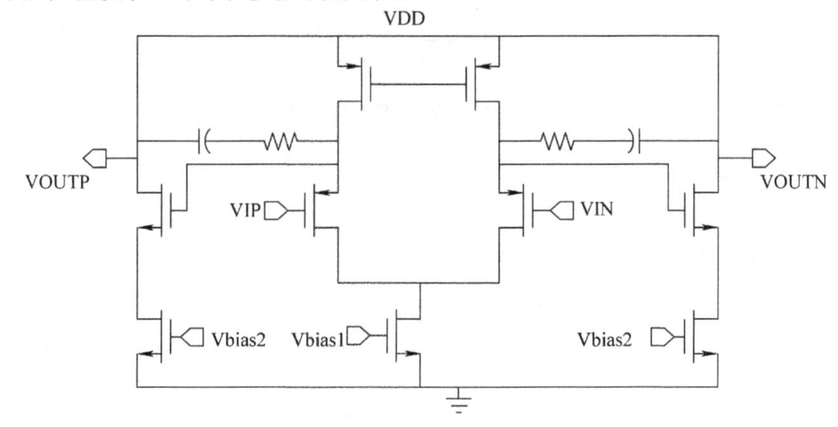

图4.2　两级共源运算放大器

（2）套筒共源共栅运算放大器

共源共栅电路结构的特性之一就是高输出阻抗，从而使得增益得到增加，此外，高输出阻抗还会带来一定的屏蔽特性，即输出节点的电压变化对于共源共栅结构的源端电压的影响很小。但是套筒共源共栅放大器的输出摆幅相对较小，并且由于结构问题难以将输出与输入进行短接，不能很好地应用于负反馈系统之中，如图4.3所示。

（3）折叠共源共栅运算放大器

折叠共源共栅运算放大器的电路原理图如图4.4所示，相较于套筒共源共栅运算放大器，折叠共源共栅运算放大器虽然功耗、增益、噪声等性能有一定减弱，但最大的优点在于输出摆幅大。并且该结构将输入管与层叠管分离，使得输入共模范围大，输入与输出可以短接，较好地克服了套筒共源共栅的缺点。

（4）增益自举运算放大器

图4.5是典型的增益自举运算放大器结构，在共源共栅放大器的基础上加入了增益自举模块，该结构能够显著提高放大器的增益，主要原因在于提高了输出阻抗。

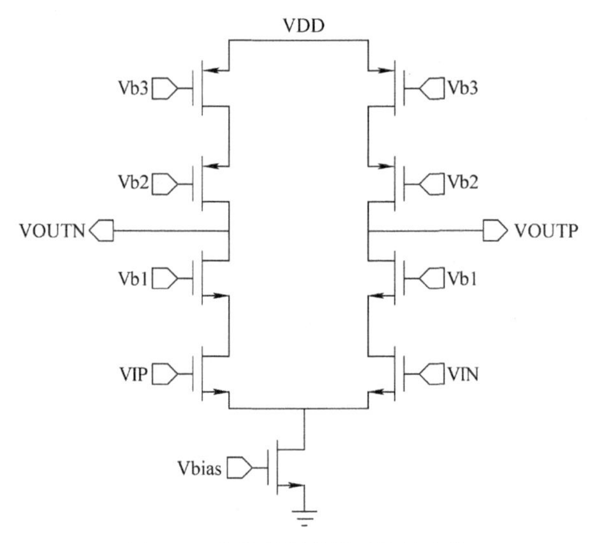

图4.3　套筒共源共栅运算放大器

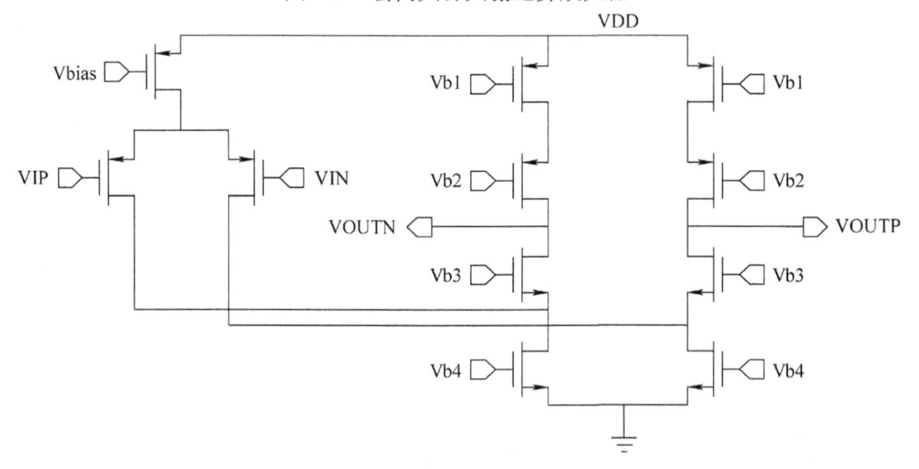

图4.4　折叠共源共栅运算放大器

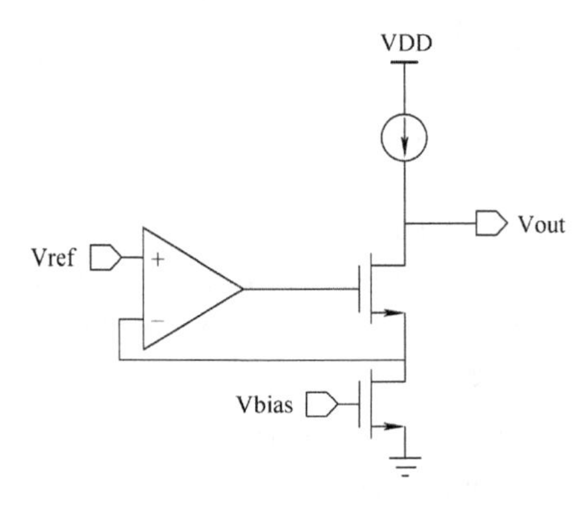

图4.5　增益自举运算放大器

4.2　单级全差分折叠共源共栅运算放大器

单级全差分折叠共源共栅运算放大器适合初学者结合软件操作，是较为容易理解和实现的电路。本节以此为例进行介绍，首先对电路进行整体概述以及拆解介绍，然后给出具体电路图以及参数设置便于读者搭建电路，最后介绍了各项指标的仿真方法。

4.2.1　结构原理图和参数

（1）设计指标

在 SMIC0.18μm CMOS 工艺上设计一个全差分折叠共源共栅运算放大器，设计主要指标如下：

1）直流增益 >60dB；

2）单位增益带宽 >50MHz；

3）负载电容 =6pF；

4）相位裕度 >60°；

5）差分压摆率 >15V/μs；

6）共模电平 0.9V（VDD = 1.8V）。

（2）运放电路结构

本次设计的电路共由三个部分组成，如图 4.6 所示，从左至右分别是偏置电路、主运放电路，以及共模负反馈电路。

偏置电路为主运放电路和共模负反馈电路提供偏置。

共模负反馈电路为主运放电路提供反馈，以稳定共模电压，全差分运算放大器必须包括这个部分，单端输出的差分运算放大器不需要这个部分。在增益较大的全差分放大器中，均需要共模稳定结构或者共模负反馈结构。共模负反馈有连续时间型和开关电容型两种类型，本电路选取开关电容型。

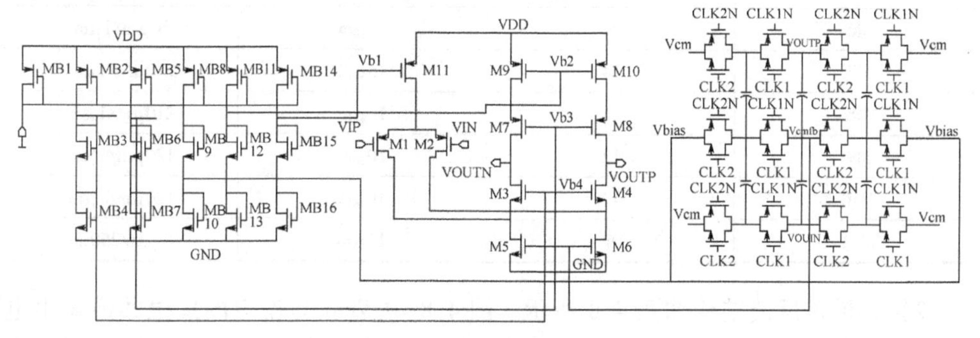

图 4.6　运放整体结构框图

1）差分折叠共源共栅主运放电路如图4.7所示，电路正常工作共需要四个偏置电压Vb1～Vb4，偏置电压旨在让MOS管工作在饱和区，此外，图4.7中Vcmfb为共模负反馈结构中的反馈电压，用于稳定输出的共模电压。本次设计中，Vb1 = Vb2 = 1.2V，Vb3 = Vb4 = 1.02V，将由后续偏置电路提供。主运放管子参数见表4.1。

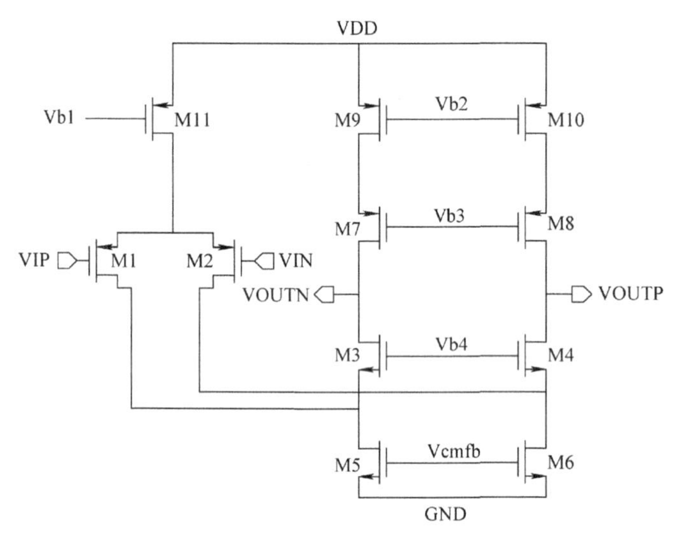

图4.7 差分折叠共源共栅主运放电路

表4.1 主运放管子参数

	栅指	栅指宽度	W/L
M1	24	20μm	480μm/500nm
M2	24	20μm	480μm/500nm
M3	17	10μm	170μm/1μm
M4	17	10μm	170μm/1μm
M5	5	10μm	50μm/1μm
M6	5	10μm	50μm/1μm
M7	14	15μm	210μm/1μm
M8	14	15μm	210μm/1μm
M9	12	10μm	120μm/1μm
M10	12	10μm	120μm/1μm
M11	6	15μm	90μm/250nm

2）共模负反馈结构如图4.8所示，图4.8中Vcm为设定的理想共模输出电压，Vbias为偏置电压，CLK1与CLK2为两相不交叠时钟，如图4.9所示。CLK1N与CLK2N为其反相电压。在ph1相位，Vcm和Vbias给两边的电容充电到Vcm -

Vbias，然后在 ph2 相位两边的电容与 C2 相连发生电荷分享，经过多个时间周期后 C2 上的电荷稳定到 C2（Vcm - Vbias），使得从共模输出点到尾电流源之间的压差为 Vcmr - Vbias，因此会将共模点稳定在 Vcm - Vbias + Vcmfb，其中 Vcmfb 是稳定后的尾电流源的栅极电压。通常为了选择 C1、C3、C4、C6 的值为 C2 和 C5 的 5 ~ 10 倍，可以使得 dc 点建立得更快，同时获得更低的稳态误差和电荷注入误差。共模负反馈电路参数见表 4.2。

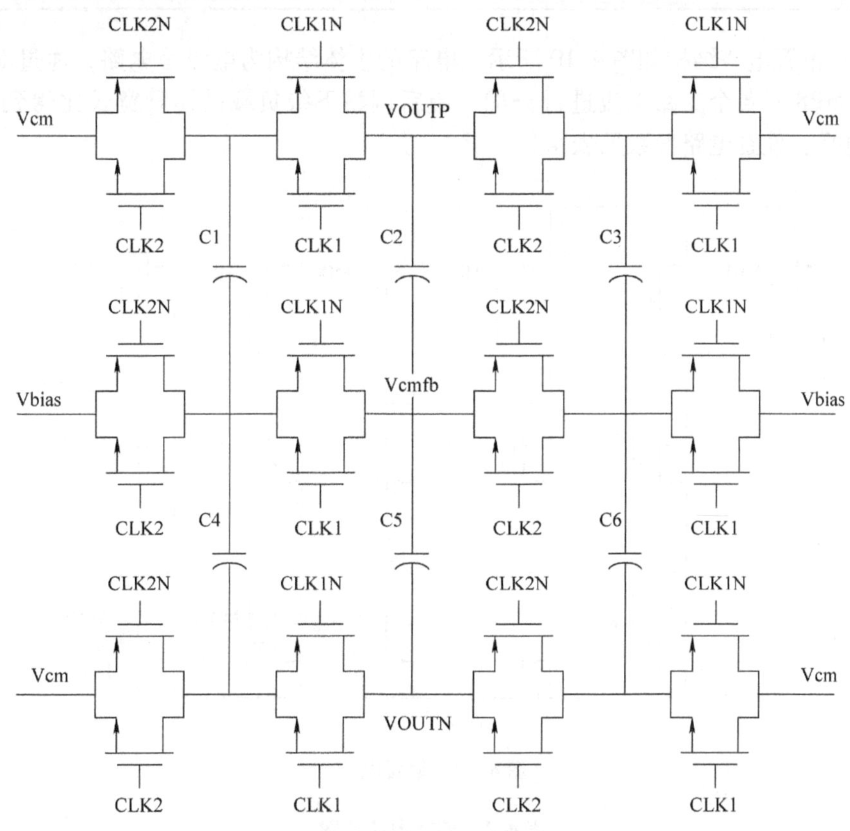

图 4.8 共模负反馈电路

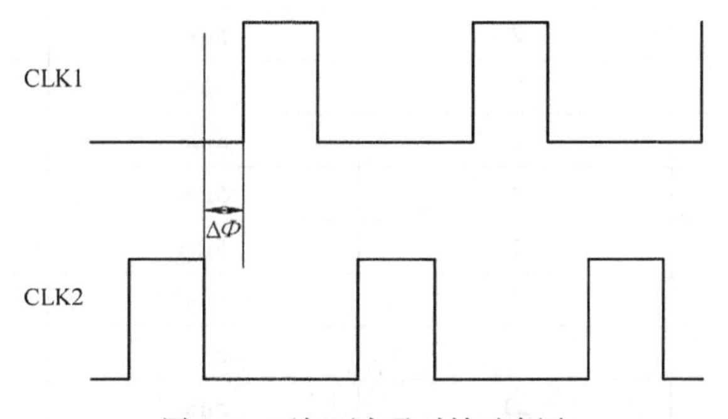

图 4.9 两相不交叠时钟示意图

表 4.2 共模负反馈电路参数

	W/L
PMOS	10μm/500nm
NMOS	10μm/500nm
C1、C3、C4、C6	14μm/10μm
C2、C5	5μm/5μm

3）偏置电路结构如图 4.10 所示，电路的主体结构为电流镜电路，通过 MB2、MB5、MB8 对各个支路电流进行分配，最后调整下级负载晶体管宽长比得到所需要的电平。偏置电路参数见表 4.3。

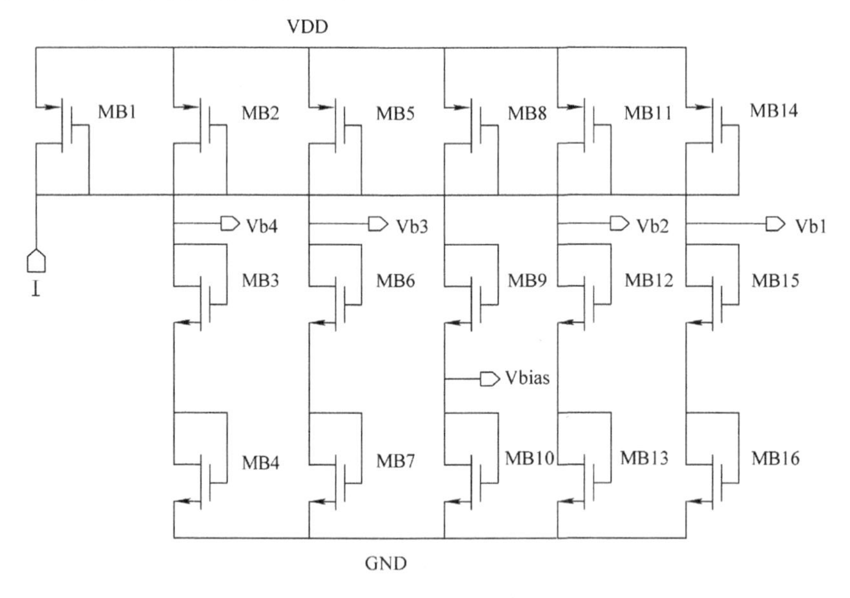

图 4.10 偏置电路

表 4.3 偏置电路参数

	栅指	栅指宽度	W/L
MB1	2	5μm	10μm/1μm
MB2	2	5μm	10μm/1μm
MB3	2	5μm	10μm/4μm
MB4	2	5μm	10μm/2μm
MB5	2	5μm	10μm/1μm
MB6	2	5μm	10μm/4μm
MB7	2	5μm	10μm/2μm
MB8	20	5μm	100μm/1μm

（续）

	栅指	栅指宽度	W/L
MB9	4	5μm	20μm/1μm
MB10	2	5μm	10μm/5μm
MB11	6	5μm	30μm/1μm
MB12	2	5μm	10μm/2.1μm
MB13	2	5μm	10μm/5μm
MB14	6	5μm	30μm/1μm
MB15	2	5μm	10μm/2.1μm
MB16	2	5μm	10μm/5μm

4.2.2　电路图绘制

1）在命令行输入“virtuoso &”，运行 Cadence 软件，在弹出窗口中点击 Tools→Library Manager。

2）首先建立设计库，选择 File→New→Library 命令，弹出“New Library”对话框，如图 4.11 和图 4.12 所示，输入“OPA_SAMPLE”，并选择“Attach to an existing technology library”关联至 SMIC18 工艺库文件。

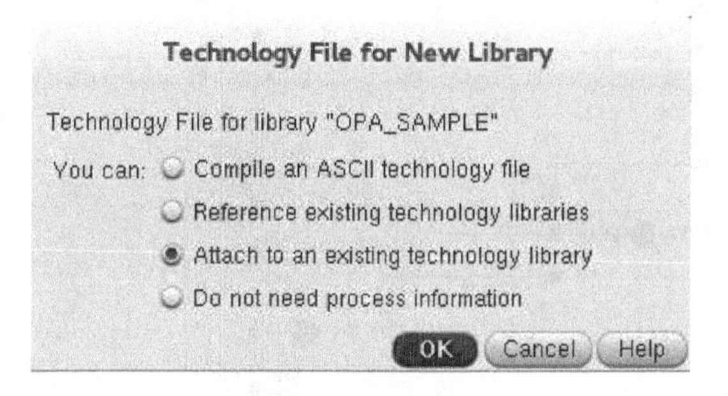

图 4.11　新建 library

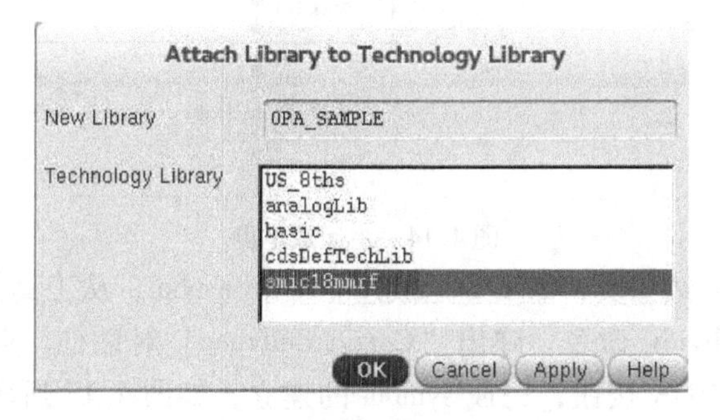

图 4.12　关联工艺库

3）选择 File→New→Cellview 命令，弹出“Cellview”对话框，输入“fold”，如图 4.13 所示，点击 OK 按钮，之后可打开原理图绘制界面。

4）进入原理图设计界面后，按下“I”键，从工艺库“simc18mmrf”中调用 n18、p18 和电容“MIM”，注意，在选择器件时需要点击右边的“symbol”选项，然后根据之前的分析设置参数值，如后续需要修改，单击器件，按下“Q”键即可。器件放置完成之后，按下“W”键给器件之间进行连线，连接时请不要漏掉衬底，此外，在连接各个模块电路时，可以使用“L”键给电压打上标签辅助连接，以减少走线。最后按下“P”键设置端口，便于后面设置电路激励。完整电路如图 4.14 所示，共模负反馈电路如图 4.15 所示，偏置电路如图 4.16所示。

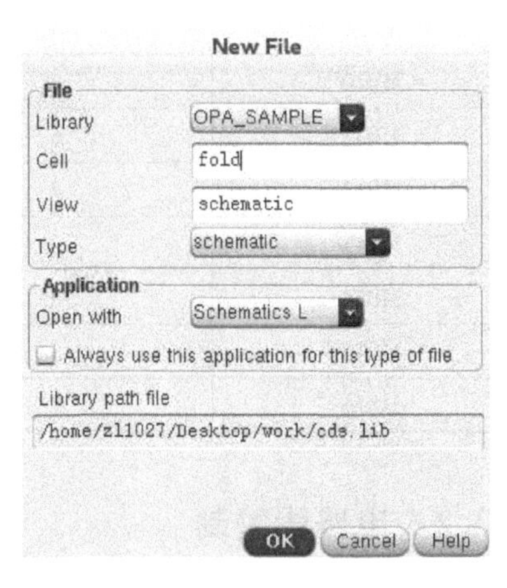

图 4.13　创建电路图

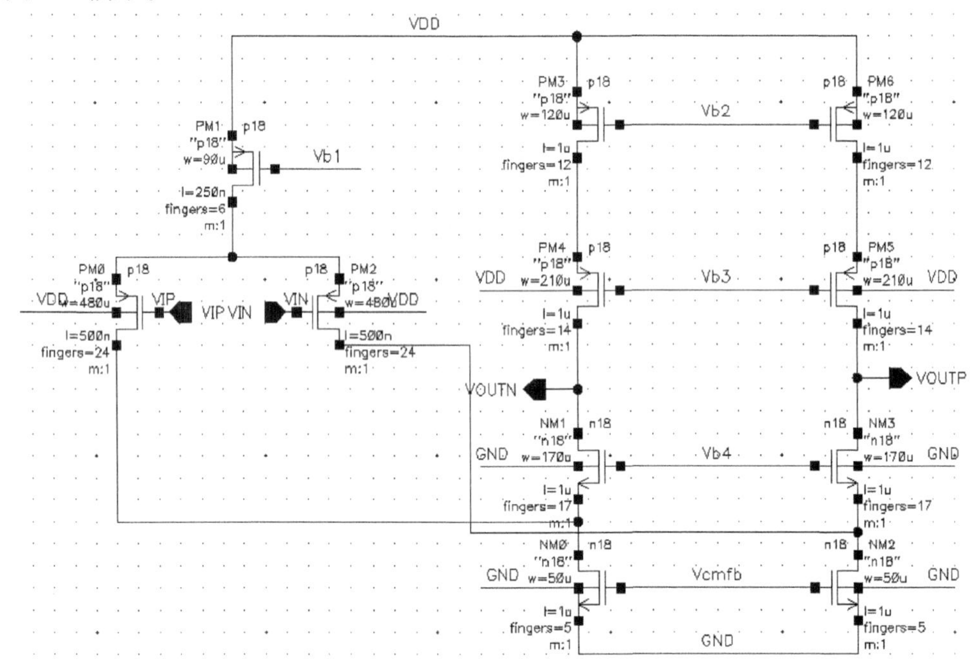

图 4.14　主运放电路

5）为了方便后续仿真，需要为运放建立一个 symbol，从工具栏中选择 Create→Cellview→From Cellview 命令，弹出“Create Cellview”对话框，点击 OK 按钮，设置对应端口，点击 OK 按钮，完成 symbol 的建立，如图 4.17 所示。symbol 原理图如图 4.18 所示。

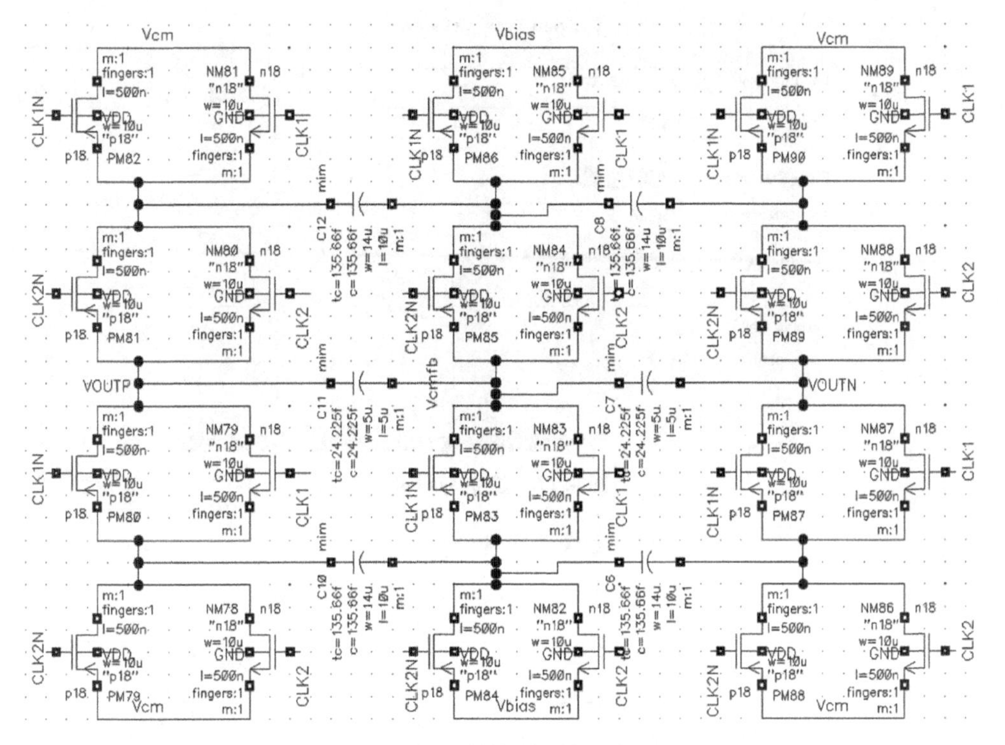

图 4.15 共模负反馈电路

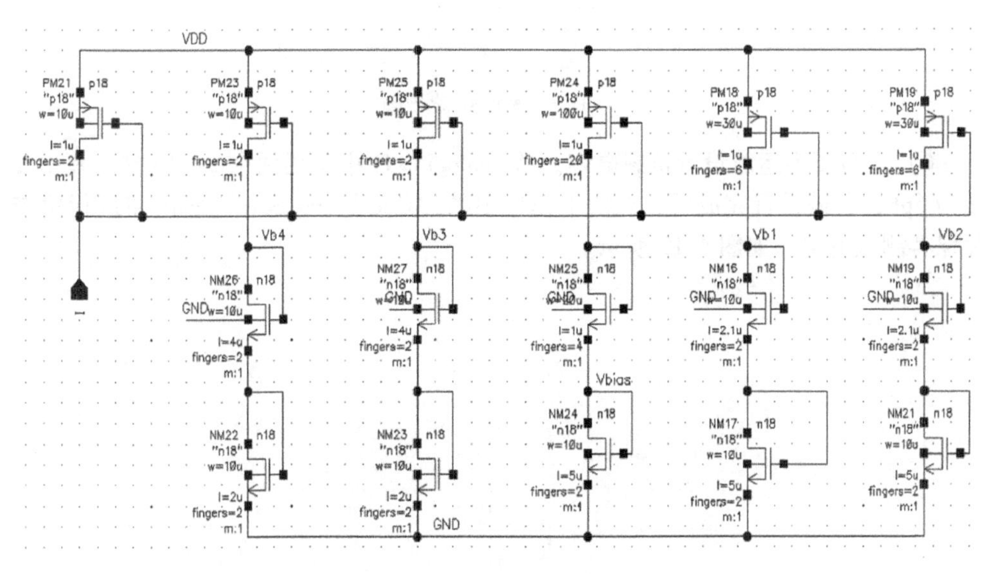

图 4.16 偏置电路

Cellview From Cellview

Library Name OPA_SAMPLE Browse

Cell Name fold

From View Name schematic

To View Name symbol

Tool / Data Type schematicSymbol

Display Cellview

Edit Options

OK Cancel Defaults Apply Help

图 4. 17 建立 symbol

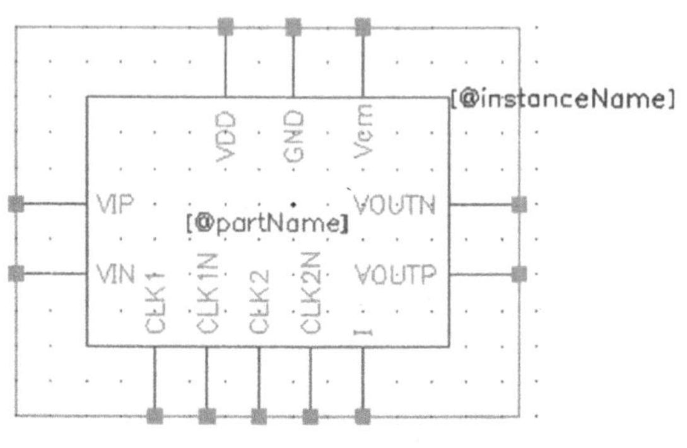

图 4. 18 symbol 原理图

6）之后要为运放设置负载电容，从 analogLib 库中调用两个 cap 电容，大小设置为 6pF，负载设置完成后，点击工作栏中的“Check and Save”对电路进行检查并保存测试电路，如图 4. 19 所示。

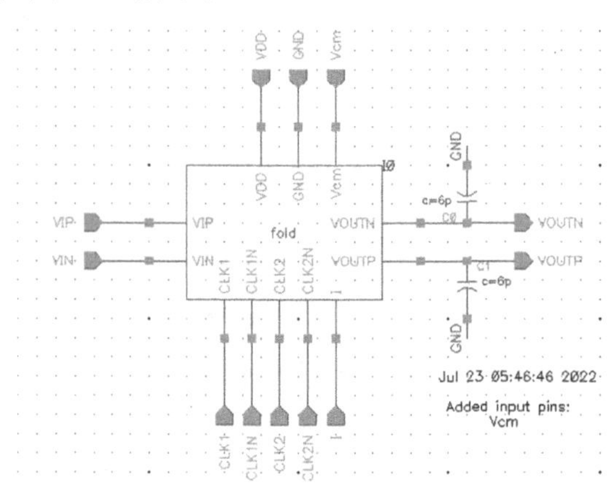

图 4. 19 测试电路图

4.2.3　仿真验证

（1）直流工作点和交流仿真

1）搭建完电路之后，我们需要对电路进行仿真测试，选择 Launch→ADE L 命令，弹出“Analog Design Environment”对话框，在工具栏中选择 Setup→Stimuli 为该测试电路设置输入激励，激励设置见表 4.4，表格中未提到的设置保持默认即可，还需要注意直流 dc 信号输入的是电压还是电流。

表 4.4　交流仿真激励设置

引脚	功能	参数
VIP	sin	DC voltage：0.9（V） AC magnitude：1（V） AC phase：0（°） Amplitude：1m（V） Frequency：10k（Hz）
VIN	sin	DC voltage：0.9（V） AC magnitude：1（V） AC phase：180（°） Amplitude：－1m（V） Frequency：10k（Hz）
CLK1	pulse	Voltage1：0（V） Voltage2：1.8（V） Delay time：20n（s） Period：1u（s） Rise time：100p（s） Fall time：100p（s） Pulse width：480n（s）
CLK2	pulse	Voltage1：1.8（V） Voltage2：0（V） Period：1u（s） Rise time：100p（s） Fall time：100p（s） Pulse width：520n（s）
CLK1N	pulse	Voltage1：1.8（V） Voltage2：0（V） Delay time：20n（s） Period：1u（s） Rise time：100p（s） Fall time：100p（s） Pulse width：480n（s）

（续）

引脚	功能	参数
CLK2N	pulse	Voltage1：0（V） Voltage2：1.8（V） Period：1u（s） Rise time：100p（s） Fall time：100p（s） Pulse width：520n（s）
I	dc（Current）	2u（A）
Vcm	dc（Voltage）	0.9（V）
VDD	dc（Voltage）	1.8（V）
GND	dc（Voltage）	0（V）

2）首先需要进行直流工作点仿真，在ADE L 的界面中选择 Analyses→Choose 命令，选择“dc”进行直流仿真，在仿真设置中勾选“Save DC Operating point”以保存静态工作点，如图4.20所示。

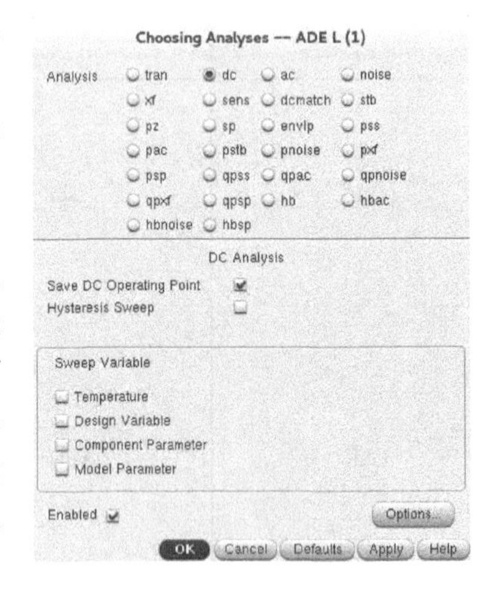

图4.20　dc 仿真设置

3）仿真结束后，在测试电路原理图中点击之前封装的 symbol，按下“shift + f”键，选择“edit”和“new tab”，如图4.21所示，打开原理图。在仿真环境中，选择 Results→Annotate→DC Operating points，在电路中即可显示每一个 MOS 管的静态工作点数值，如图4.22和图4.23所示。

若要查看 MOS 管是否饱和，需要在仿真环境中选择 Results→Print→DC Operating points，然后点击电路中需要检查的 MOS 管，在弹出界面中检查“region”的值，“0”对应截止区；“1”对应线性区；“2”对应饱和区；“3”对应亚阈值区。

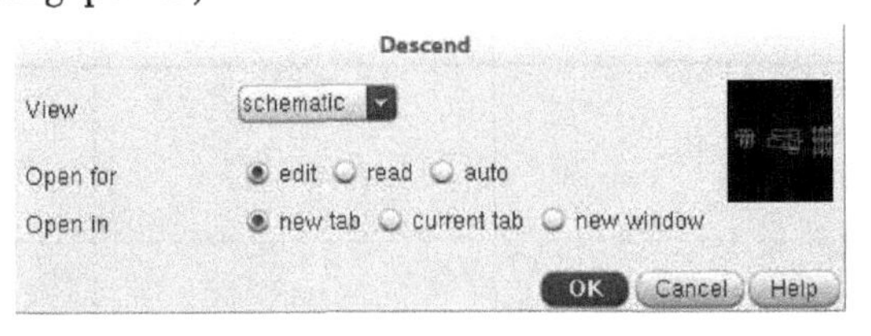

图4.21　打开原理图界面

4）接下来需要进行交流仿真，在 ADE L 的界面中选择 Analyses→Choose 命令，选择“ac”进行 ac 交流仿真。设置扫描开始频率“1Hz”和结束频率“1GHz”，其余设置保持默认即可，如图4.24所示。

5）开始仿真，仿真结束后，选择 Results→Direct Plot→Main Form 命令，弹出

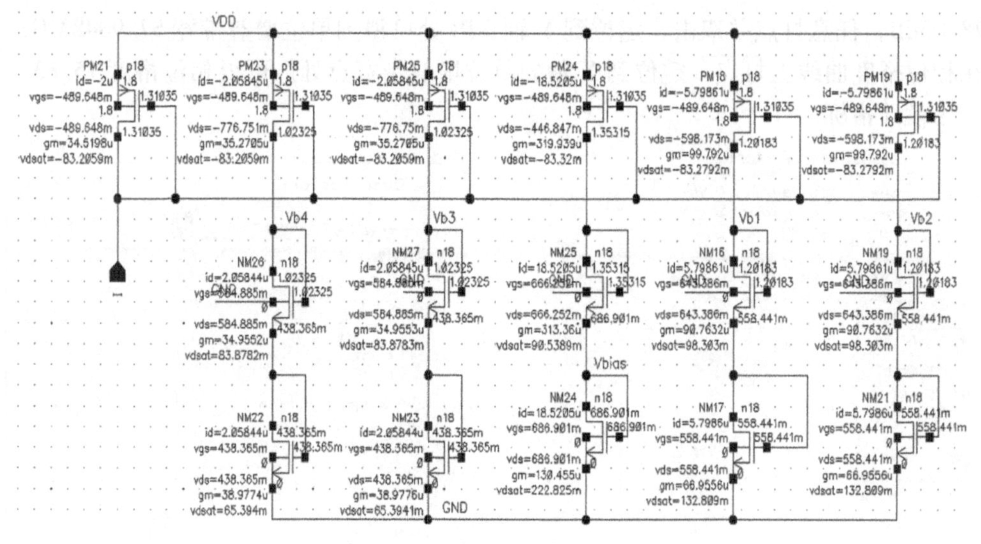

图 4.22　偏置电路静态工作点

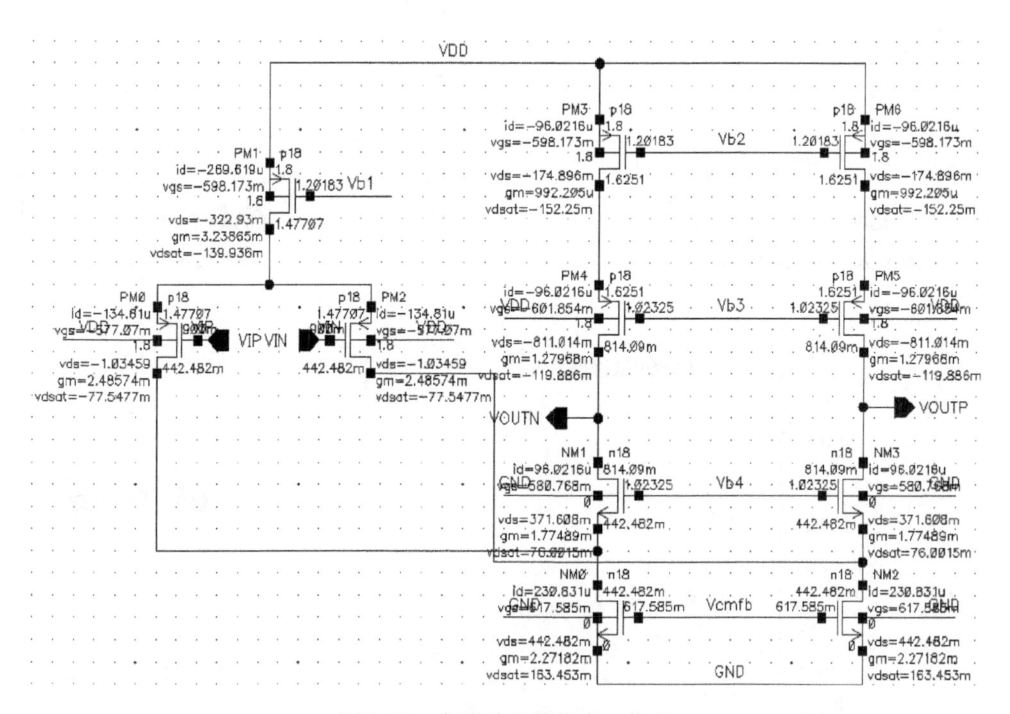

图 4.23　主运放电路静态工作点

对话框如图 4.25 所示，首先选择“dB20”然后点击输出端“VOUTP”，再选择和“Phase”，继续点击输出端“VOUTP”，得到幅频以及相频曲线。ac 仿真结果显示如图 4.26 所示，仿真之后，点击曲线按下“M”键即可显示点的坐标，双击该点，可以输入坐标值使得点进行跳转。在图 4.26 中，中频增益区打点可得中频增益

78.03dB，任意打点并双击，定位到 Y 轴 0dB 处可得到单位增益带宽 57.9848MHz，在相位裕度曲线上打点，定位到 X 轴的单位增益带宽点处，可得相位裕度 75.83°，满足设计指标。

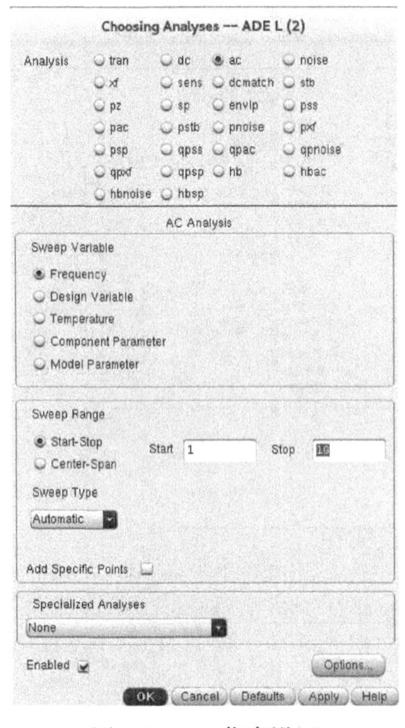

图 4.24　ac 仿真设置

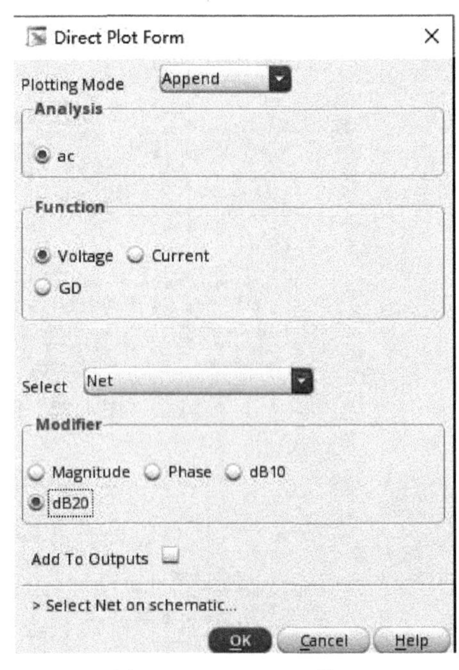

图 4.25　Main Form 设置

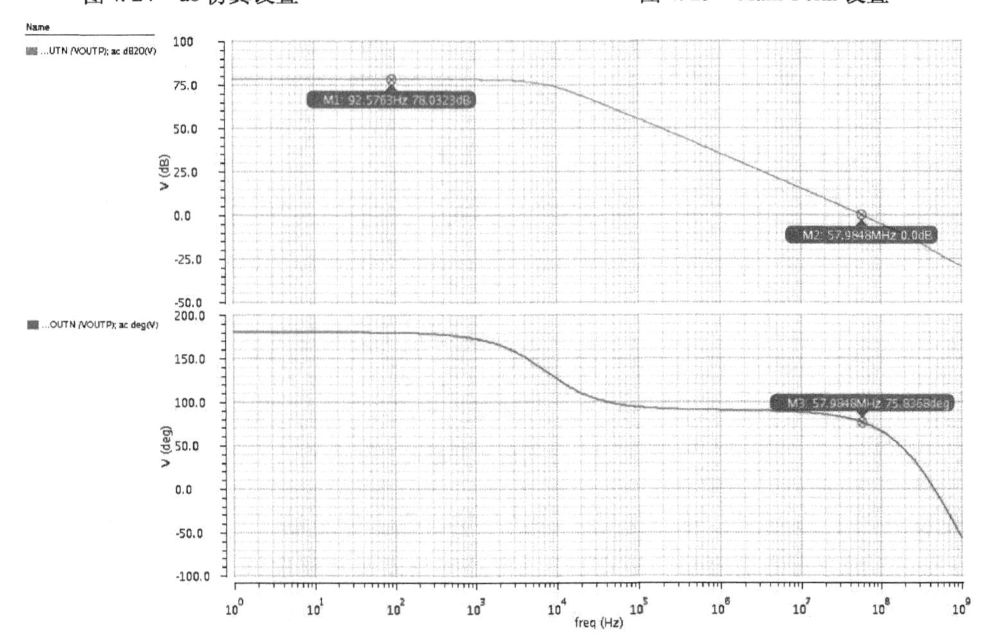

图 4.26　ac 仿真结果

(2) 瞬态仿真

1) 接下来进行瞬态仿真，在仿真设置中选择“tran”进行瞬态仿真，在“Stop Time”栏中输入仿真结束时间“1ms”，“Accuracy Defaults”为仿真准确度设置，“conservative”“moderate”“liberal”准确度逐渐递减，我们选择最高的仿真准确度“conservative”，如图4.27所示，点击OK按钮，完成设置。若仿真速度太慢，可适当减少仿真时长。

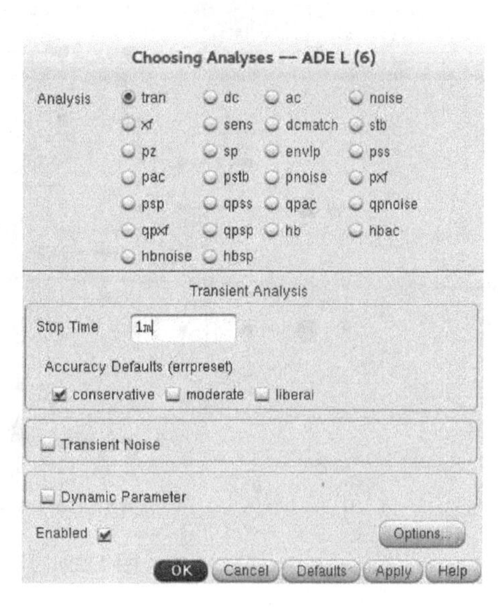

图4.27 瞬态仿真设置

2) 开始仿真，仿真结束后，在仿真环境界面选择Results→Direct Plot→Main Form命令，保持默认设置之后直接点击两个输出端“VOUTP”和“VOUTN”，即可得到瞬态仿真结果，如图4.28所示。

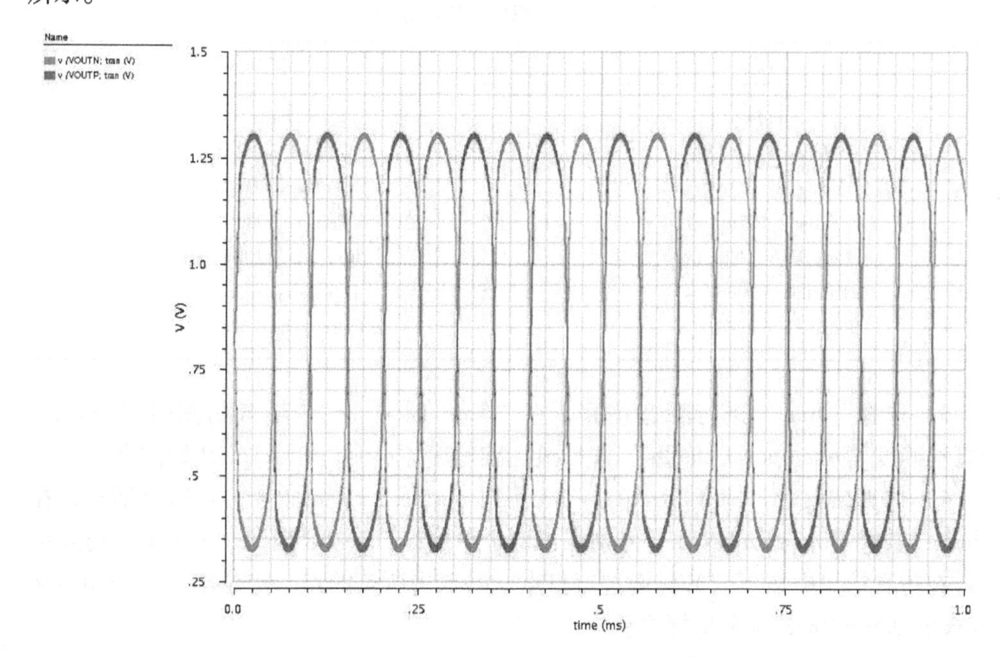

图4.28 瞬态仿真结果

(3) 压摆率仿真

1) 建立压摆率的仿真电路图，从analogLib库中选择电阻res和电容cap，电阻值设置为10MΩ，电容值设置为10pF，按照图4.29所示的闭环电路进行连接。

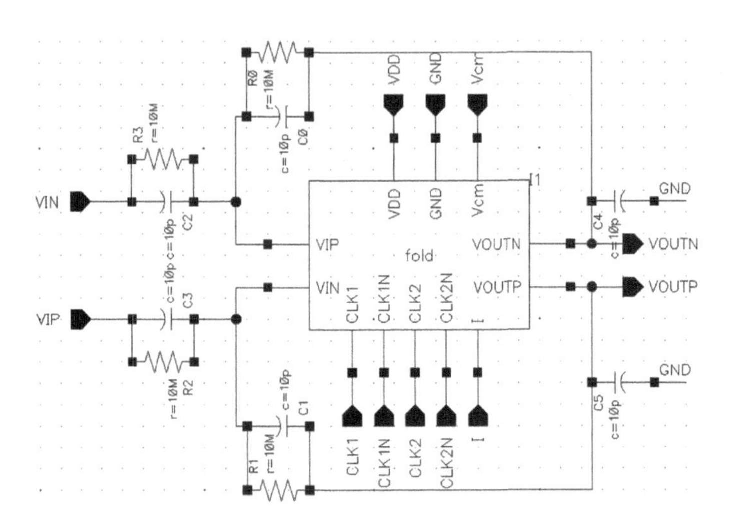

图4.29　压摆率测试电路

2）将激励设置成方波信号，见表4.5，其余的激励设置请参照交流仿真中的表4.4。

表4.5　压摆率仿真激励设置

VIP	VIN
Pulse Voltage1：0（V） Voltage2：1.8（V） Period：100u（s） Rise time：100p（s） Fall time：100p（s） Pulse width：50u（s）	Pulse Voltage1：1.8（V） Voltage2：0（V） Period：100u（s） Rise time：100p（s） Fall time：100p（s） Pulse width：50u（s）

3）选择“tran”进行瞬态仿真，在“Stop Time”栏中输入仿真时间200μs，仿真准确度“Accuracy Defaults”选择最高准确度“conservative”。开始仿真。

4）仿真结束后，选择Results→Direct Plot→Main Form命令，弹出对话框，在Select中选择Differential Nets。分别点击两个输出端口，得到图4.30所示的仿真结果。在仿真结果中按下“M”键进行打点，并双击所打的点，定位至Y轴的0.9×Vmax和0.9×Vmin两个坐标中。

5）根据摆率计算公式求出摆率。

$$\frac{1.44-(-1.44)}{50.1735-50.0206}=18.8\text{V}/\mu\text{s}$$

（4）共模抑制比仿真

1）共模抑制比仿真需要两个电路，即差模放大电路和共模放大电路，如

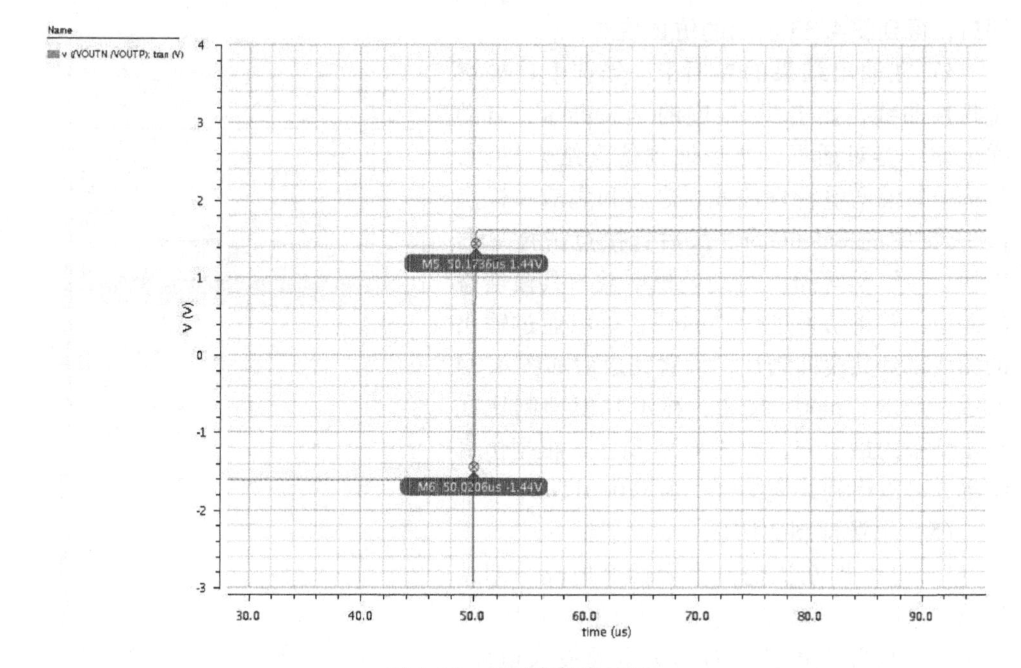

图 4.30　压摆率仿真结果

图 4.31所示，左边为差模放大电路，右边为共模放大电路，需要注意，两个电路的激励需单独设置，不可共用。

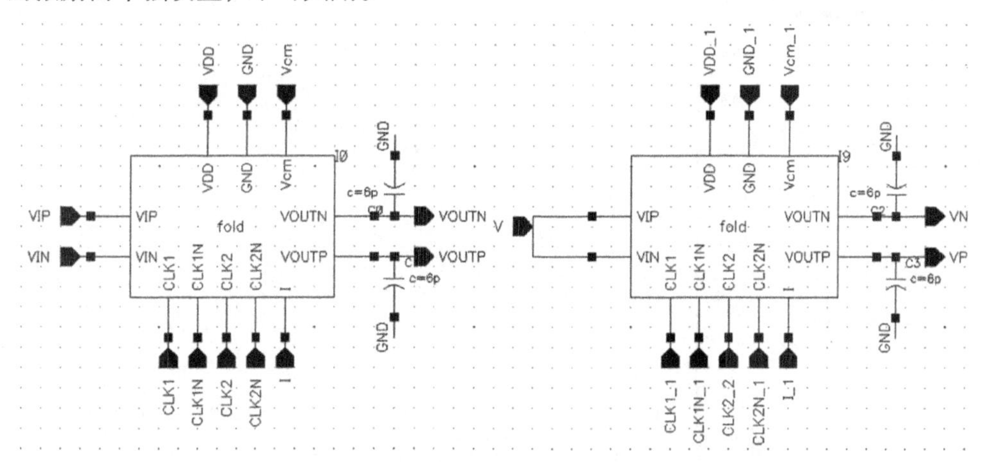

图 4.31　共模抑制比仿真电路

差模放大电路激励设置请参照交流仿真中的表 4.4，共模放大电路中，输入信号 V 的激励设置如图 4.32 所示，其余设置与差模放大电路一致。

2）运行 ac 仿真，仿真设置与前面仿真一致。仿真结束后，选择 Results→Direct Plot→Main Form 命令，选取 dB20，之后分别点击两个电路的其中一个输出端口，得到图 4.33 所示的仿真结果。

3）在输出结果的界面中，先选中差模增益特性曲线，点击 Tools 中的 Calculator，自动弹出计算器对话框，之后回到仿真结果界面，再选中共模增益特性曲线，之后和之前一样点击 Tools 中的 Calculator。最后直接点击计算器中的“-”运算符，得到差模增益与共模增益的差值，并将结果进行“plot”，可以通过输出的曲线得到共模抑制比，设置完成后如图 4.34 所示，点击“plot”按钮，显示共模抑制比在输出结果的最上方，如图 4.35 所示。根据仿真结果，可以得到共模抑制比为 116.011dB。

（5）电源抑制比仿真

1）电源抑制比仿真需要两个电路，即差模放大电路和电源放大电路，如图 4.36 所示，左边为差模放大电路，右边为电源放大电路，需要注意，两个电路的激励需单独设置，不可共用。

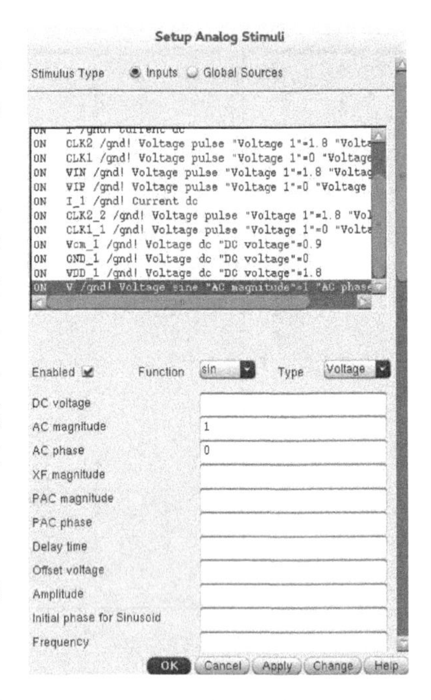

图 4.32　共模放大电路激励设置

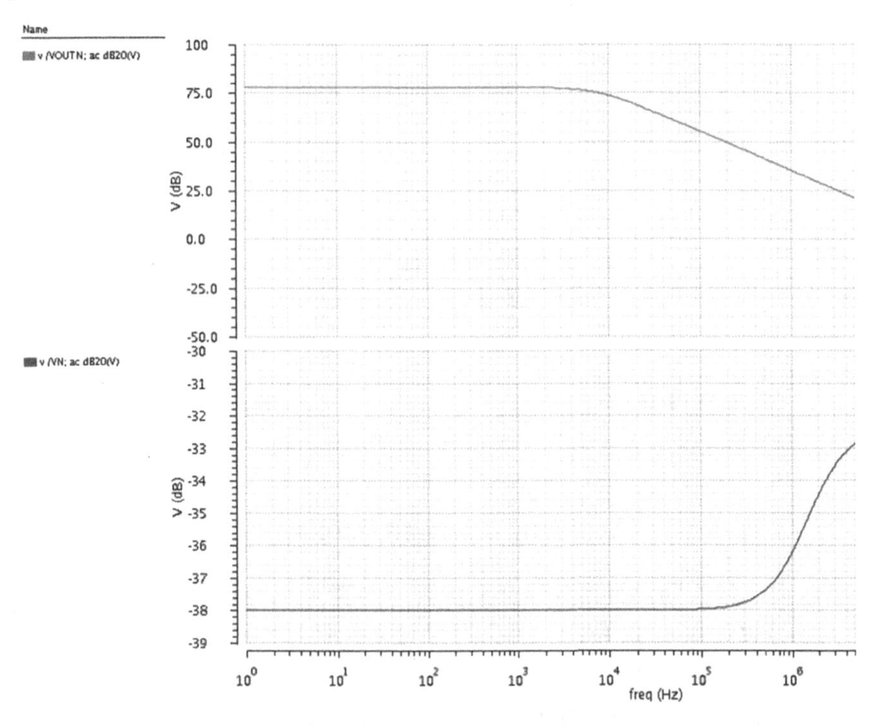

图 4.33　差模增益曲线和共模增益曲线

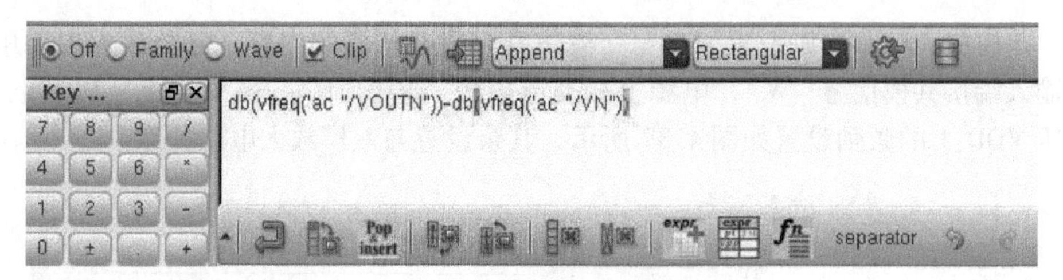

图 4.34 Calculator 设置

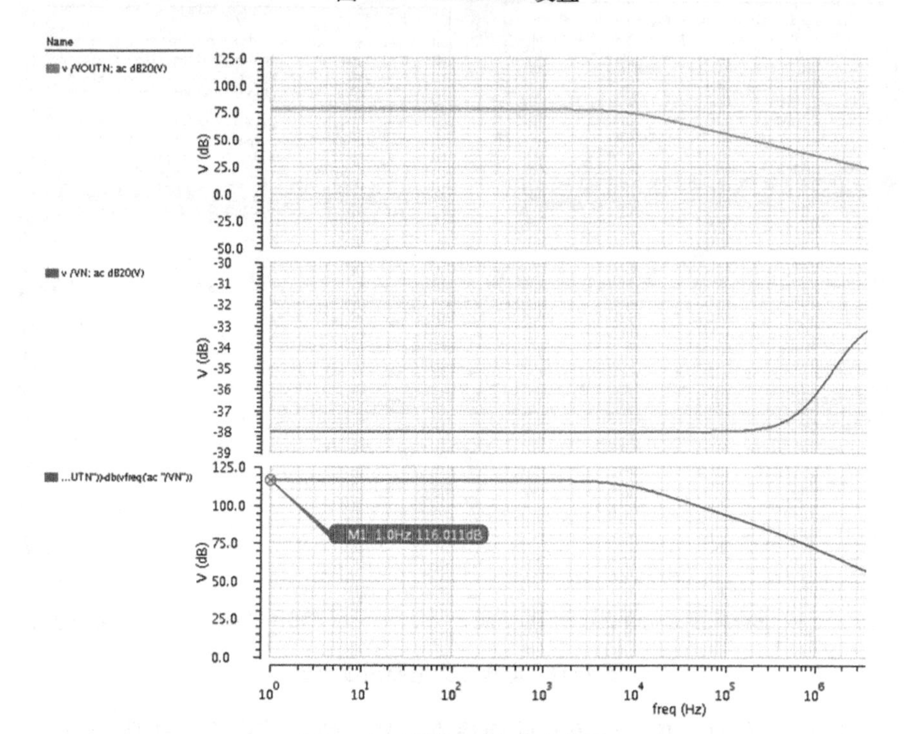

图 4.35 共模抑制比仿真结果

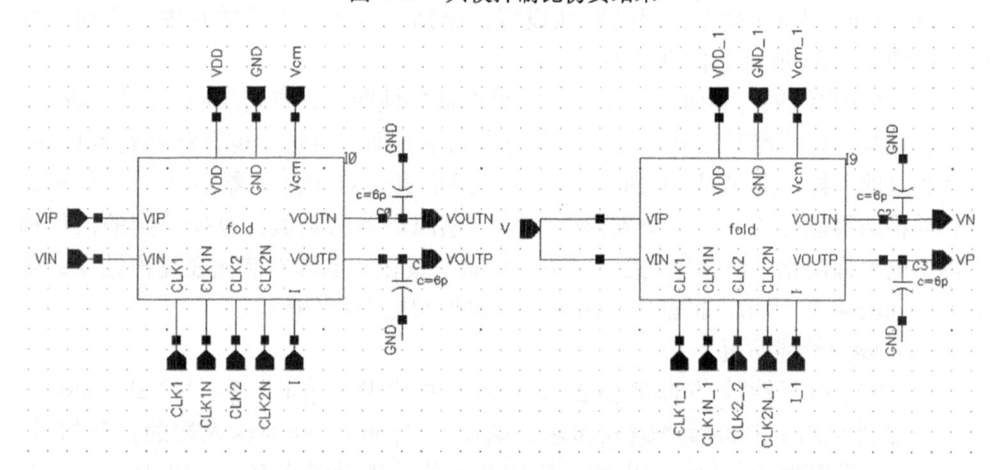

图 4.36 电源抑制比仿真电路

差模放大电路激励设置请参照交流仿真与瞬态仿真的内容，电源放大电路中，其输入端接共模信号“V”，电源上接交流电源“VDD_1”。输入信号V以及电源电压VDD_1的激励设置如图4.37所示，其余设置与差模放大电路一致。

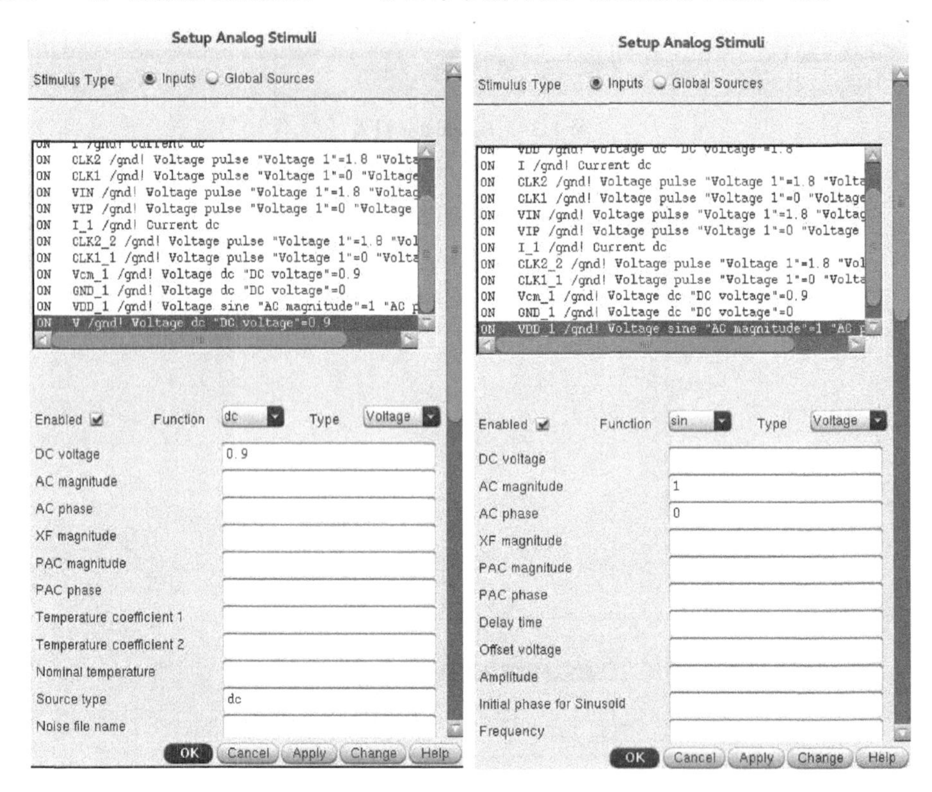

图4.37 电源放大电路激励设置

2）运行ac仿真，仿真设置与前面仿真一致。仿真结束后，选择Results→Direct Plot→Main Form命令，保持默认设置，分别点击两个电路的其中一个输出端口，得到图4.38所示的仿真结果。

3）在输出结果的界面中，先选中差模增益特性曲线，点击Tools中的Calculator，自动弹出计算器对话框，之后回到仿真结果界面，再选中电源增益特性曲线，之后和之前一样点击Tools中的Calculator。最后直接点击计算器中的“-”运算符，并将结果进行“plot”，得到差模增益与电源增益的差值，根据得到的图形即可得出电源抑制比，设置完成后，点击“plot”按钮，电源抑制比在输出结果的最下方，如图4.39所示。根据仿真结果，电源抑制比为80.95dB。

（6）噪声性能仿真

1）进行噪声性能仿真需要在analogLib中调用“port”和“ideal_balun”，“port”器件可用于模拟噪声输入和输出端口，“port0”作为输入端的正弦信号，Source type设置为sine信号，电阻、频率和幅值分别设置为50Ω、10kHz和1mV，

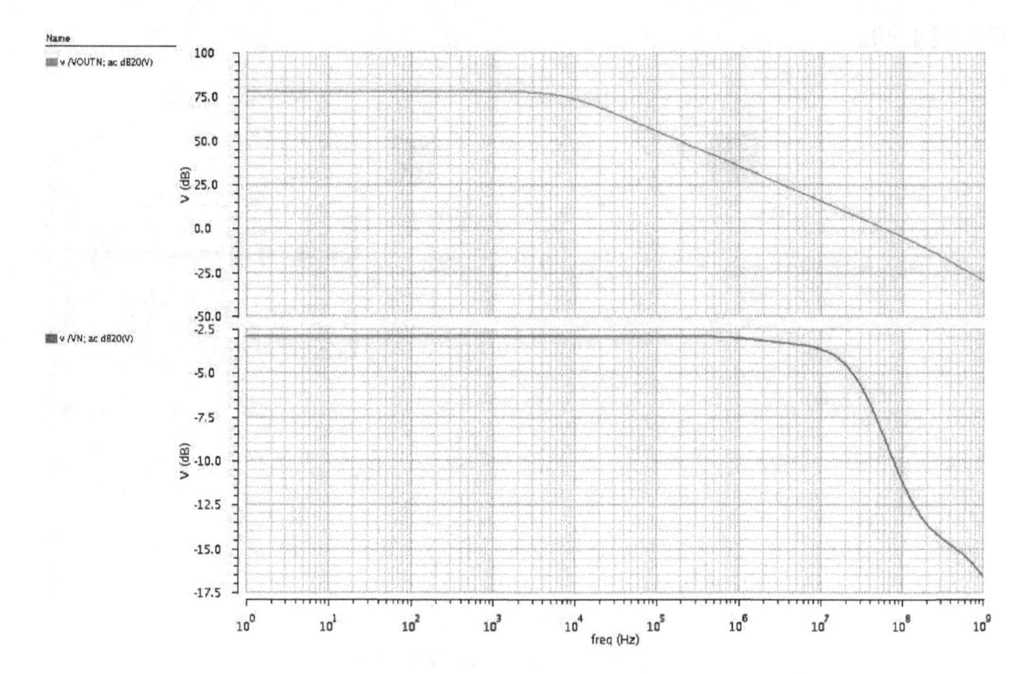

图 4.38　差模增益和电源增益仿真结果

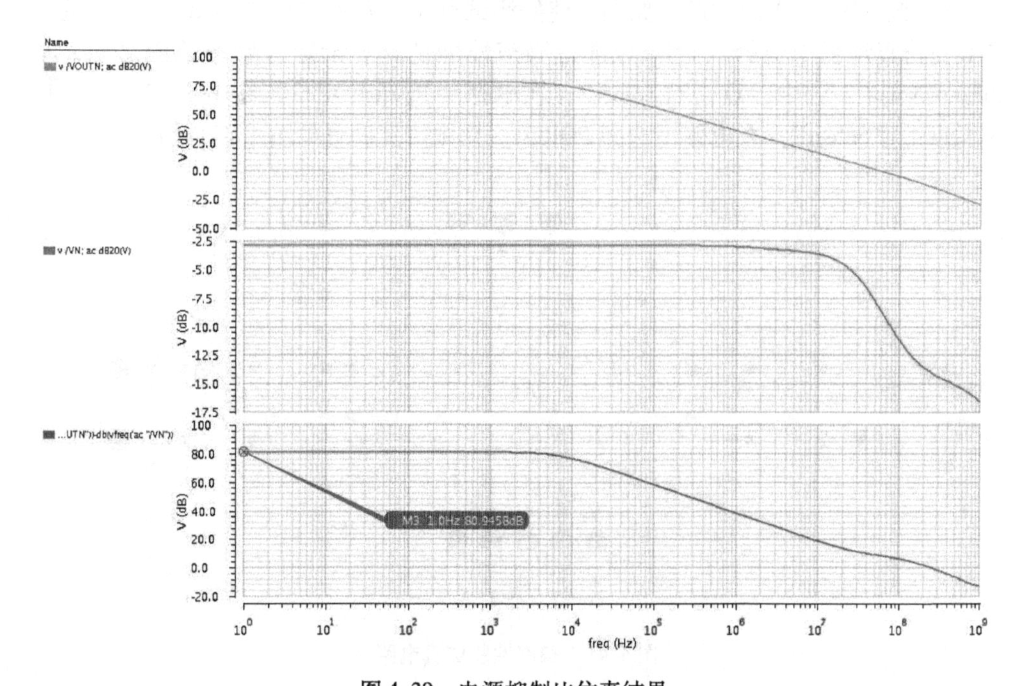

图 4.39　电源抑制比仿真结果

输出端“port1”设置为直流信号，Source type 设置为 dc，电阻保持默认设置“50Ω”即可。输入信号 VIN 设置为直流 dc 信号，大小为共模电平 0.9V。具体设置见图 4. 40。

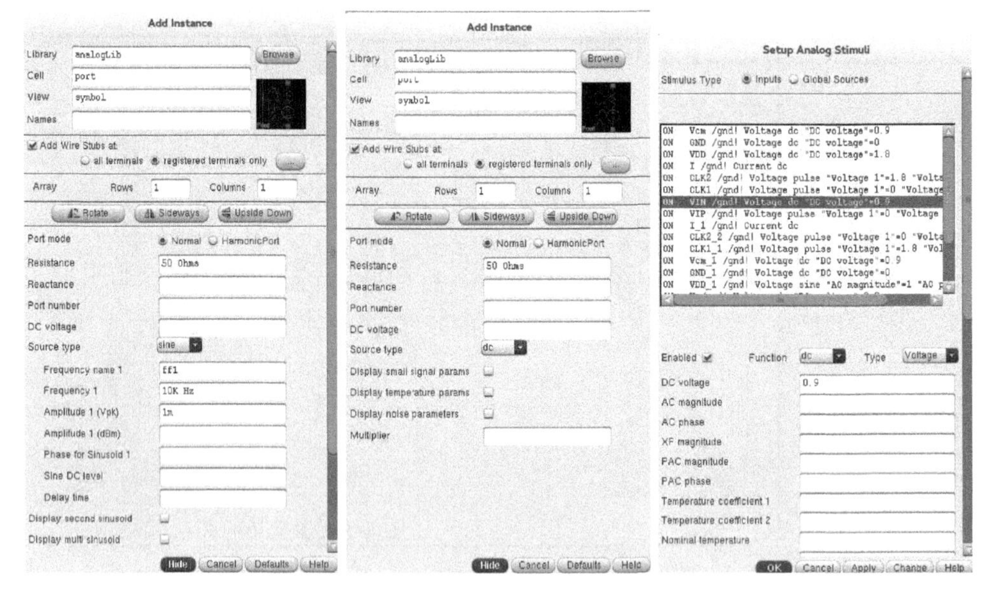

图 4. 40　port 以及 VIN 参数设置

2）按照图 4. 41 所示的电路图搭建好测试电路，需要注意“ideal_balun”的方向。在仿真环境中选择“noise”进行噪声性能仿真。设定好频率范围之后，在 Output Noisy 一栏中，点击“Select”，在电路中选择 PORT1，在 Input Noisy 一栏中，点击“Select”，在电路中选择 PORT0。具体仿真设置如图 4. 42 所示。

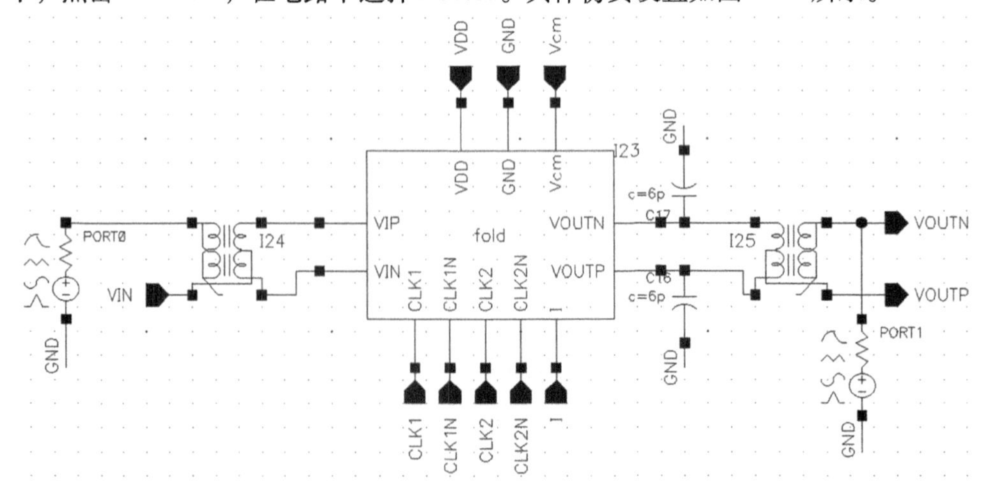

图 4. 41　噪声性能仿真电路

3）开始仿真，仿真结束后，选择 Results→Direct Plot→Main Form 命令，在 noise 分别选择“Input Noise”和“V/sqrt（HZ）”，最后点击 plot 按钮，即可得到输出结果，在带宽内等效输入噪声为 12. 68nV/sqrt（Hz）。输出设置如图 4. 43 所

示。噪声特性仿真结果如图 4.44 所示。

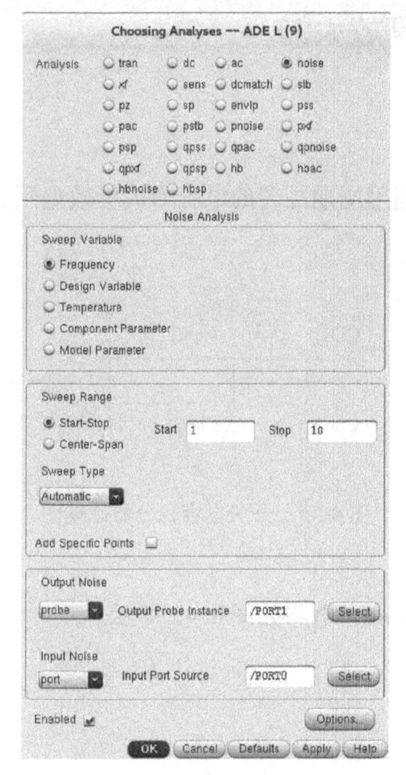

图 4.42 噪声特性仿真设置

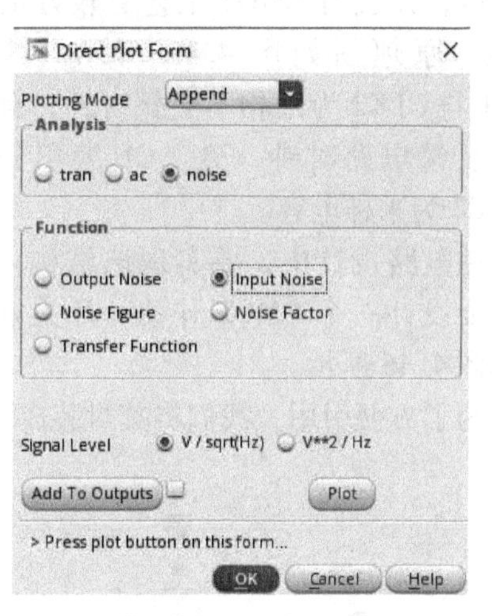

图 4.43 输出设置

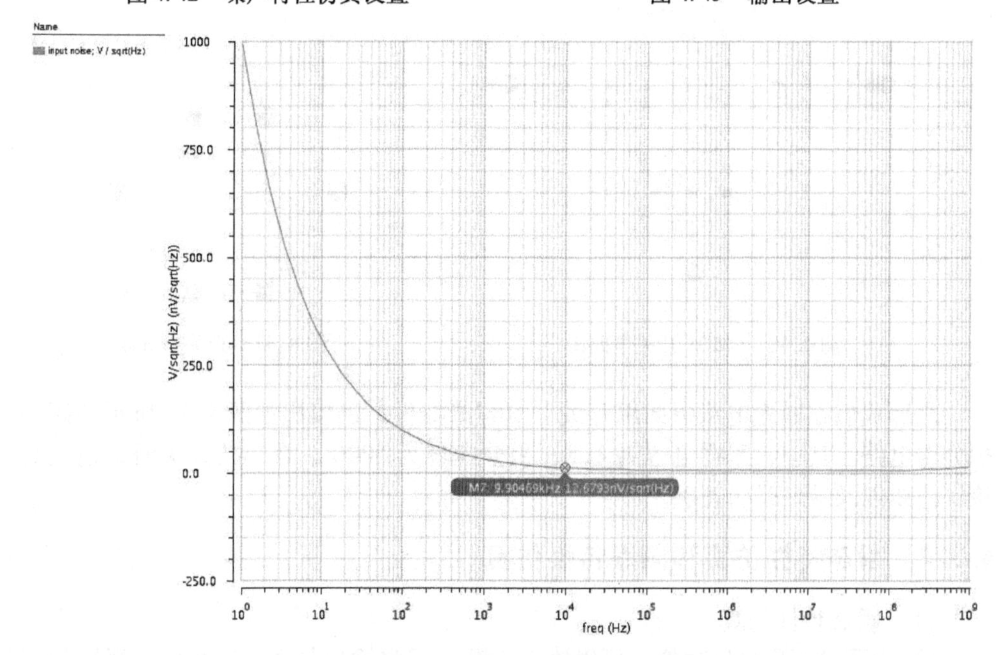

图 4.44 噪声特性仿真结果

4.3 闭环运算放大器

4.3.1 开关电容积分器

开关电容积分器是一种离散型积分器，利用周期翻转的电容形成等效电阻，实现模拟信号的离散处理，具有准确的频率响应，并且与CMOS工艺有较好的兼容性。原理图如图4.45所示，其中CLK1与CLK2为两相不交叠时钟，且与共模反馈电路时钟一致，C1为积分电容；C2为采样电容。

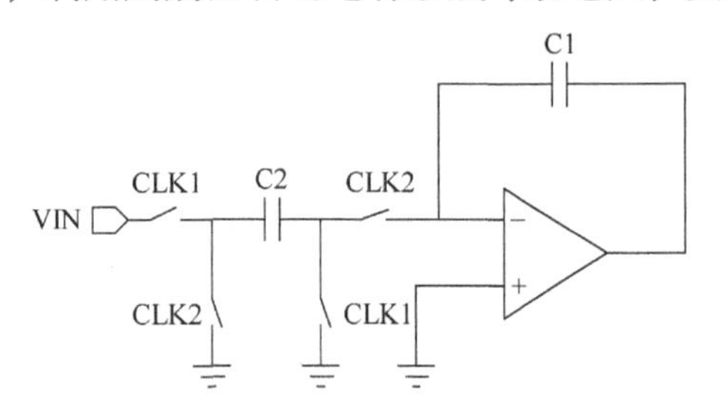

图4.45 开关电容积分器原理图

在电路设计中，要实现该结构，首先需要设计一个CMOS开关，开关电路图如图4.46所示。

为了方便引用，我们将其封装成一个symbol，电路如图4.47所示。

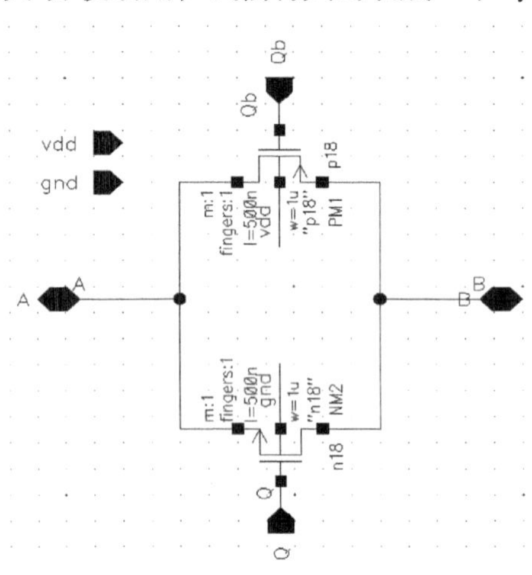

图4.46 CMOS开关电路图

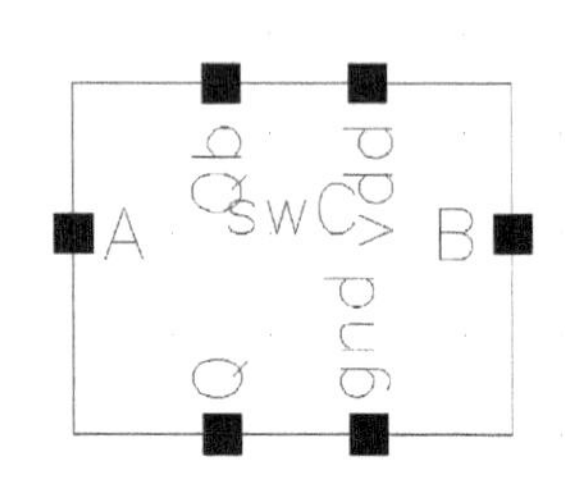

图4.47 开关symbol

之后我们在原先电路中调用开关、电容等器件，连接出如图4.48所示的闭环积分器电路。其中，采样电容为1pF，积分电容为500fF。在连接开关时，请注意核实连线以及端口是否正确。

4.3.2 瞬态特性仿真和频率特性仿真

（1）瞬态特性仿真

1）为了验证积分器功能，可以输入方波，观察输出是否为三角波。激励设置

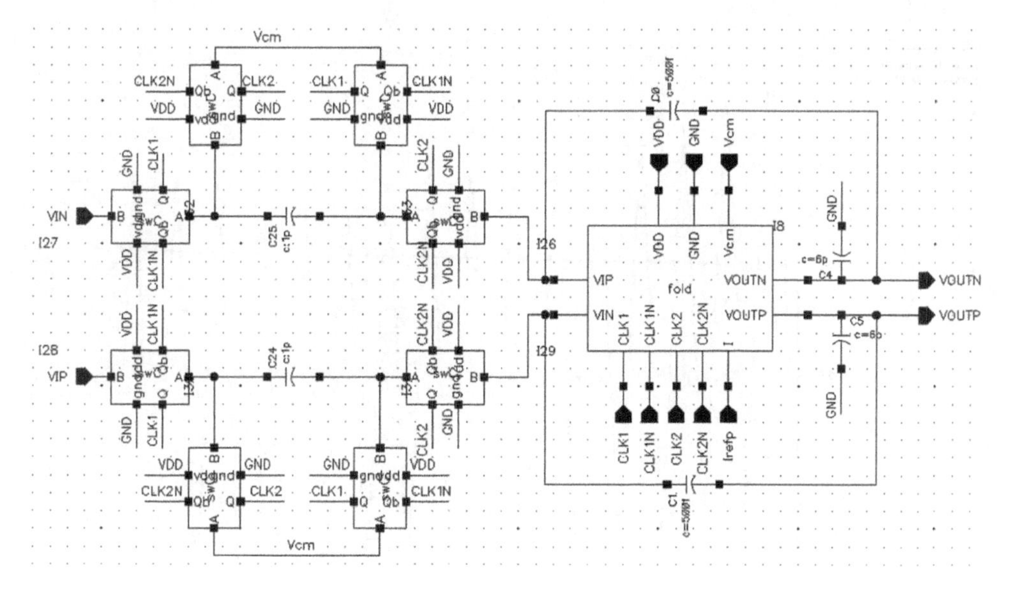

图4.48　闭环积分器电路图

见表4.6，未提到的设置请参照4.2节中的表4.4。

表4.6　瞬态特性仿真激励设置

VIP	VIN
Pulse Voltage1：0.91 （V） Voltage2：0.89 （V） Period：100u （s） Rise time：100p （s） Fall time：100p （s） Pulse width：50u （s）	Pulse Voltage1：0.89 （V） Voltage2：0.91 （V） Period：100u （s） Rise time：100p （s） Fall time：100p （s） Pulse width：50u （s）

2）接下来进行瞬态仿真，选择 Analyses→Choose 命令，弹出对话框，选择“tran”进行瞬态仿真，在“Stop Time”栏中输入仿真时间2ms，在“Accuracy Defaults”中选择的仿真准确度为“conservative”，点击OK按钮，完成设置，开始仿真。

3）仿真结束后，选择 Results→Direct Plot→Main Form 命令，弹出对话框，在 Select 中选择 Differential Nets。分别点击两个输入端口以及两个输出端口，得到图4.49所示的瞬态仿真结果。可以观察到，在电路稳定之后，积分器可以将输入的方波信号转换为三角波信号。

（2）频率特性仿真

1）为了能够清楚观察到频谱，我们将输入信号更换为幅值略大一些的差分正

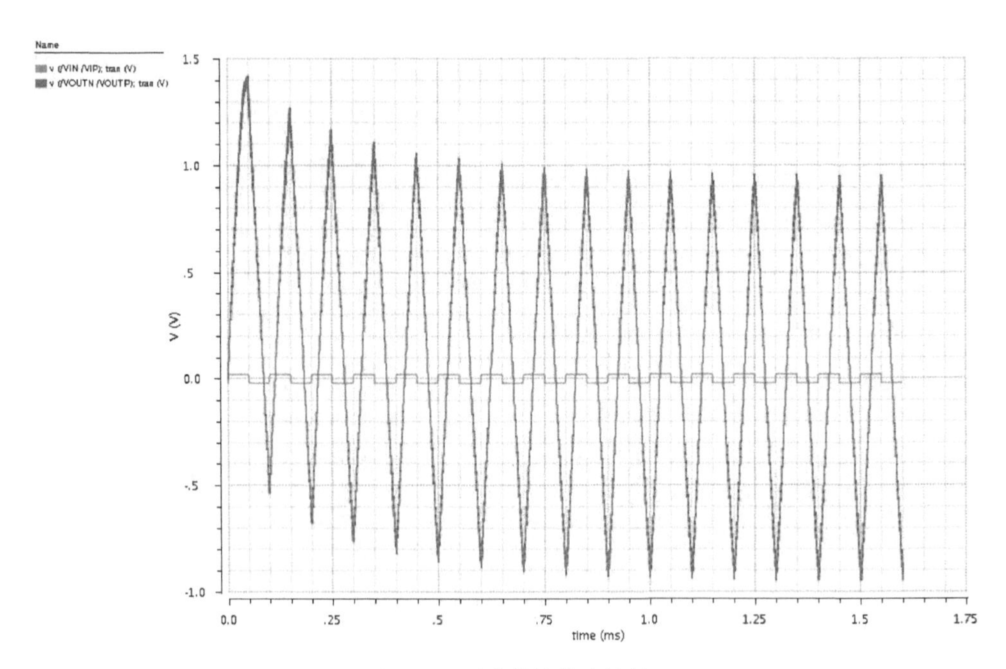

图 4.49　瞬态特性仿真结果

弦信号，频率设置后续将会进行说明。全部设置见表 4.7。未提到的设置请参照 4.2 节中交流仿真与瞬态仿真的设置。

表 4.7　频率特性仿真激励设置

VIP	VIN
Sin	Sin
DC voltage：0.9（V）	DC voltage：0.9（V）
AC magnitude：1（V）	AC magnitude：1（V）
AC phase：0（°）	AC phase：180（°）
Amplitude：15m（V）	Amplitude：-15m（V）
Frequency：9.765625k（Hz）	Frequency：9.765625k（Hz）

2）接下来进行瞬态仿真，选择 Analyses→Choose 命令，弹出对话框，选择 "tran" 进行瞬态仿真，在 "Stop Time" 栏中输入仿真时间 1.6ms，在 "Accuracy Defaults" 中选择仿真最高准确度 "conservative"，点击 OK 按钮，完成设置，开始仿真。

3）仿真结束后，选择 Results→Direct Plot→Main Form 命令，弹出对话框，在 Select 中选择 Differential Nets，分别点击两个输出端口，得到图 4.50 所示的仿真结果。

4）点击波形，打开 calculator，点击下方函数 "dft"，设置 DFT 的参数。设置时，采样周期应该与电路中的时钟周期一致，即 1μs，采样点数一般为 2 的指数次

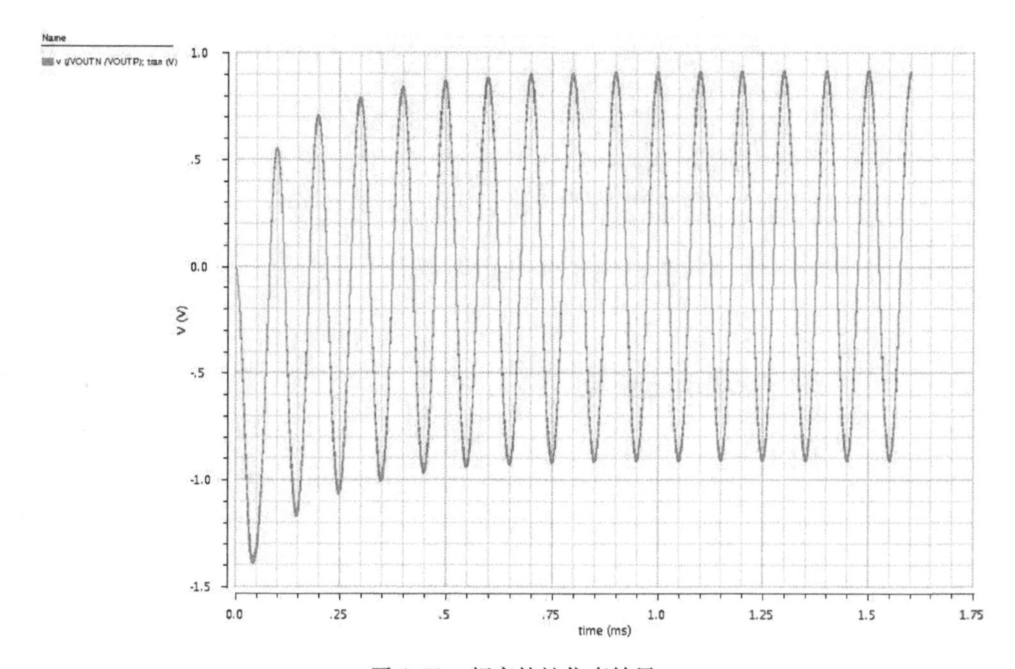

图 4.50　频率特性仿真结果

幂，在这里我们选 512 个点，因此 DFT 的采样时间为 512μs。为防止频谱泄露，选取的采样时间应该为波形周期的整数倍，我们选取该倍数为 5 倍，用 512/5 得到波形周期为 102.4μs，换算成频率为 9.765625kHz。还需要注意，在波形中选取的点应该处于波形稳定之后，避开时钟信号产生的毛刺，因此 calculator 设置如图 4.51 所示，DFT 设置如图 4.52 所示。最后点击 OK 按钮，再点击 plot 按钮，得到波形的幅度谱，如图 4.53 所示。

图 4.51　calculator 设置

5）返回 calculator，在底部 function panel 一栏选择“Math”，如图 4.54 所示。之后点击“dB20”函数，再点击 plot 按钮，得到波形的功率谱，如图 4.55 所示。

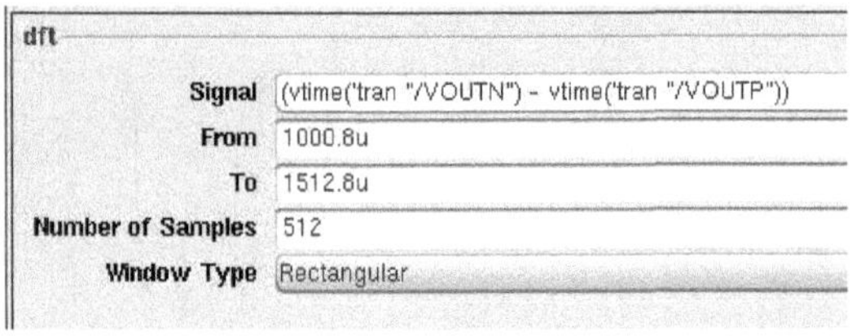

dft

Signal (vtime('tran "/VOUTN") - vtime('tran "/VOUTP"))

From 1000.8u

To 1512.8u

Number of Samples 512

Window Type Rectangular

图 4.52 DFT 设置

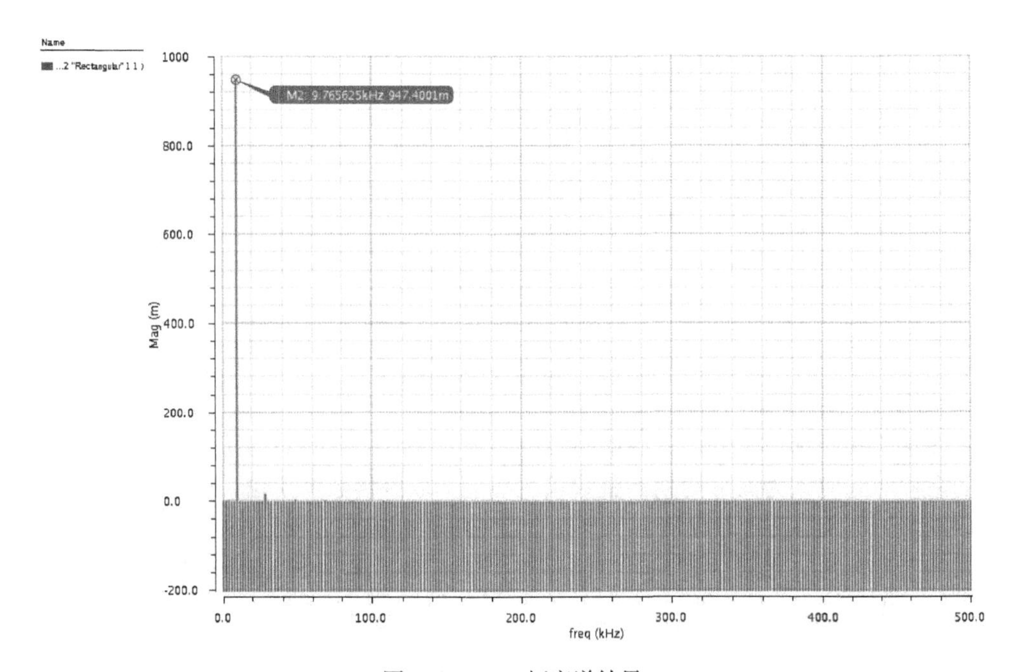

图 4.53 DFT 幅度谱结果

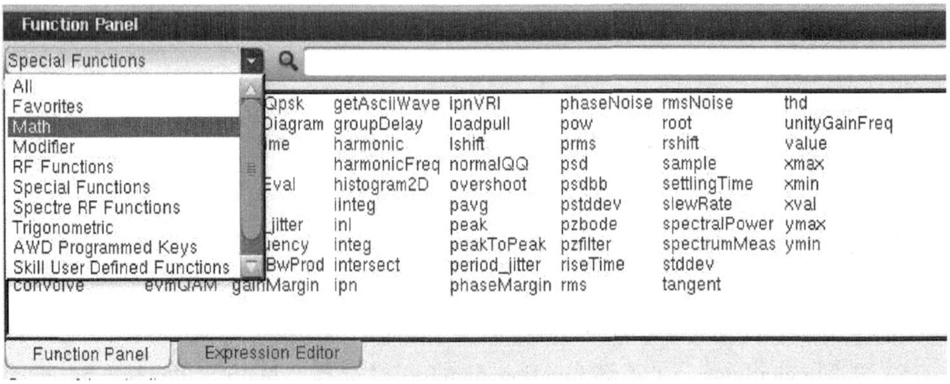

Function Panel

Special Functions

All
Favorites
Math
Modifier
RF Functions
Special Functions
Spectre RF Functions
Trigonometric
AWD Programmed Keys
Skill User Defined Functions

Qpsk getAsciiWave ipnVRI phaseNoise rmsNoise thd
Diagram groupDelay loadpull pow root unityGainFreq
ime harmonic lshift prms rshift value
harmonicFreq normalQQ psd sample xmax
Eval histogram2D overshoot psdbb settlingTime xmin
iinteg pavg pstddev slewRate xval
_jitter inl peak pzbode spectralPower ymax
uency integ peakToPeak pzfilter spectrumMeas ymin
BwProd intersect period_jitter riseTime stddev
convolve evmQAM gainMargin ipn phaseMargin rms tangent

Function Panel Expression Editor

图 4.54 返回 calculator 设置

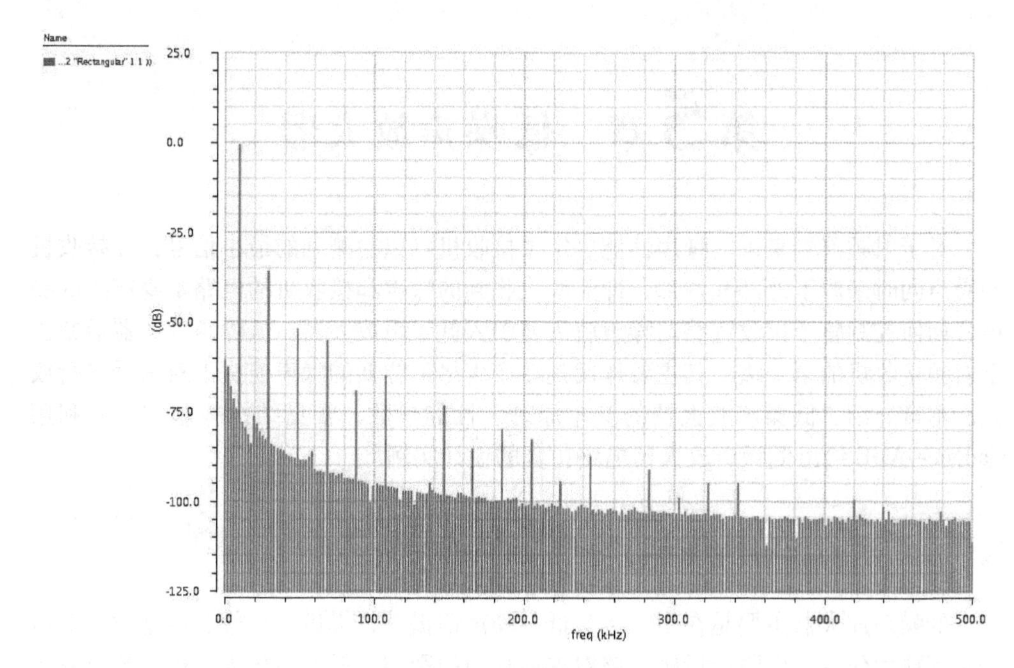

图 4.55　功率谱结果

4.4　本章小结

在实际工程中，运算放大器的设计较为复杂，对增益、带宽、压摆率、噪声等指标均具有较高的要求，有待于初学者们继续探索。

本章以基本的单级折叠共源共栅运算放大器为例提供了设计参数和仿真验证方法，并进行了闭环仿真验证，同时展示了基本的信号频谱分析方法。

第5章　低噪声放大器

对于射频前端来讲，噪声性能决定了接收机可以检测到的最小信号，而接收机的噪声同时来源于外部和内部，即天线接收到的噪声和接收机的电路本身产生的噪声，如何控制整个接收链路的噪声就需要引入低噪声放大器。低噪声放大器通常位于射频接收机的第一级，其主要作用是在产生尽可能低的噪声前提下对信号进行放大。本章介绍了低噪声放大器的基本原理、性能参数、常见结构等基础，并利用 Cadence ADE 给出低噪声放大器电路仿真的设计实例。

5.1　低噪声放大器概述

低噪声放大器主要是在引入尽量低的噪声前提下，提供一个较高的增益，对信号起到放大作用，以降低后级电路对整体噪声的影响。低噪声放大器也应当具备较高的线性度，避免电路非线性带来不必要的压缩或饱和。低噪声放大器位于接收机的最前端，通常直接与天线相连，或是与由分立器件组成的带通滤波器相连，所以其接口需要进行匹配，通常匹配至标准 50Ω。低噪声放大器在工作时需要处于无条件稳定的状态，当输入输出阻抗发生任何变化时都必须保持稳定，不能在任何频率处出现振荡。除此之外，低噪声放大器的带宽、功耗等性能参数也是在设计中需要考虑的。

5.1.1　低噪声放大器性能参数

（1）增益

采用二端口网络理论对增益进行分析，主要有工作功率增益、可获得功率增益、传输功率增益等。

如图 5.1 所示，Z_{ij} 为阻抗矩阵；V_s 为输入信号源；Z_s 为输入信号源的内阻；Z_{11} 为输出负载的阻抗；$P_{av,S}$ 是系统可以从信号源中得到的最大功率；$P_{av,L}$ 是负载可以从系统中得到的最大功率；P_{in} 是系统从信号源获得的实际功率；P_L 是负载从系统所获得的实际功率。

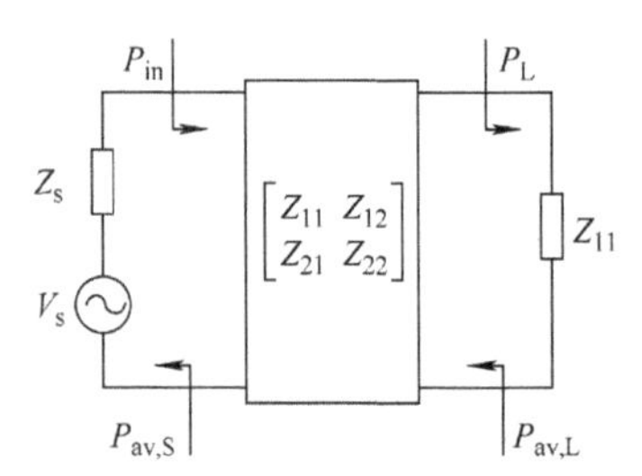

图 5.1　功率增益的二端口网络模型

工作功率增益可表示为

$$G_P = \frac{P_L}{P_{in}} \tag{5-1}$$

工作功率增益 G_P 是负载从射频电路得到的实际功率 P_L 与射频电路从信号源得到的实际功率 P_{in} 的比值。当只改变负载阻抗 Y_L 或者射频电路的内部结构时，G_P 会随之产生变化。当只有信号源内阻 Y_s 发生变化，射频电路从信号源得到的实际功率 P_{in} 和负载从电路中得到的实际功率 P_L 均发生改变，但其比例不变。工作功率增益是通常所表示的功率增益，该值与信号源内阻 Y_s 无关。

可获得功率增益可表示为

$$G_a = \frac{P_{av,L}}{P_{av,S}} \tag{5-2}$$

可获得功率增益 G_a 是当输入端口和输出端口都与外部匹配时，负载可以从二端口网络得到的最大功率 $P_{av,L}$ 与射频电路可从信号源得到的最大功率 $P_{av,S}$ 的比值。该值由射频电路与负载及射频电路与信号源之间的关系决定，与实际负载阻抗无关。

传输功率增益可表示为

$$G_t = \frac{P_L}{P_{av,S}} \tag{5-3}$$

传输功率增益 G_t 是当输入端口与外部匹配时，负载从射频电路得到的实际功率 P_L 与射频电路可从信号源得到的最大功率 $P_{av,S}$ 的比值。传输功率增益 G_t 与信号源的内阻、射频电路的特性和负载的阻抗均有关系。

低噪声放大器的增益需要足够大才能削减后级电路对总噪声的贡献，提高增益可以减小噪声系数，但是同时也会使得后级电路的非线性更加明显，因此设计时也需要折中考虑噪声和线性度。

（2）噪声系数

噪声性能是衡量一个接收系统好坏的重要指标，如果没有噪声，射频接收机将可以检测到无限小的输入信号，允许通信距离无限长，但这在实际情况中并不存在。接收机系统中的每个元器件都会产生噪声，这是由于电流在流动的过程中受到了随机的扰动，所以噪声的形成本质上是随机的，并不能确定某一时刻的噪声大小，只能采用统计的方法进行计算。电子元器件的噪声主要有热噪声、闪烁噪声（也被称为 $1/f$ 噪声）等形式。

噪声系数用于表示由系统内部电子元器件等产生的噪声，体现了信号经过系统后信噪比变化了多少。如下式（5-4）所示，噪声因子 F 的定义为

$$F = \frac{SNR_i}{SNR_o} = \frac{S_i/N_{i(source)}}{S_o/N_{o(total)}} = \frac{S_i/N_{i(source)}}{(GS_i)/N_{o(total)}} = \frac{N_{o(total)}}{GN_{i(source)}} \tag{5-4}$$

式中，S_i 为输入信号功率；S_o 为输出信号功率；G 为功率增益；$N_{o(total)}$ 为总的输出端噪声；$N_{i(source)}$ 为信号源本身的噪声。

如果用 $N_{o(source)}$ 表示在输出端测量到的完全由信号源产生的噪声；$N_{o(add)}$ 表示在输出端测量的由系统内部产生的噪声，则可以得到：

$$N_{o(total)} = N_{o(source)} + N_{o(add)} \tag{5-5}$$

此时噪声因子可以表示为

$$F=\frac{N_{\mathrm{o(total)}}}{GN_{\mathrm{i(source)}}}=\frac{N_{\mathrm{o(total)}}}{N_{\mathrm{o(source)}}}=\frac{N_{\mathrm{o(source)}}+N_{\mathrm{o(add)}}}{N_{\mathrm{o(source)}}}=1+\frac{N_{\mathrm{o(add)}}}{N_{\mathrm{o(source)}}}\tag{5-6}$$

噪声系数 NF 定义为

$$\mathrm{NF}=10\log_{10}F\tag{5-7}$$

如果系统内部没有噪声产生，则 $N_{\mathrm{o(add)}}=0$，可得到噪声因子最小为 1，最低的噪声系数为 0dB。

假设低噪声放大器直接从天线接收信号 V_{in}，且只考虑天线电阻 R_{S} 的热噪声 $\overline{V_{n,\mathrm{RS}}^2}$。将低噪声放大器等效成一个无噪声网络加上其输出噪声 $\overline{V_n^2}$，通过计算低噪声放大器的输入信噪比 $\mathrm{SNR_{in}}$ 和输出信噪比 $\mathrm{SNR_{out}}$ 可进一步计算出低噪声放大器的噪声系数。

如图 5.2 所示，假设低噪声放大器的输入阻抗为 Z_{in}，定义 $\alpha=Z_{\mathrm{in}}/(Z_{\mathrm{in}}+R_{\mathrm{S}})$，输入信噪比可表示为

$$\mathrm{SNR_{in}}=\frac{|\alpha|^2V_{\mathrm{in}}^2}{|\alpha|^2\overline{V_{\mathrm{RS}}^2}}\tag{5-8}$$

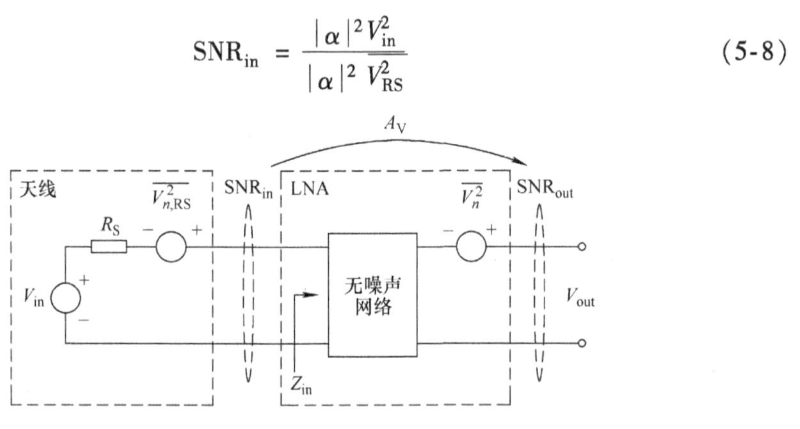

图 5.2　天线接低噪声放大器噪声等效原理图

假设低噪声放大器从输入到输出的电压增益为 A_{V}，则输出信号功率为 $|\alpha|^2V_{\mathrm{in}}^2A_{\mathrm{V}}^2$。输出噪声功率分为两部分：第一部分是由天线引起的为 $|\alpha|^2\overline{V_{\mathrm{RS}}^2}A_{\mathrm{V}}^2$；第二部分是低噪声放大器引起的为 $\overline{V_n^2}$，因此输出信噪比可表示为

$$\mathrm{SNR_{out}}=\frac{|\alpha|^2V_{\mathrm{in}}^2A_{\mathrm{V}}^2}{|\alpha|^2\overline{V_{\mathrm{RS}}^2}A_{\mathrm{V}}^2+\overline{V_n^2}}\tag{5-9}$$

可以得出噪声系数为

$$\begin{aligned}\mathrm{NF}&=\frac{\mathrm{SNR_{in}}}{\mathrm{SNR_{out}}}=\frac{V_{\mathrm{in}}^2}{\overline{V_{\mathrm{RS}}^2}}\,\frac{|\alpha|^2\overline{V_{\mathrm{RS}}^2}A_{\mathrm{V}}^2+\overline{V_n^2}}{|\alpha|^2V_{\mathrm{in}}^2A_{\mathrm{V}}^2}\\&=\frac{1}{\overline{V_{\mathrm{RS}}^2}}\,\frac{|\alpha|^2\overline{V_{\mathrm{RS}}^2}A_{\mathrm{V}}^2+\overline{V_n^2}}{|\alpha|^2A_{\mathrm{V}}^2}\end{aligned}$$

$$= 1 + \frac{\overline{V_n^2}}{|\alpha|^2 \overline{V_{RS}^2} A_V^2} \tag{5-10}$$

由式（5-10）可以看出噪声系数的另一个定义，即输出总噪声功率和源在输出引入的噪声功率之比。若定义从 V_{in} 到 V_{out} 的增益为 $A_0 = |\alpha| A_V$，则有噪声系数：

$$NF = \frac{1}{4kTR_S} \cdot \frac{\overline{V_{n,out}^2}}{A_0^2} \tag{5-11}$$

因此，有三种方法可以用于计算噪声系数：①将所有噪声功率折合到输出，然后用总输出噪声功率除以源在输出引入的噪声；②用总输出噪声功率除以 V_{in} 到 V_{out} 的增益的二次方，然后再除以源阻抗 R_S 的噪声 $4kTR_S$；③用网络的输出噪声除以 V_{in} 到 V_{out} 的增益的二次方，除以源阻抗 R_S 噪声 $4kTR_S$ 后加 1 得到。

当 n 个网络级联时，总的噪声因子可表示为

$$F = 1 + (F_1 - 1) + \frac{F_2 - 1}{G_1} + \cdots + \frac{F_n - 1}{\prod_{i=1}^{n-1} G_i} \tag{5-12}$$

式中，F_n 表示最后一级的噪声因子，F_i（$i = 1, 2, \cdots, n$）表示单独考虑第 i 级网络时的噪声因子；G_i（$i = 1, 2, \cdots, n$）表示第 i 级网络自身的功率增益。在级联计算过程中，除第一级外，每级的噪声因子需要除以前级增益才是这一级对总噪声因子的贡献，所以前级电路的增益越高，后级电路引入的噪声因子越小。可以看出，低噪声放大器的噪声系数是直接加到接收机总噪声系数上的，通常需要具有较高的增益和较低的噪声。

（3）线性度

对于理想射频系统来说，输出信号功率随着输入信号功率线性增加，即 $v_{out} = kv_{in}$。但是在实际情况下，由于系统会受到器件的非线性特性、信号摆幅的限制等影响，使其输入输出关系呈现非线性，传递函数变得更加复杂。非线性将会使得系统出现谐波、杂散、增益压缩等不理想因素。无记忆系统的非线性传递函数，可以展开为 Volterra 级数，如式（5-13）所示。

$$v_{out} = k_0 + k_1 v_{in} + k_2 v_{in}^2 + k_3 v_{in}^3 + \cdots \tag{5-13}$$

式中，k_0、k_1、k_2 和 k_3 分别是直流信号、增益、二阶非线性和三阶非线性的系数，取其前三项进行分析。

通过双音信号来计算射频电路的线性度指标，将两个正弦信号 $X_1 = v_1\cos\omega_1 t$ 和 $X_2 = v_2\cos\omega_2 t$ 同时加在输入端，即式（5-14）。

$$v_{in} = v_1\cos\omega_1 t + v_2\cos\omega_2 t = X_1 + X_2 \tag{5-14}$$

将式（5-14）通过式（5-13）的传递函数，得到输出为

$$\begin{aligned} v_0 &= k_0 + k_1(X_1 + X_2) + k_2(X_1 + X_2)^2 + k_3(X_1 + X_2)^3 \\ &= k_0 + k_1(X_1 + X_2) + k_2(X_1^2 + 2X_1X_2 + X_2^2) + k_3(X_1^3 + 3X_1^2X_2 + 3X_1X_2^2 + X_2^3) \\ &= k_0 + k_1(v_1\cos\omega_1 t + v_2\cos\omega_2 t) + k_2(v_1\cos\omega_1 t + v_2\cos\omega_2 t)^2 + \\ &\quad k_3(v_1\cos\omega_1 t + v_2\cos\omega_2 t)^3 \end{aligned} \tag{5-15}$$

经过化简可得各频率分量见表 5.1，其中 X_1^2 中含有直流分量和二次谐波；二次项 $(X_1+X_2)^2$ 中，X_1^2 和 X_2^2 含有直流分量和二次谐波 HD2，混频项 $2X_1X_2$ 包含二阶互调项；三次项 $(X_1+X_2)^3$ 中，X_1^3 和 X_2^3 包含基频和三次谐波 HD3，$3X_1^2X_2$ 和 $3X_1X_2^2$ 包含基频和三阶互调项，由此可以计算出 1dB 压缩点、三阶交调点、二阶交调点等用来衡量线性度的关键指标。

表 5.1　双音信号经过非线性传递函数后各频率分量

频率	幅度	频率	幅度
DC	$k_0+0.5k_2(v_1^2+v_2^2)$		
ω_1	$k_1v_1+k_3v_1(0.75v_1^2+1.5v_2^2)$	ω_2	$k_1v_2+k_3v_2(0.75v_2^2+1.5v_1^2)$
$2\omega_1$	$0.5k_2v_1^2$	$2\omega_2$	$0.5k_2v_2^2$
$\omega_1\pm\omega_2$	$k_2v_1v_2$	$\omega_2\pm\omega_1$	$k_2v_1v_2$
$3\omega_1$	$0.25k_3v_1^3$	$3\omega_2$	$0.25k_3v_2^3$
$2\omega_1\pm\omega_2$	$0.75k_3v_1^2v_2$	$2\omega_2\pm\omega_1$	$0.75k_3v_1v_2^2$

当输入信号较小时，系统的输出功率与输入功率之间呈线性变化；当输入信号增加到一定功率时，由于电路中存在的非线性或电流和电压受限，输出功率逐渐偏离线性变化趋势。当实际输出功率比线性输出功率小 1dB 时对应的点为系统的 1dB 压缩点，相应的输入功率是输入 1dB 压缩点，输出功率是输出 1dB 压缩点。

取单音信号 $X_1=v_1\cos\omega_1t$ 对式（5-13）进行计算。设 v_O 为实际输出电压，v_{Oi} 为理想输出电压，根据 1dB 压缩点的定义，得出：

$$20\log(v_O/v_{Oi})=-1\text{dB} \tag{5-16}$$

由表 5.1 可以得到对于单音信号的实际输出电压为 $v_O=k_1v_i+0.75k_3v_i^3$，而理想输出电压为 $v_{Oi}=k_1v_i$，代入至式（5-16）中，得到下式（5-17）：

$$\frac{k_1v_{1\text{dB}}+0.75k_3v_{1\text{dB}}^3}{k_1v_{1\text{dB}}}=0.89125 \tag{5-17}$$

式中，$v_{1\text{dB}}$ 表示 1dB 压缩点处的输入电压，可以计算出：

$$v_{1\text{dB}}=0.38\sqrt{k_1/k_3} \tag{5-18}$$

从上式（5-18）可以看出，由于系统中引入了非线性因素，因此输出的基频受到了三阶非线性系数 k_3 的影响。由于 k_3 通常为负数，所以系统增益会降低，即系统的非线性使得增益产生压缩。同理可得直流项受到二阶非线性系数 k_2 的影响，表示为 $k_0+0.5k_2v_1^2$。

当双音信号经过非线性传递函数后，会产生三阶互调项（IM3）$2\omega_1-\omega_2$ 和 $2\omega_2-\omega_1$。当互调项的幅度与基频 ω_1 和 ω_2 的幅度相等时，即为三阶交调点。对于变频系统来说，如果 ω_1 和 ω_2 的频率相差不大时，那么三阶互调项 $2\omega_1-\omega_2$ 和 $2\omega_2-\omega_1$ 就可能会与基频 ω_1 和 ω_2 离得较近，使得互调项很难被滤除。

将两个相同的输入信号加入射频系统中。当 $v_1=v_2=v_i$ 时，查表 5.1，基频中

的线性分量为 k_1v_i，三阶互调项 $2\omega_1 \pm \omega_2$ 和 $2\omega_2 \pm \omega_1$ 项可表示为

$$\mathrm{IM3} = 0.75k_3v_i^3 \tag{5-19}$$

用 v_{IP3} 来表示三阶交调点处的输入电压值。当基频中线性分量和三阶互调项相等时可得：

$$(0.75k_3v_{\mathrm{IP3}}^3)/k_1v_{\mathrm{IP3}} = 1 \tag{5-20}$$

可以得出三阶交调点为

$$v_{\mathrm{IP3}} = \sqrt{4k_1/3k_3} \tag{5-21}$$

此时的输入功率是输入三阶交调（IIP3），输出功率是输出三阶交调（OIP3）。由于当系统到达三阶交调点时已经过载，所以该点无法直接测量得出。可通过计算得到

$$(\mathrm{OIP}_3 - P_1)/(\mathrm{IIP}_3 - P_i) = 1 \tag{5-22}$$

$$(\mathrm{OIP}_3 - P_3)/(\mathrm{IIP}_3 - P_i) = 3 \tag{5-23}$$

式中，P_i 为输入功率；P_1 为基频输出功率；P_3 为三阶互调项输出功率。其中功率增益 $G = \mathrm{OIP}_3 - \mathrm{IIP}_3 = P_1 - P_i$，可以得到

$$\mathrm{IIP}_3 = P_1 + 0.5(P_1 - P_3) - G = P_i + 0.5(P_1 - P_3) \tag{5-24}$$

由式（5-18）和式（5-21）可以得到式（5-25），即输入三阶交调大约比输入 1dB 压缩点高 9.66dB。

$$\frac{v_{\mathrm{IP3}}}{v_{1\mathrm{dB}}} = \frac{2\sqrt{k_1/3k_3}}{0.38\sqrt{k_1/k_3}} = 3.04 \approx 9.66\mathrm{dB} \tag{5-25}$$

二阶交调点（IP2）是当基频中线性分量和二阶互调项相等时的点，当 $v_1 = v_2 = v_i$ 时，二阶互调项 $\mathrm{IM2} = k_2v_i^2$。用 v_{IP2} 表示二阶交调点处输入电压值，则有 $(k_2v_{\mathrm{IP2}}^2)/k_1v_{\mathrm{IP2}} = 1$，可得到 $v_{\mathrm{IP2}} = k_1/k_2$。

当 n 个网络级联时，每个网络的输入三阶交调点为 $\mathrm{IIP}_{3,i}$（$i = 1, 2, \cdots, n$），输出三阶交调点为 $\mathrm{OIP}_{3,i}$（$i = 1, 2, \cdots, n$），每个网络的功率增益为 G_i（$i = 1, 2, \cdots, n$），则整个系统的输入三阶交调点可表示为

$$\frac{1}{\mathrm{IIP}_{3,\mathrm{total}}} = \frac{1}{\mathrm{IIP}_{3,1}} + \frac{G_1}{\mathrm{IIP}_{3,2}} + \frac{G_1G_2}{\mathrm{IIP}_{3,3}} + \cdots \tag{5-26}$$

整个系统的输出三阶交调点可表示为

$$\frac{1}{\mathrm{OIP}_{3,\mathrm{total}}} = \frac{1}{\mathrm{OIP}_{3,n}} + \frac{1}{G_n\,\mathrm{OIP}_{3,(n-1)}} + \frac{1}{G_nG_{(n-1)}\,\mathrm{OIP}_{3,(n-2)}} + \cdots \tag{5-27}$$

从上式（5-27）可以看出，级联系统中后面的网络对线性度的影响更大，且当后级网络的增益不够大时，前级网络的线性度也会影响整体系统，所以通常要求最后一级是具有较高线性度和功率增益的放大电路结构。

（4）回波损耗

天线和低噪声放大器之间通常会连接一个片外的带通滤波器，这个带通滤波器

作为射频电路通常具有标准50Ω的终端阻抗。但如果从滤波器看到的负载阻抗，即低噪声放大器的输入阻抗偏离了50Ω，则带通滤波器的通带和阻带特性都会表现出波动和衰减。若低噪声放大器是直接与天线连接的，天线本身存在实数负载阻抗，如果负载阻抗偏离了所需大小，或是引入虚数分量，则会带来未知的损耗。所以低噪声放大器的输入阻抗要与天线或带通滤波器共同设计，通过共轭匹配来提高信号的功率传输，以提高整体性能。在实际应用中，天线接收到的信号会在PCB上传输很长一段距离后再进入低噪声放大器。因此低噪声放大器的输入端口如果匹配不佳，则会导致极大的反射和衰减。低噪声放大器的输入阻抗通常设计为标准50Ω。

输入匹配的优劣通常用输入回波损耗表示，其定义是反射功率和输入功率的比值。设源阻抗为Z_S，输入阻抗为Z_{in}，则有回波损耗为

$$\Gamma = \left|\frac{Z_{in} - R_S}{Z_{in} + R_S}\right|^2 \tag{5-28}$$

回波损耗也可用S参数表示为

$$S_{11} = 20\log\Gamma \tag{5-29}$$

当回波损耗为-10dB时，表示有1/10的功率被反射，通常小于-10dB时我们可以认为已经匹配。输入阻抗平面上的等Γ线如图5.3所示，它们是圆心在同一直线上的圆。在图5.3中，点$Z_{in} = (1.22 + j0.703) \times 50\Omega = 61\Omega + j35.2\Omega$时，有输入回波损耗$S_{11} = -10$dB。由于在实际封装过程中存在寄生效应和非理想因素，回波损耗在设计中应留出一定裕度。

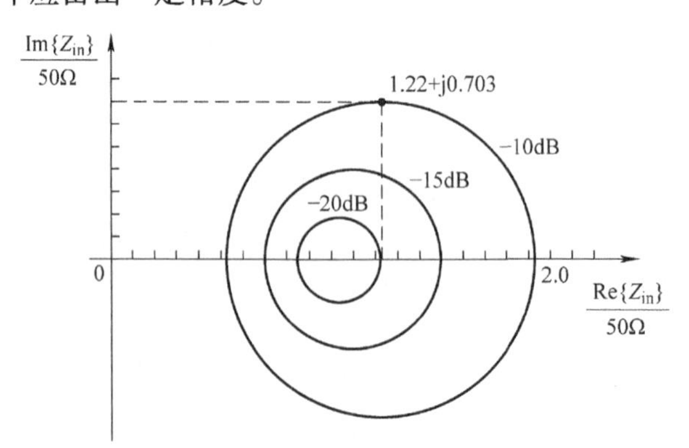

图5.3 输入阻抗平面上的等Γ线

(5) 稳定性

低噪声放大器与天线相连，而天线的源阻抗容易受到外界干扰而发生变化。所以对于任意源阻抗，低噪声放大器都应该在任意频率保持稳定。同时，低噪声放大器不仅要在其正常的工作带宽内保持稳定，也需要在其他频率保持稳定，因为其他频率的振荡信号将会使得低噪声放大器进入非线性状态，阻塞有用信号。

通常采用“斯特恩稳定因子（Stern stability factor）”表示电路的稳定性，其定义为

$$K = \frac{1 + |\Delta|^2 - |S_{11}|^2 - |S_{22}|^2}{2|S_{21}||S_{12}|} \tag{5-30}$$

式中，$\Delta = S_{11}S_{22} - S_{12}S_{21}$。如果 $K > 1$ 且 $\Delta < 1$，说明电路是无条件稳定的，即低噪声放大器不会在任何源阻抗或负载阻抗情况下产生振荡。

5.1.2　低噪声放大器结构分类

低噪声放大器的设计中需要重点考虑噪声系数和增益，下面介绍四种常见的低噪声放大器拓扑结构。

（1）共源放大器结构

基本的电阻负载共源放大器输入阻抗的实部通常远大于50Ω，所以常在输入端直接并联一个电阻 R_P 进行匹配，使总输入电阻为 50Ω，如图 5.4a 所示，其小信号等效电路如图 5.4b 所示。

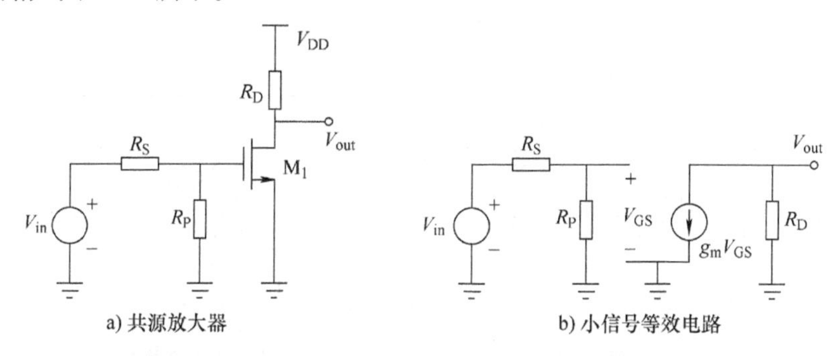

图 5.4　共源放大器及其小信号等效电路

由小信号模型可以推导出输出电压为 $V_{out} = -g_mV_{GS}R_D$，且 $V_{GS} = V_{in}R_P/(R_P + R_S)$，可以得到 V_{in} 到 V_{out} 的电压增益为

$$A_V = \frac{V_{out}}{V_{in}} = -\frac{R_P}{R_P + R_S}g_mR_D \tag{5-31}$$

输入端直接并联电阻 R_P，其本身会引入 $1 + R_S \,/\!/\, R_P$ 的噪声系数，噪声计算简化电路如图 5.5 所示。

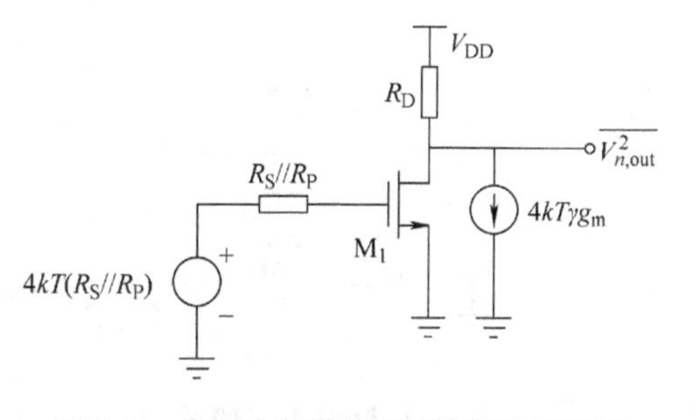

图 5.5　共源放大器噪声计算简化原理图

由图 5.5 可知总的输出噪声共分为三部分：源阻抗和并联电阻在输出端产生的噪声、MOS 管在输出端产生的噪声和负载电阻在输出端产生的噪声。电阻 R_P 使得电路中多引入一个和源噪声一样

大的噪声功率，使噪声系数至少为3dB。同时 R_P 还导致信号直接衰减一半后才能被放大，增加了放大管噪声对总噪声的贡献。此外，采用阻性负载的共源放大器需要在电压裕度和电压增益之间进行折中，所以共源放大器通常采用感性负载。

（2）共栅放大器结构

共栅放大器由于输入阻抗较低，易于匹配到50Ω。但共栅极结构与带有阻性负载的共源极结构一样，存在电压裕度与增益折中的问题，因此仅考虑感性负载的共栅极结构，如图5.6a所示，其小信号等效电路如图5.6b所示。其中，负载电感 L_1 与输出节点的总等效电容 C_1 产生谐振，电阻 R_1 代表负载电感的损耗，忽略沟道长度调制效应和体效应有输入阻抗为 $R_{in}=1/g_m$。因此，通过给MOS管选择合适的偏置电流使 $g_m=1/R_S=(50\Omega)^{-1}$，便可将输入阻抗匹配至50Ω。

根据小信号等效电路有，$V_{out}=-g_mV_{GS}R_1=g_mV_XR_1$，所以可得

$$\frac{V_{out}}{V_X}=g_mR_1=\frac{R_1}{R_S} \tag{5-32}$$

因此有 $V_{out}/V_{in}=R_1/(2R_S)$。

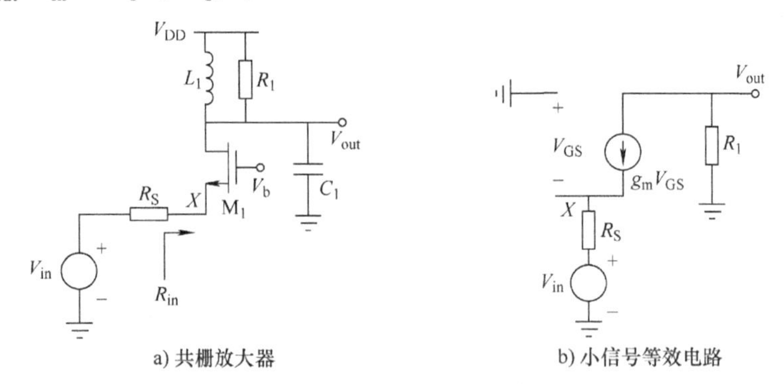

图5.6　共栅放大器及其小信号等效电路

将MOS管 M_1 的噪声等效为栅极的电压噪声，其大小为 $\overline{V_{n1}^2}=4kT\gamma/g_m$，噪声计算等效电路如图5.7a所示。此时，电路相当于一个共源放大器，图5.7b为此时的小信号等效电路。

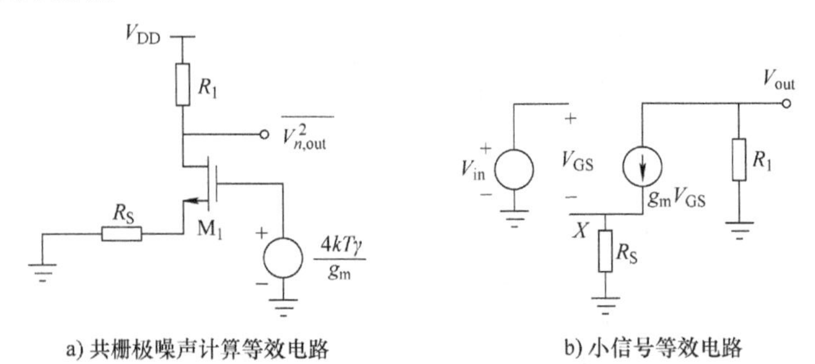

图5.7　共栅极噪声计算等效电路及其小信号等效电路

总输出噪声来源由三部分组成：源阻抗在输出端引入的、MOS 管在输出端引入的和负载电阻在输出端引入的。在深亚微米 CMOS 技术中，共栅极放大器的性能会受到沟道长度调制效应的影响，如图 5.6 所示，源漏之间的电阻 r_o相当于正反馈，增加了输入阻抗。MOS 管不受 r_o影响的电流为 $-g_m V_X$，则流过 r_o的电流为 $I_X - g_m V_X$，则 r_o上产生的压降为 r_o（$I_X - g_m V_X$）。当负载电感与输出节点电容产生谐振时，I_X流过负载阻抗 R_1产生压降 $I_X R_1$。则有

$$V_X = r_o(I_X - g_m V_X) + I_X R_1 \tag{5-33}$$

则有共栅放大器的输入阻抗为

$$\frac{V_X}{I_X} = \frac{R_1 + r_o}{1 + g_m r_o} \tag{5-34}$$

当 $g_m r_o >> 1$ 时，输入阻抗约为 $1/g_m + R_1/(g_m r_o)$，这将会大大增加输入阻抗，使输入阻抗远远大于 50Ω。

（3）源简并电感型共源放大器

在共源放大器结构中，栅漏电容产生的反馈可在输入端引入实部，但在低频处该实部为负，所以输入电阻不能通过 C_{GD}引入。如果在输入端采用直接并联 50Ω 电阻进行匹配，则会引入不必要的噪声，所以采用感性负反馈共源结构，如图 5.8 所示。

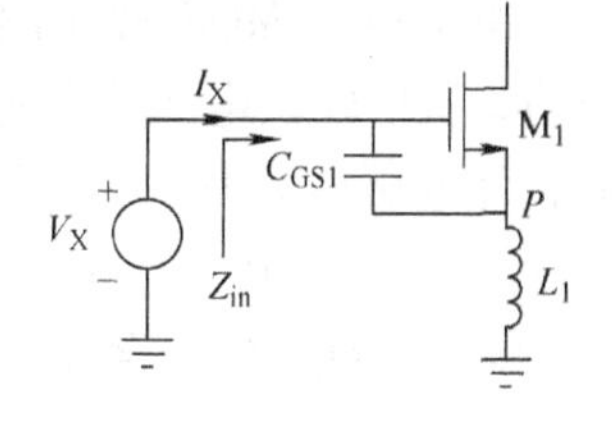

图 5.8　源简并电感型共源放大器的输入阻抗

I_X流经 C_{GS1}产生电压 $I_X/C_{GS1}s$，则有 MOS 管 M_1产生的漏电流为 $g_m I_X/C_{GS1}s$，则有

$$V_X = V_{GS1} + V_P = \frac{I_X}{C_{GS1}s} + \left(I_X + \frac{g_m I_X}{C_{GS1}s}\right)L_1 s \tag{5-35}$$

因此，输入阻抗为

$$\frac{V_X}{I_X} = \frac{1}{C_{GS1}s} + L_1 s + \frac{g_m L_1}{C_{GS1}} \tag{5-36}$$

式（5-36）右侧的第三项是一个与频率无关的实部，可以通过选择合适的参数使其等于 50Ω。同时，由于 $g_m/C_{GS1} \approx \omega_T$，则这一项可化为 $L_1\omega_T$，因此这一项与晶体管的截止频率有直接关系。例如，在 90nm CMOS 工艺中，$\omega_T \approx 2\pi$(120GHz)，产生 50Ω 实部需要使得电感 $L_1 \approx 65$pH。在实际工程中，源简并电感可通过键合线实现，但是这种键合线产生的电感值通常也会大于 500pH，这样将会使输入阻抗远大于 50Ω。但是由于栅漏电容和焊盘电容的影响，可减小输入阻抗。栅漏电容可使输入阻抗乘以（$1-2C_{GD}/C_{GS}$）而减小，焊盘电容可使输入阻抗变为原来的 1/4。所以晶体管的截止频率不用减小太多。通常源简并电感不足以和 $C_{GS1} + C_{pad}$产生谐振，所以通常在栅极串联另一个电感，如图 5.9a 所示，其计算噪声时的小信号等效电路如图 5.9b 所示。

（4）源简并电感型共源共栅放大器

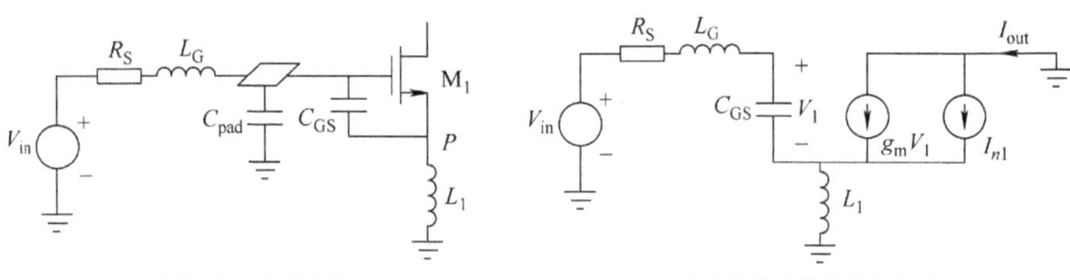

图5.9　源简并电感型整体电路及其噪声计算小信号等效电路

共源放大器由于栅漏电容的反馈，使感性负载在输入端引入负载电阻，所以可在输出支路增加一个MOS管来抑制这种影响，即源简并电感型共源共栅放大器，如图5.10所示。其中R_1表示负载电感的损耗。

由于流过MOS管M_1和M_2的电流是一样的，所以输出电压为漏电流乘以负载电阻R_1，即电压增益为

$$\frac{V_{out}}{V_{in}}=\frac{\omega_T}{2\omega_0}\frac{R_1}{R_S}=\frac{\omega_T}{2\omega_0}\frac{R_1}{\frac{g_mL_1}{C_{GS}}}=\frac{R_1}{2L_1\omega_0} \tag{5-37}$$

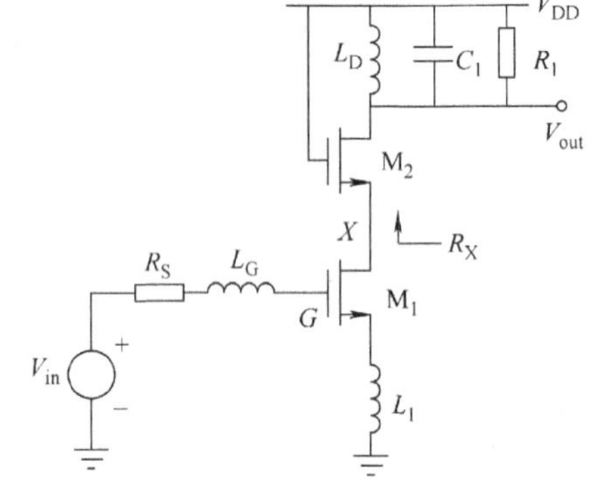

图5.10　源简并电感型共源共栅放大器原理图

在设计低噪声放大器时，结构的选择需要同时考虑输入匹配和噪声系数。共源放大器具有较低的噪声系数，共栅放大器的输入阻抗独立于由封装引入的寄生参数。

5.2　实例分析：S波段低噪声放大器

本节以一个S波段的A类低噪声放大器为例，介绍如何使用ADE来进行低噪声放大器的设计与仿真，其设计指标具体如下：

1）频率：2.4GHz；

2）增益：≥15dB；

3）噪声系数：≤2dB；

4）电压：1.2V。

根据设计要求，本例选择使用tsmcN90rf工艺来设计低噪声放大器。

5.2.1　电路搭建

在确定设计指标后，首先要进行电路的初步搭建，再来仿真电路的性能，并且通过一些后续的方法来改进电路，具体仿真步骤如下：

1）在 Linux 系统的命令行输入“virtuoso &”，运行 Cadence IC，如图 5.11 所示，弹出 CIW 窗口。

2）首先建立设计库，选择 File→New→Library 命令，弹出“New Library”对话框，输入“LNA_TEST”，并选择“Attach to an existing technology Library”关联至设计需要的工艺库文件“tsmcN90rf”。如图 5.12 所示。

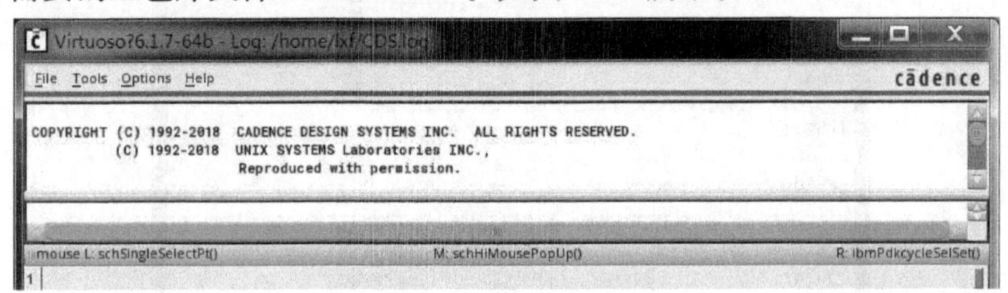

图 5.11 CDS 主窗口

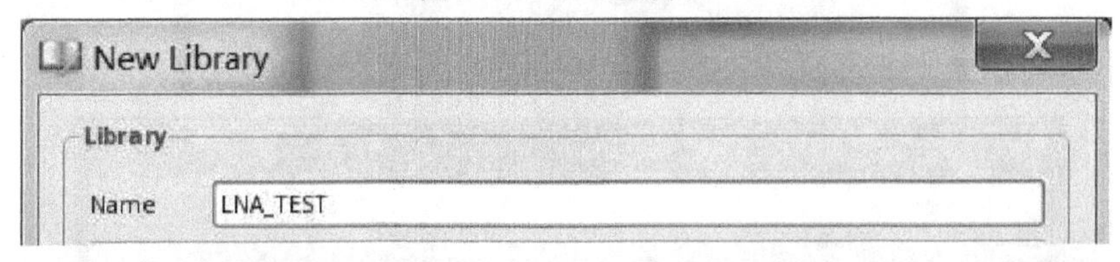

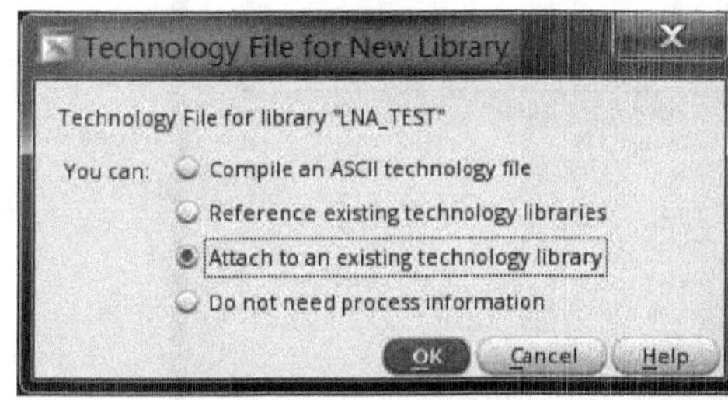

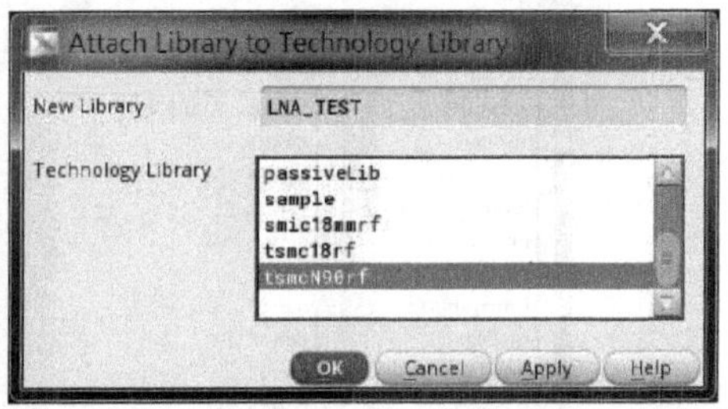

图 5.12 新建工作库及工艺库选择

3）选择 File→New→Cellview 命令，弹出“Cellview”对话框，输入“LNA_TEST”，如图 5.13 所示，点击 OK 按钮，新建一个设计原理图。

图 5.13 新建原理图

4）在原理图窗口中选择左侧工具栏中的“Instance”可以从工艺库中调入电路中所需的器件。如图5.14所示，选择“Browse”则会出现元器件选择菜单。

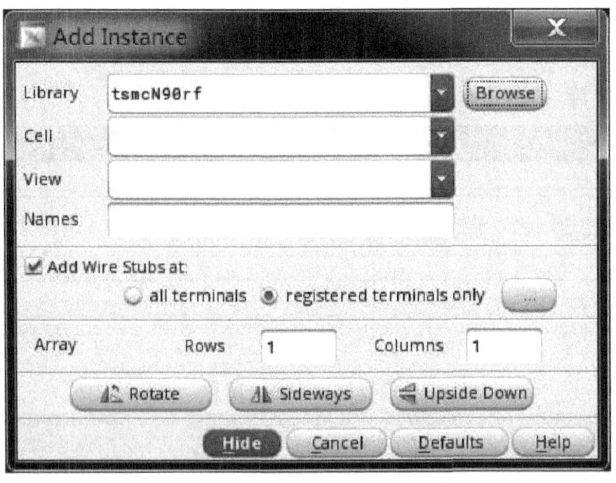

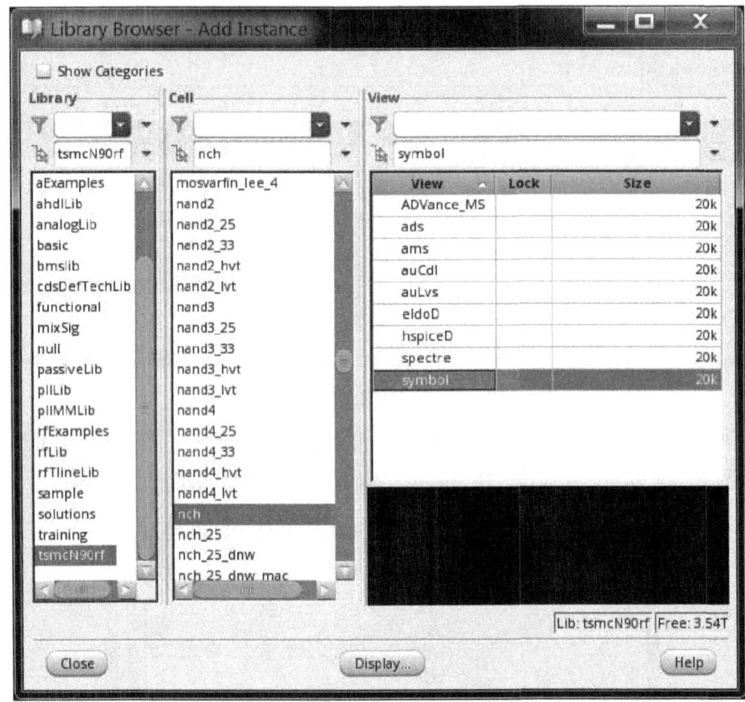

图5.14　元器件选择窗口

5）选择“tsmcN90rf”中“nch”晶体管，如图5.15所示设置其属性，在“analogLib”中选取“vdc”“res”“ind”“gnd”“vdd”，搭建出阻抗匹配前的电路原理图，如图5.16所示。此例中VB是偏置电压，将其设置为0.8V。

CDF Parameter	Value
Model name	nch
description	inal VT NMOS transistor
l(M)	100n M
w(M)	4u M
total_width(M)	56.0u M
Number of Fingers	14
Multiplier	1

图 5.15　晶体管属性设置

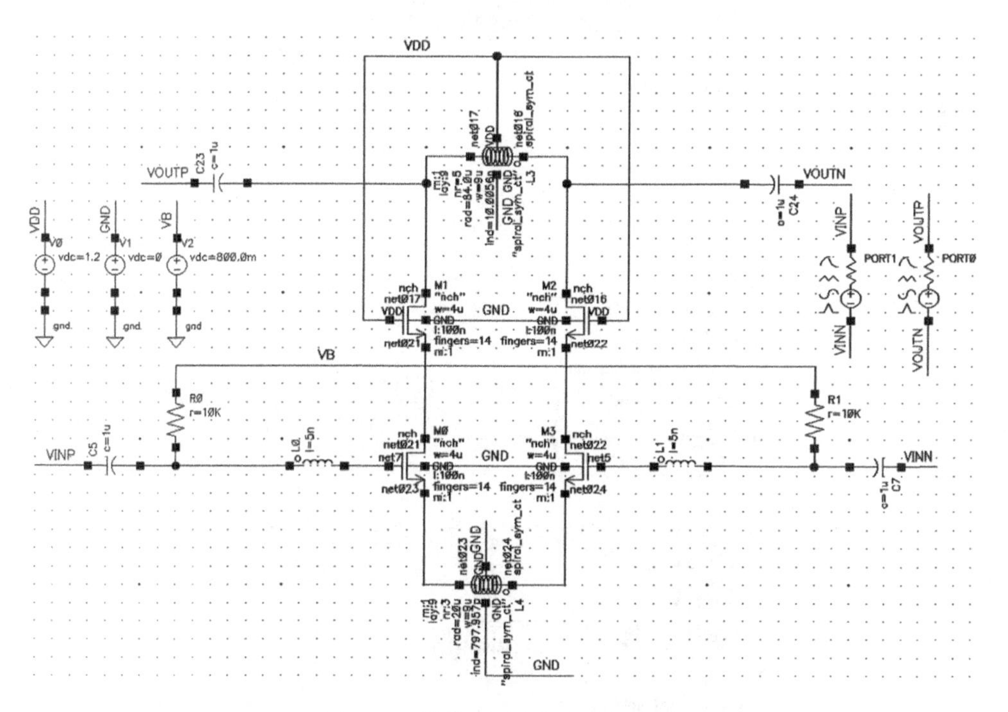

图 5.16　阻抗匹配前的电路原理图

5.2.2　阻抗匹配及噪声系数仿真

（1）阻抗匹配

首先，对电路端口和“sp”仿真进行设置。在原理图窗口中将 LNA 的输入端口 PORT1 和输出端口 PORT0 进行设置，输入端口 PORT1 的“Source type”为“dc”，两端口的电阻“Resistance”均为 100Ω。

在原理图工具栏中选择“Check and Save”对电路进行检查和保存，再选择 Tools→Analog Environment 命令，弹出“Analog Design Environment”对话框。选择 ADE 中 Analyses→Choose 命令，弹出对话框，选择“sp”进行 S 参数仿真，在“Ports”栏选择“Select”，在原理图中鼠标左键选择输入和输出端口。“Sweep Variable”选择“Frequency”，“Sweep Range”填入“0.1G”到“5G”，“Sweep Type”选择“Linear”，“Step Size”填入“100M”，“Do Noise”处选择“yes”，并点击“select”分别选择输入和输出端口，点击 OK 按钮，如图 5.17 所示，完成设置。

stb	pz	sp	envlp
pss	pac	pstb	pnoise
pxf	psp	qpss	qpac
qpnoise	qpxf	qpsp	hb
hbac	hbnoise	hbsp	hbxf

S-Parameter Analysis

Ports Select Clear

/PORT1 /PORT0

Sweep Variable

- Frequency
- Design Variable
- Temperature
- Component Parameter
- Model Parameter
- None

Sweep Range

- Start-Stop Start 0.1G Stop 5G
- Center-Span

Sweep Type

Linear

- Step Size 100M
- Number of Steps

Add Specific Points

Do Noise Output port /PORT0 Select

yes Input port /PORT1 Select

no

Mode

Single-Ended Mixed In/Out Other

图 5.17 “sp”仿真设置

然后对 LNA 进行输入匹配。在仿真直流性能时，可通过 print DC operating points 看到 MOS 管的 g_m 和 C_{gs}。本设计选取的晶体管的 g_m 和 C_{gs} 如图 5.18 所示。

根据以上数据代入公式 $g_m/C_{gs}=\omega_T$ 可以算出 ω_T，又可以计算得出 L_{S1} = 0.04nH，但是片上能做到的最小电感约为 0.4nH，所以需要 ω_T 变为原来的 1/10，当 g_m 不变时，需要 C_{gs} 变为原来的 10 倍，即需要在 M1 的栅极和源极之间并联一个电容 C_{GS1}，且 C_{GS1} 的容值约为 9×47.86f≈430fF。

然后根据（$L_{S1}+L_G$）与总的 C_{GS} 在工作频率发生谐振，可以得到栅电感 $L_G\approx$8.8nH。

输入匹配好后进行输出匹配。输出端 $R_D=\omega_0 L_D Q$，因此想要增益较高就需要 R_D 较大，就需要 L_D 和 Q 同时处于一个较大的值，但不宜太大，否则进行输出匹配时可能遇到困难。最终选取库中电感参数如图 5.19 所示时，电感值和 Q 值比较合适。

cgg	66.01f
cggbo	29.68f
cgs	-47.86f
cgsbo	-29.68f
cjd	22.58f
cjs	28.2f
covlgb	0
covlgd	18.14f
covlgs	18.18f
csb	-2.853f
csd	-1.419f
csg	-40.17f
css	44.44f
fug	129.9G
gbd	1p
gbs	1.003p
gds	10.58m
gm	53.87m
gmb	7.084m
gmbs	7.084m
gmoverid	3.125
ibe	-513.9f

图 5.18　晶体管参数

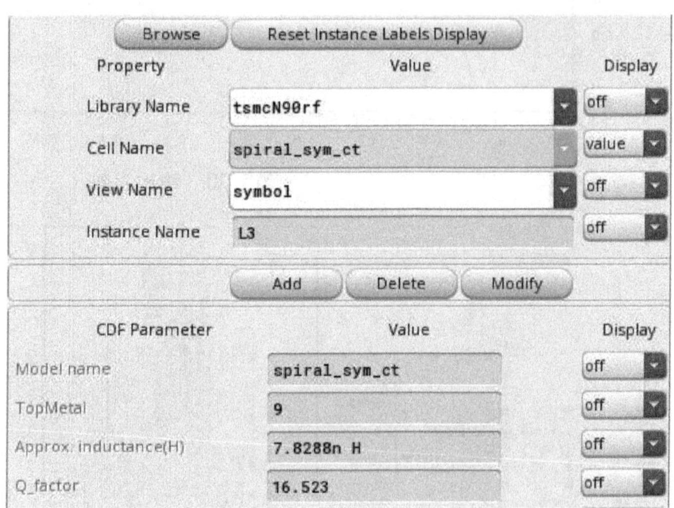

图 5.19　负载电感选取

输出匹配过程中尽量使用电容以减小版图面积，所以采用的匹配方式是先并联一个电容，然后再串联一个电容的形式，在 Smith 圆图中对输出阻抗进行匹配。输出匹配时可按照以下操作查看输出阻抗的值：“sp”仿真结束后，在“Main Form”窗口中选择“ZM”栏，在“Modifier”栏选择“Real”，点击“ZM2”，选择“Imaginary”，点击“ZM2”，则将会出现输出阻抗随着频率变化的曲线，读出 2.4GHz 处的阻抗值即可，如图 5.20 所示。

此例中并联电容和串联电容分别为 640fF 和 420fF。最终阻抗匹配后的电路图如图 5.21 所示。

（2）增益

“sp”仿真结束后，选择 Results→Direct Plot →Main Form 弹出对话框，选择

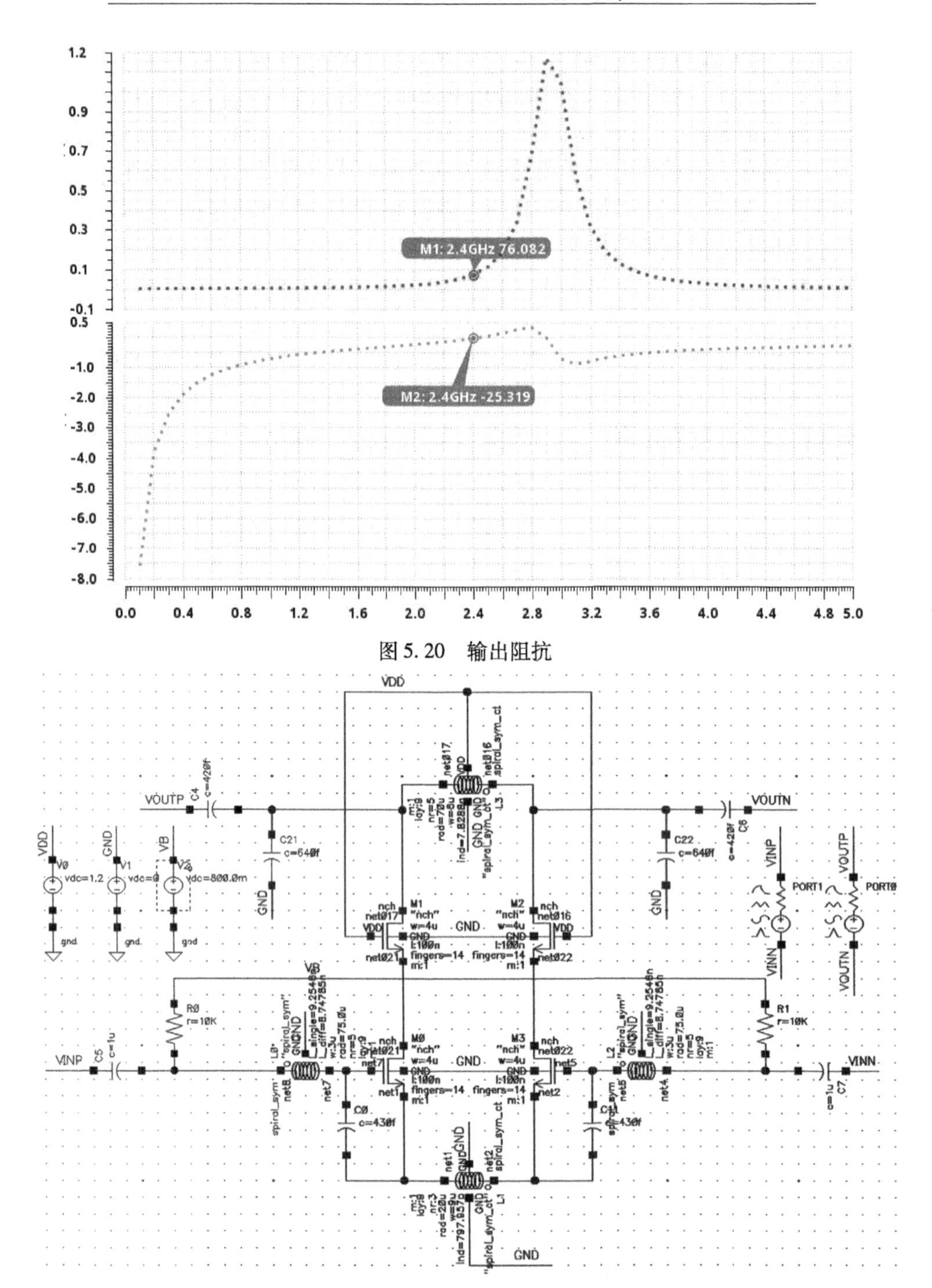

图 5.20 输出阻抗

图 5.21 阻抗匹配后的电路图

“GT”，选择“dB10”并点击“Plot”；选择“GA”，选择“dB10”并点击“Plot”；选择“Gmsg”，选择“dB10”并点击“Plot”；选择“Gmax”，选择“dB10”并点

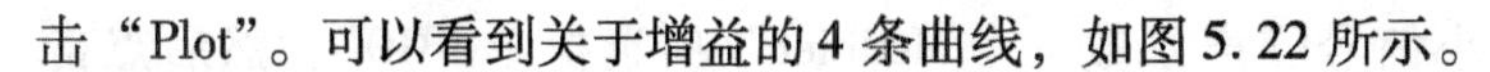
击“Plot”。可以看到关于增益的 4 条曲线，如图 5.22 所示。

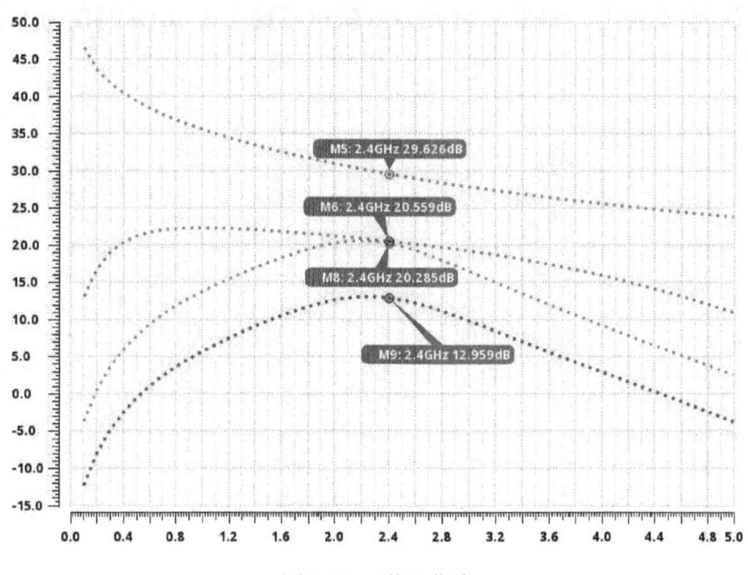

图 5.22　增益曲线

（3）小信号 S 参数和噪声系数

“sp”仿真结束后，选择 Results→Direct Plot →Main Form 查看结果。选择“sp”，“Plot Type”项选择“Rectangular”，“Modifier”项选择“dB20”，然后点击“S11”“S21”“S22”查看 S 参数仿真结果。如图 5.23 所示，其中 S21 为我们关心的低噪声放大器增益，仿真结果显示为 20.1dB，满足设计约束要求。

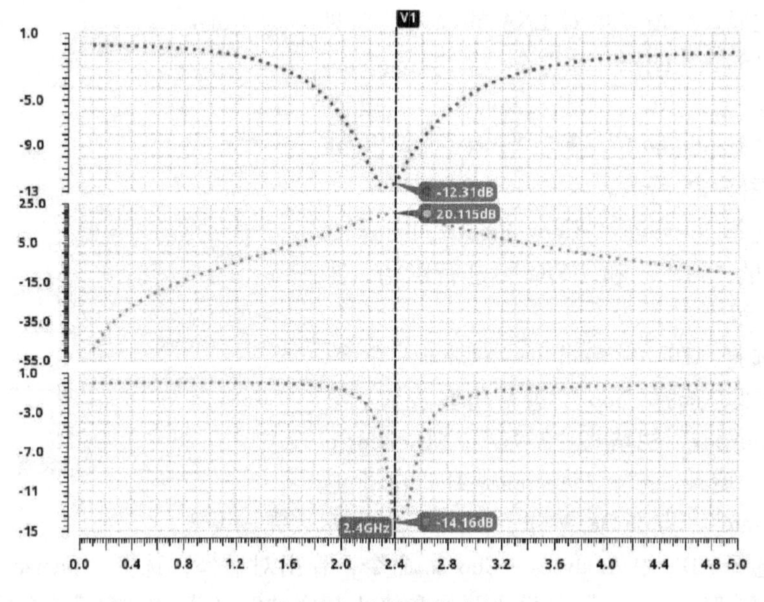

图 5.23　小信号 S 参数

选择“NF”查看小信号噪声系数，“Modifier”项选择“dB10”，然后点击“Plot”结果即自动弹出。如图5.24所示，噪声系数在2.4GHz时仅为1.34dB，满足设计要求。

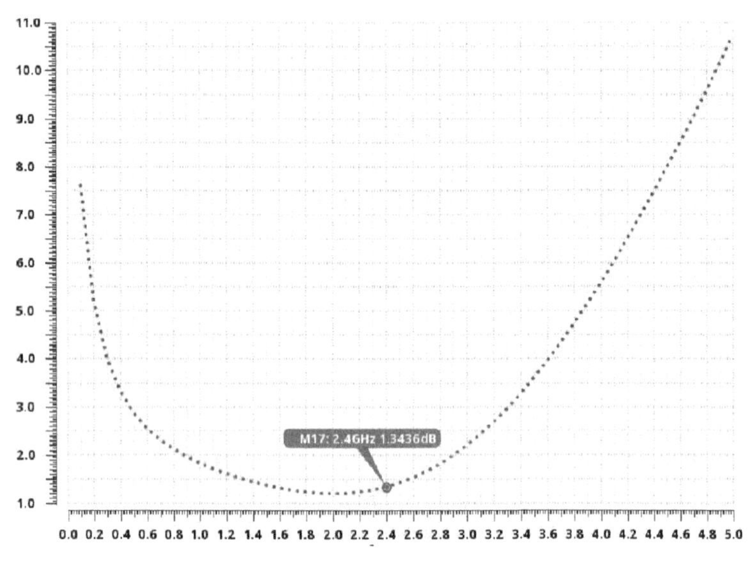

图5.24　小信号噪声系数

5.2.3　大信号噪声仿真

完成低噪声放大器小信号仿真后，还需要仿真验证大信号情况下的噪声系数，步骤如下：

1）在原理图窗口中对LNA的输入端口进行设置，“Source type”为“sine”，“Frequency name”设为“frf”，“Frequency 1”设为“FRF”，“Amplitude 1”设为“PRF”，点击OK按钮，如图5.25所示。

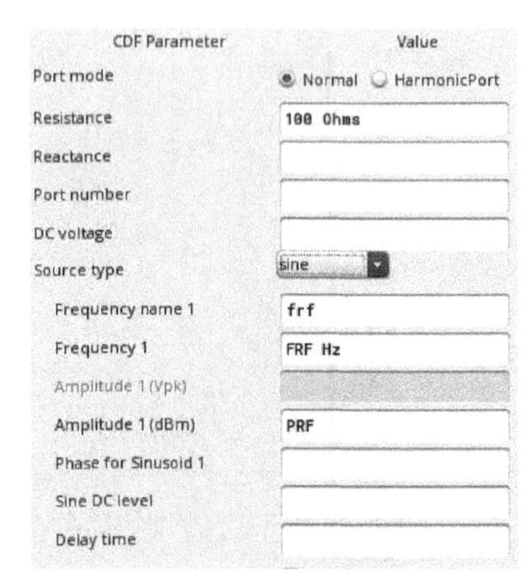

图5.25　端口设置

2）选择Variables→Copy From Cellview命令，将变量“FRF”和“PRF”进行赋值，如图5.26所示。

3）选择ADE中Analyses→Choose命令，弹出对话框，选择“pss”进行仿真设置，在“Beat Frequency”栏填入“2.4G”，“Number of harmonics”填入“3”，“Accuracy Defaults”选择“moderate”，点击OK按钮，如图5.27所示，完成设置。

4）选择ADE中Analyses→Choose命令，弹出对话框，选择“pnoise”进行仿真设置，在“Sweeptype”处填入开始和终止频率“0.1G”和“5G”，总共扫描50

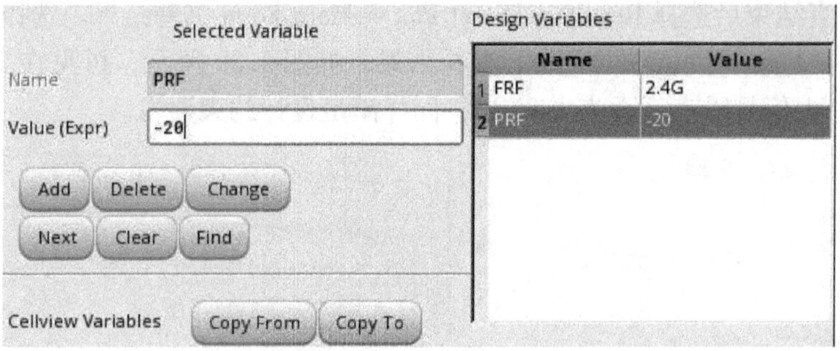

图 5.26　变量赋值

个点。“Maximum sideband”处填入“10”，“Output”和“Input Source”处分别点击“Select”在电路图中选定输入和输出 port，“Enter in field”填入“0”，点击 OK 按钮，如图 5.28 所示，完成设置。

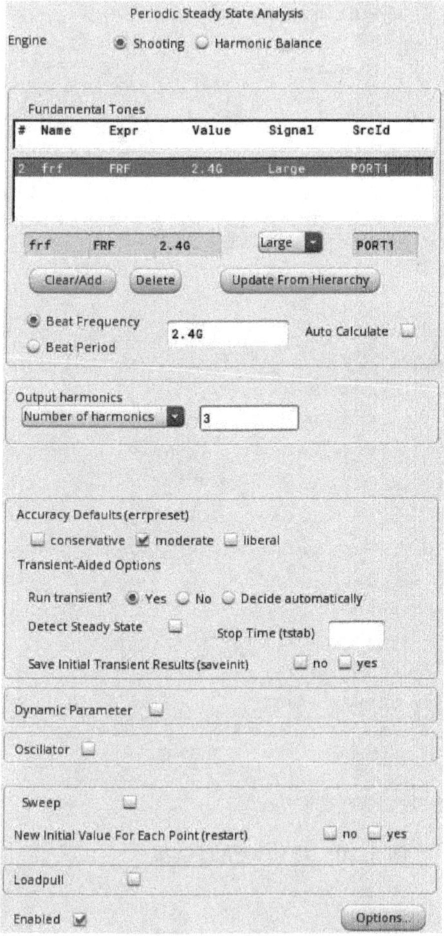

图 5.27　pss 仿真设置

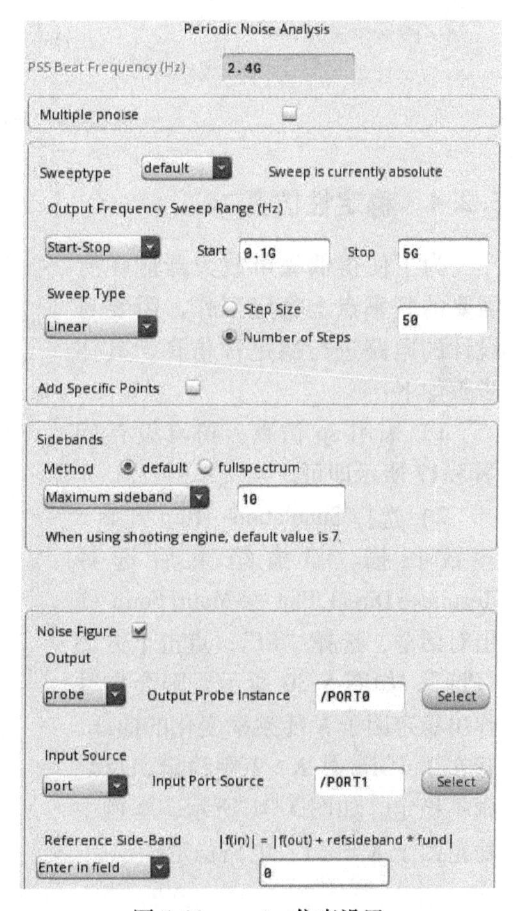

图 5.28　pnoise 仿真设置

5）仿真结束后选择 Results→Direct Plot →Main Form 查看结果。选择“pnoise”中的“Noise Figure”，点击“Plot”查看结果，如图 5.29 所示，可见在 2.4GHz 工作频率时，大信号噪声系数为 1.83dB，同样满足设计约束要求。

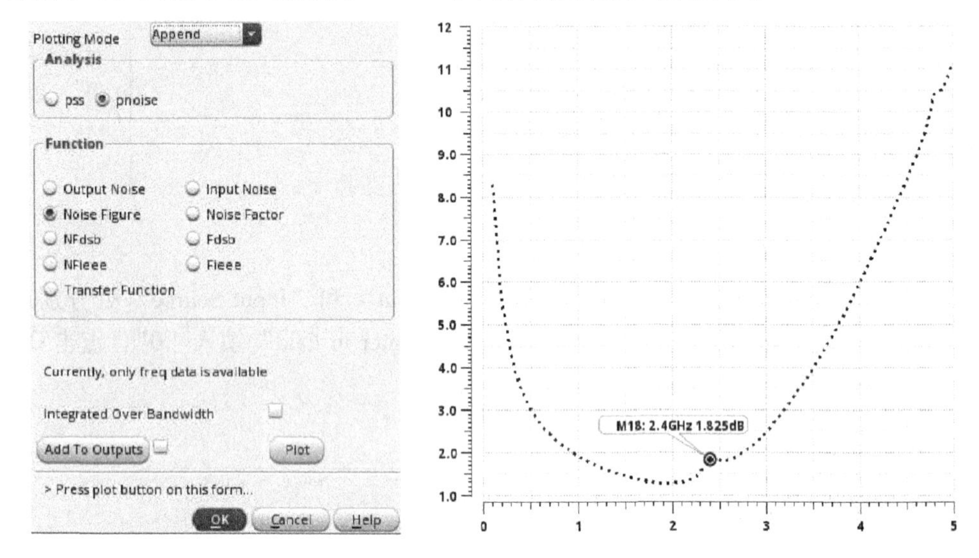

图 5.29　查看噪声系数

5.2.4　稳定性仿真

为了使得低噪声放大器能在所需要的频率点上稳定工作，需要对设计的电路进行稳定性仿真，具体步骤如下：

1）采用 sp 仿真，仿真设置同图 5.17 所示即可。

2）选择 Simulation→Run 开始 S 参数扫描。扫描结束后选择 Results→Direct Plot →Main Form 弹出对话框，选择“Kf”，点击下方的“Plot”，如图 5.30 所示，则会自动弹出稳定因子 K 随频率变化的曲线，若在 2.4GHz 处 $K>1$ 则稳定，反之则不稳定。如图 5.31 所示，本例中稳定因子 $K=4.1$，电路稳定。

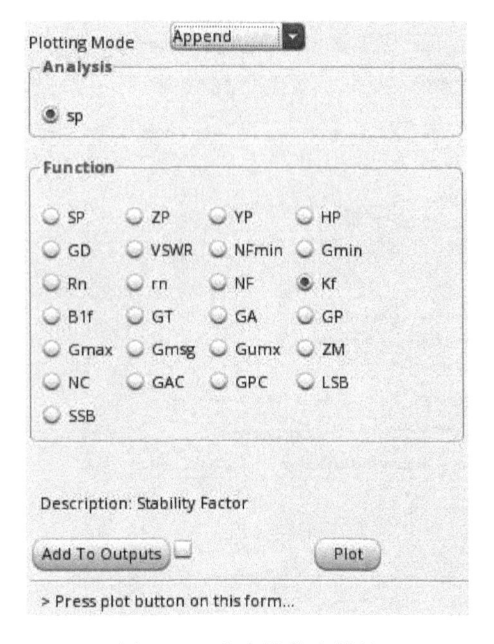

图 5.30　稳定性仿真结果

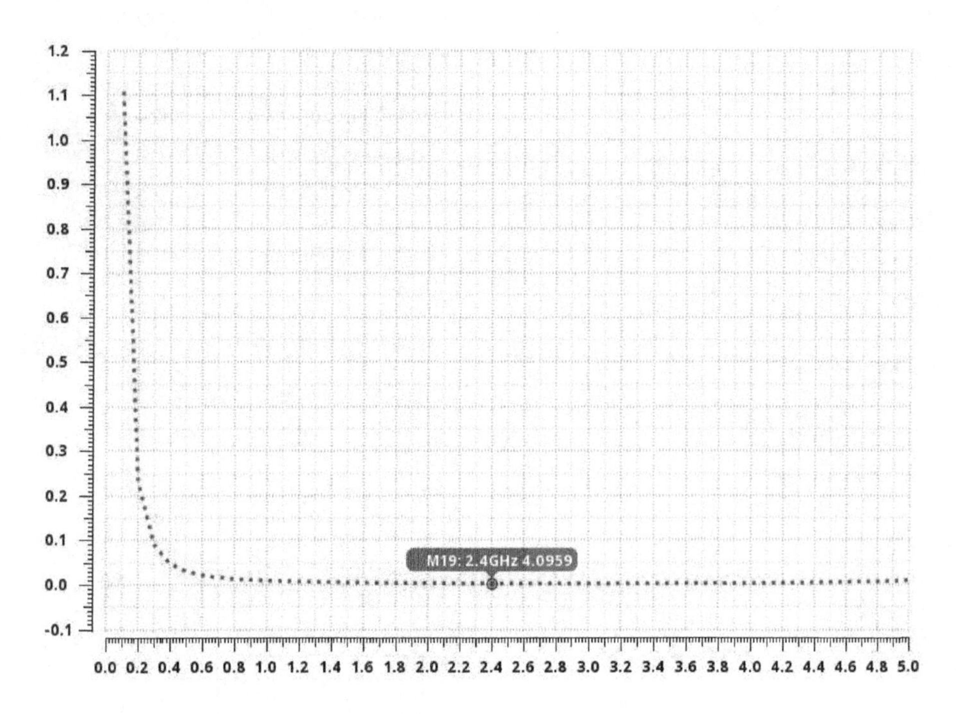

图 5.31　稳定性仿真结果

5.2.5　线性度仿真

1. 1dB 压缩点仿真

1）选择 ADE 中 Analyses→Choose 命令，弹出对话框，选择“hb”进行仿真设置，在“Fundamental Frequency”处填入“2.4G”，“Number of Harmonics”处填入“3”，“Oversample Factor”填入“1”，“Accuracy Defaults”使用“moderate”，“Sweep”处选择扫描“PRF”，对其初始值和结束值进行设定，分别为“-30”和“0”，步长为“1”，点击 OK 按钮，如图 5.32 所示完成设置。

2）选择 Simulation →Run 进行仿真，仿真结束后选择 Results→Direct Plot →Main Form 查看结果。选择“hb”栏查看谐波仿真结果，选择“Compression Point”项，“Select”项选择默认的“Port（fixed R（port））”，选择“Output Referred 1dB Compression”和“2.4G”，如图 5.33 所示。然后在电路原理图中点击输出端口，则结果会自动弹出，结果如图 5.34 所示，可见输出 1dB 压缩点为 -1.83dBm。

2. 三阶交调点仿真

进行三阶交调点仿真可以用 PSS + PAC、QPSS、AC 三种方法进行仿真验证，以下分别进行讨论。

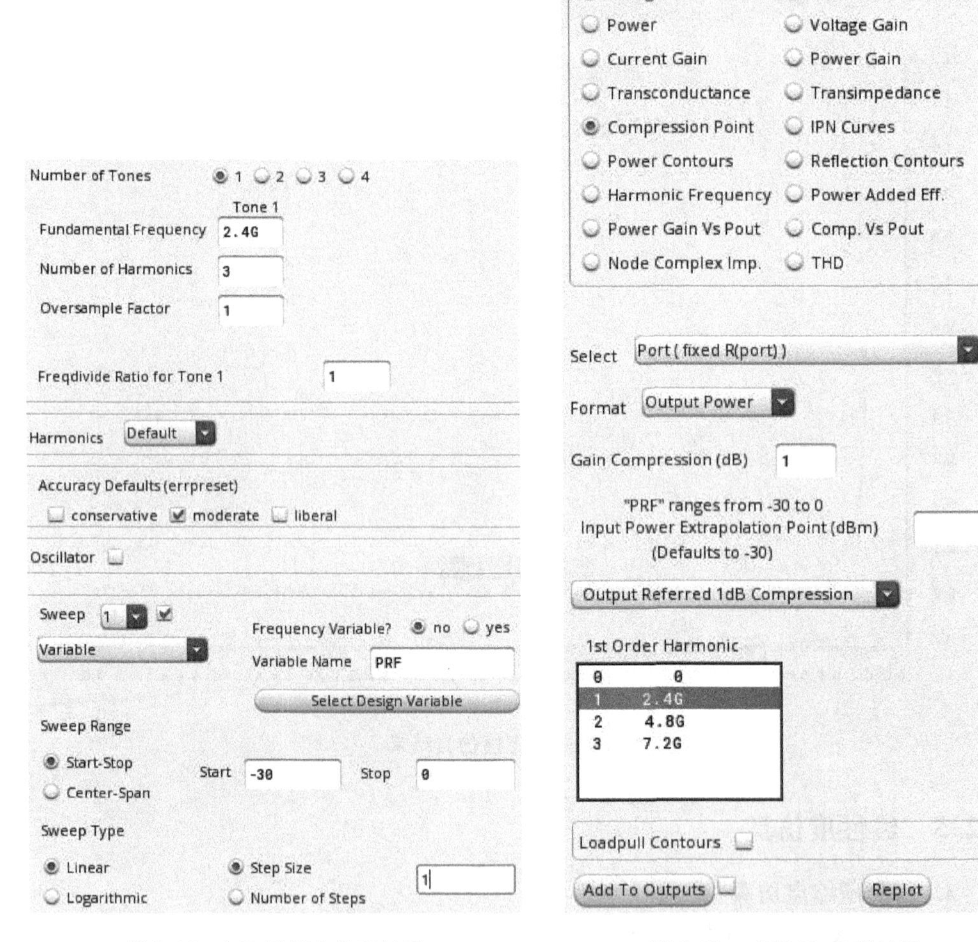

图 5.32　1dB 压缩点仿真结果

图 5.33　查看 hb 仿真结果

（1）PSS 和 PAC 仿真

1）首先在原理图窗口中对输入端“port”进行设置。“Source type”为“sine”，“Frequency name”设为“frf”，“Frequency 1”设为“FRF”，“Amplitude 1”设为“PRF”，点击“Display small signal params”，其中的“PAC Magnitude (dBm)”设为“PRF”，点击 OK 按钮，如图 5.35 所示，完成设置。

2）选择 ADE 中 Analyses→Choose 命令，弹出对话框，选择“pss”进行仿真设置，在“Beat Frequency”处填入“2.4G”，“Number of harmonics”处填入“3”，“Accuracy Defaults”使用“moderate”，“Sweep”处选择扫描“PRF”，对其初始值和结束值进行设定，分别为“-50”和“0”，步长为“2”，点击 OK 按钮，如图 5.36 所示，完成设置。

3）选择 ADE 中 Analyses→Choose 命令，弹出对话框，选择“pac”进行仿真

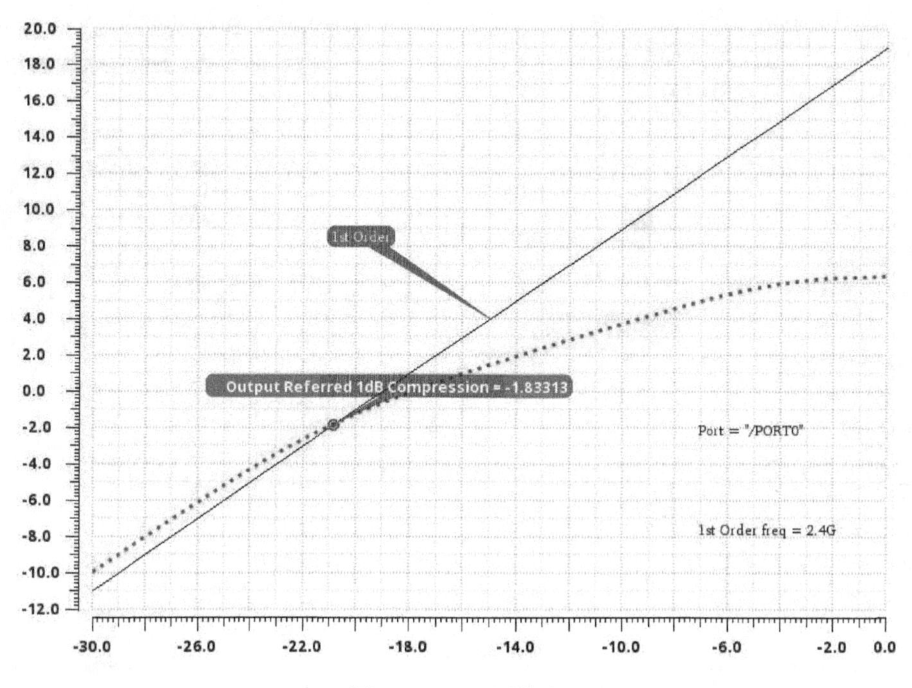

图5.34　1dB压缩点

设置，在“Input Frequency Sweep Range”处选择“Single - Point”并填入“2.405G”，“Maximum sideband”处填入“2”，“Specialized Analyses”处选择“None”，点击OK按钮，如图5.37所示，完成设置。

4）选择Simulation→Run进行仿真，仿真结束后选择Results→Direct Plot→Main Form查看结果。选择“pac”栏查看仿真结果，选择“IPN Curves”项，“Circuit Input Power”项选择的“Variable Sweep”，“Input Power Extrapolation Point (dBm)”处填入“-50”，“Input Referred IP3”选择“2.395G”，“3rd”选择“2.405G”，如图5.38所示。然后在电路原理图中点击输出端口，则结果会自动弹出，结果如图5.39所示。

（2）QPSS仿真

1）在原理图窗口中同样对输入端“port”进行设置。“Source type”为“sine”，“Frequency name 1”设为“frf”，“Frequency 1”设为“FRF”，“Amplitude 1”设为“PRF”，点击“Display second sinusoid”，“Frequency name 2”设为“frf 2”，“Frequency 2”设为“FRF +5M”，“Amplitude 2”设为“PRF”，点击OK按钮，如图5.40所示，完成设置。

2）选择ADE中Analyses→Choose命令，弹出对话框，选择“qpss”进行仿真设置，“Accuracy Defaults”使用“moderate”，点击OK按钮，如图5.41所示，完成设置。

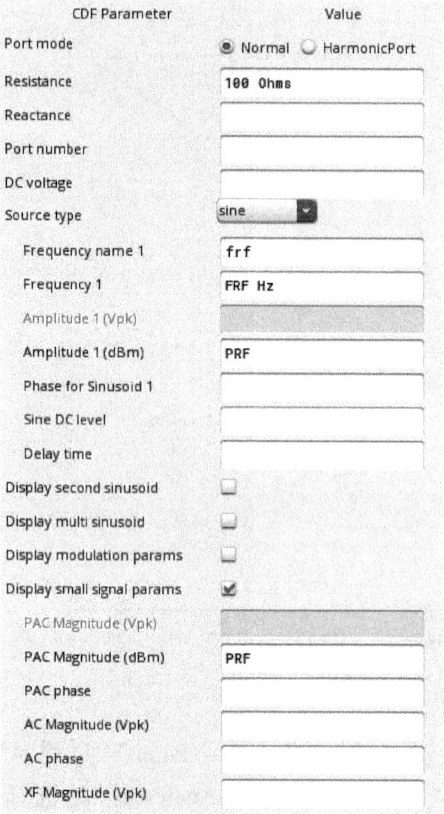

CDF Parameter	Value
Port mode	Normal / HarmonicPort
Resistance	100 Ohms
Reactance	
Port number	
DC voltage	
Source type	sine
Frequency name 1	frf
Frequency 1	FRF Hz
Amplitude 1 (Vpk)	
Amplitude 1 (dBm)	PRF
Phase for Sinusoid 1	
Sine DC level	
Delay time	
Display second sinusoid	☐
Display multi sinusoid	☐
Display modulation params	☐
Display small signal params	☑
PAC Magnitude (Vpk)	
PAC Magnitude (dBm)	PRF
PAC phase	
AC Magnitude (Vpk)	
AC phase	
XF Magnitude (Vpk)	

图5.35 输入端口设置

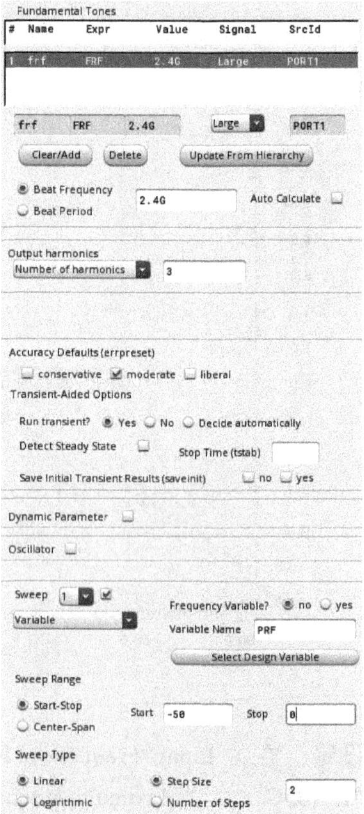

Fundamental Tones

#	Name	Expr	Value	Signal	SrcId
1	frf	FRF	2.4G	Large	PORT1

frf FRF 2.4G Large PORT1

Clear/Add Delete Update From Hierarchy

Beat Frequency 2.4G Auto Calculate

Beat Period

Output harmonics

Number of harmonics 3

Accuracy Defaults (errpreset)

conservative moderate liberal

Transient-Aided Options

Run transient? Yes No Decide automatically

Detect Steady State Stop Time (tstab)

Save Initial Transient Results (saveinit) no yes

Dynamic Parameter

Oscillator

Sweep 1 Frequency Variable? no yes

Variable Variable Name PRF

Select Design Variable

Sweep Range

Start-Stop Start -50 Stop 0

Center-Span

Sweep Type

Linear Step Size 2

Logarithmic Number of Steps

图5.36 pss仿真设置

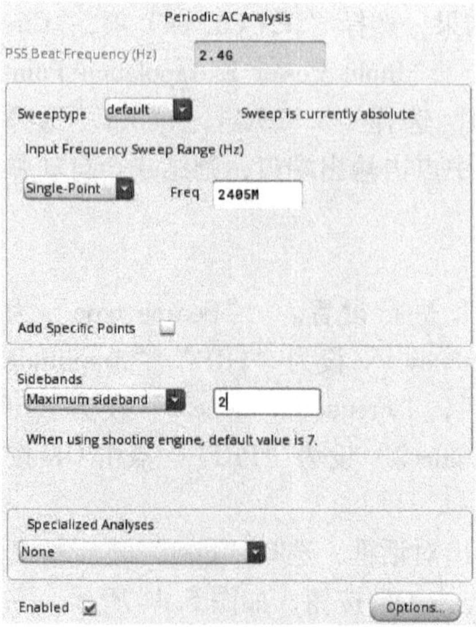

Periodic AC Analysis

PSS Beat Frequency (Hz) 2.4G

Sweeptype default Sweep is currently absolute

Input Frequency Sweep Range (Hz)

Single-Point Freq 2405M

Add Specific Points

Sidebands

Maximum sideband 2

When using shooting engine, default value is 7.

Specialized Analyses

None

Enabled Options...

图5.37 pac仿真设置

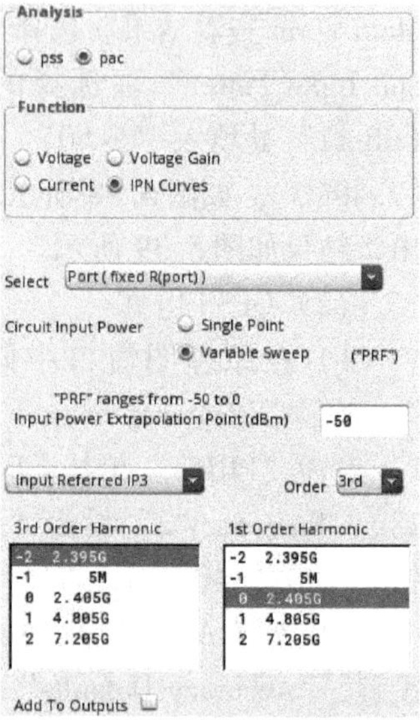

Analysis

pss pac

Function

Voltage Voltage Gain

Current IPN Curves

Select Port (fixed R(port))

Circuit Input Power Single Point

Variable Sweep ("PRF")

"PRF" ranges from -50 to 0

Input Power Extrapolation Point (dBm) -50

Input Referred IP3 Order 3rd

3rd Order Harmonic		1st Order Harmonic	
-2	2.395G	-2	2.395G
-1	5M	-1	5M
0	2.405G	0	2.405G
1	4.805G	1	4.805G
2	7.205G	2	7.205G

Add To Outputs

图5.38 查看pac仿真结果

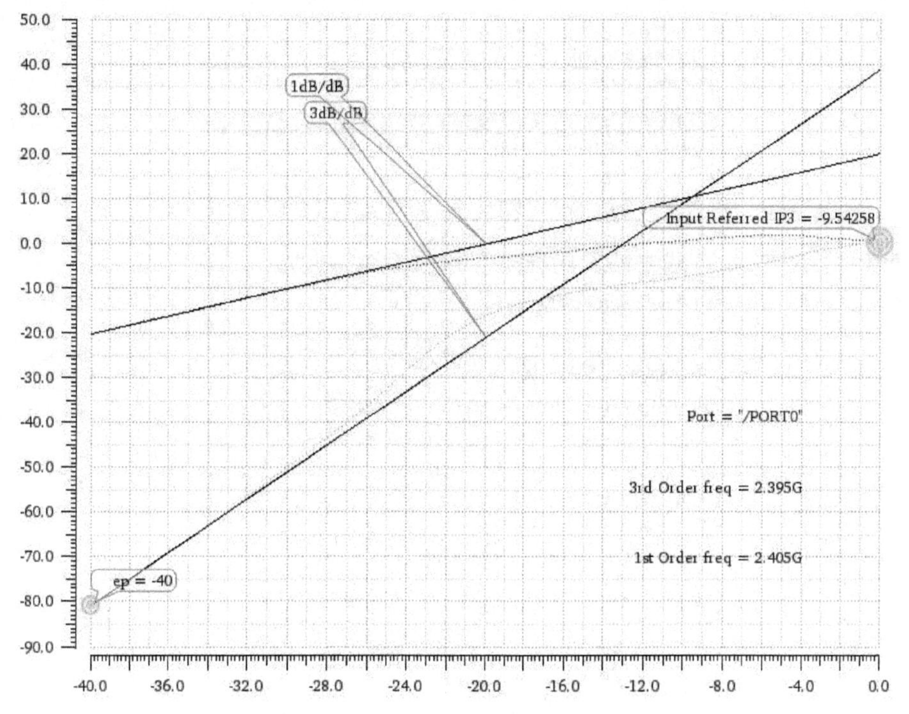

图 5.39　IP3 仿真结果

CDF Parameter	Value
Port mode	Normal / HarmonicPort
Resistance	100 Ohms
Reactance	
Port number	
DC voltage	
Source type	sine
Frequency name 1	frf
Frequency 1	FRF Hz
Amplitude 1 (Vpk)	
Amplitude 1 (dBm)	PRF
Phase for Sinusoid 1	
Sine DC level	
Delay time	
Display second sinusoid	✔
Frequency name 2	frf2
Frequency 2	FRF+5M Hz
Amplitude 2 (Vpk)	
Amplitude 2 (dBm)	PRF
Phase for Sinusoid 2	

图 5.40　输入端口设置

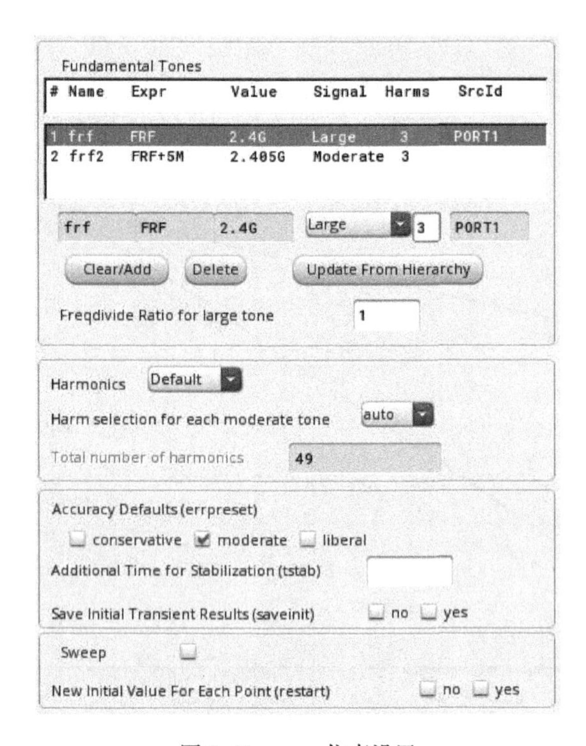

图 5.41 qpss 仿真设置

将 ADE 中 “PRF” 的值设置为 “ -50dBm”，如图 5.42 所示。

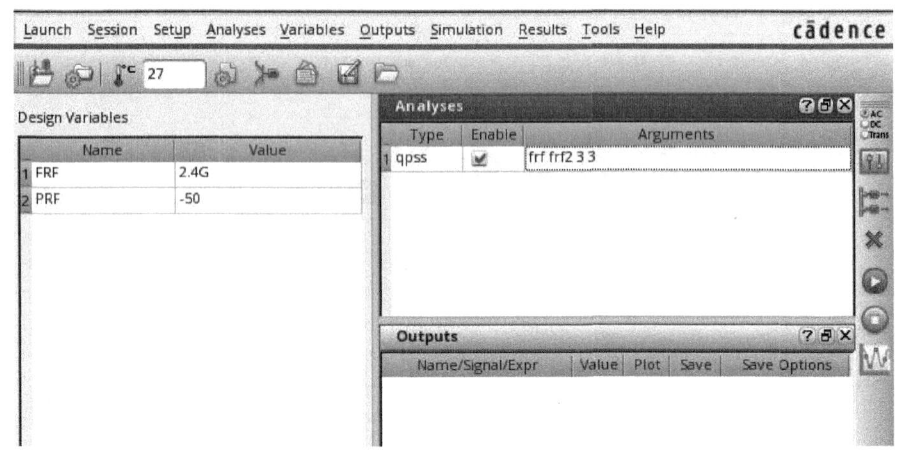

图 5.42 ADE 参数设置

3）选择 Simulation →Run 进行仿真，仿真结束后选择 Results→Direct Plot → Main Form 查看结果。选择 “qpss” 栏查看仿真结果，选择 “IPN Curves” 项，“Single Point Input Power Value” 填入 “ -50”， “3rd Order Harmonic” 选择 “2.395G”， “1st Order Harmonic” 选择 “2.405G”，如图 5.43 所示。点击 “Re-plot” 查看结果，如图 5.44 所示，可见输入三阶交调点为 -6.86dBm，与采用

PSS + PAC 仿真的结果基本一致。

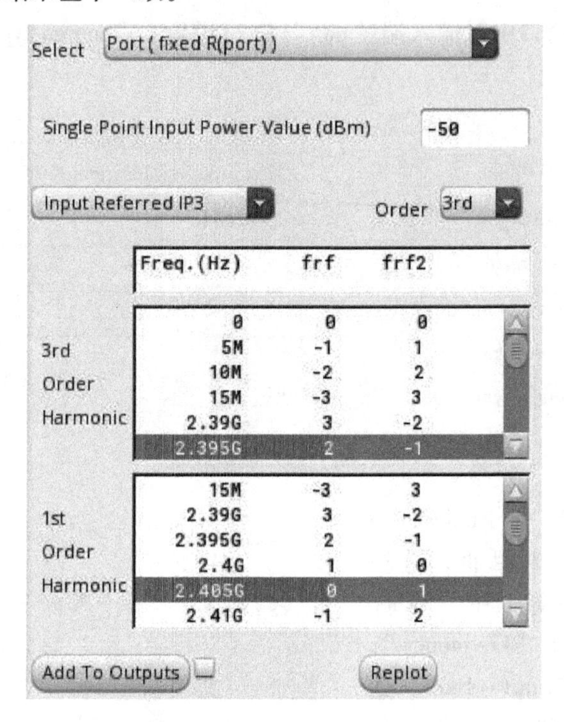

图 5.43 查看 qpss 仿真结果

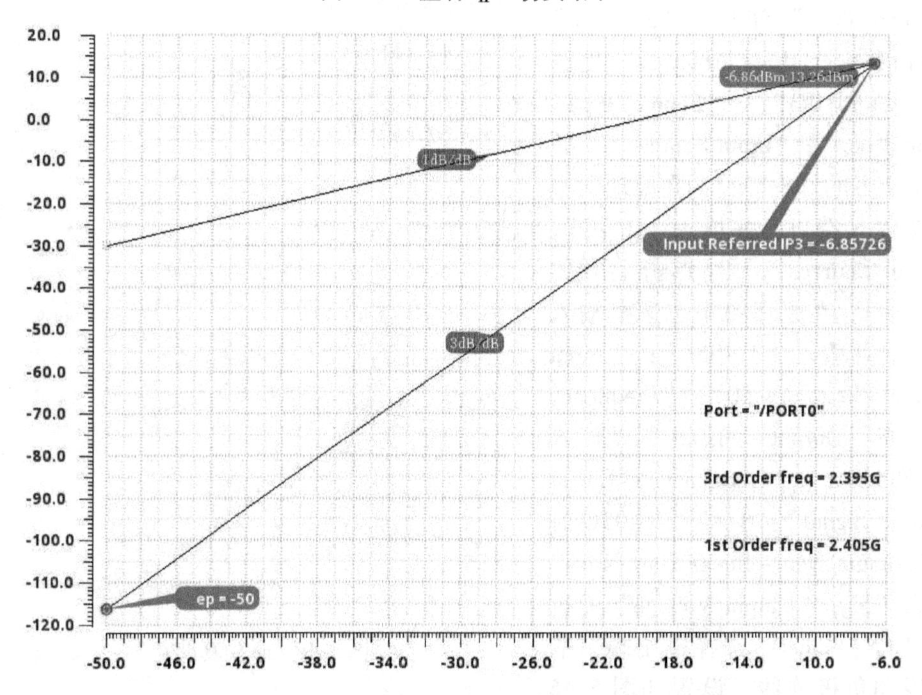

图 5.44 IP3 仿真结果

（3）AC仿真

1）在原理图窗口中对输入端“port”进行设置。“Source type”为“dc”，如图5.45所示。

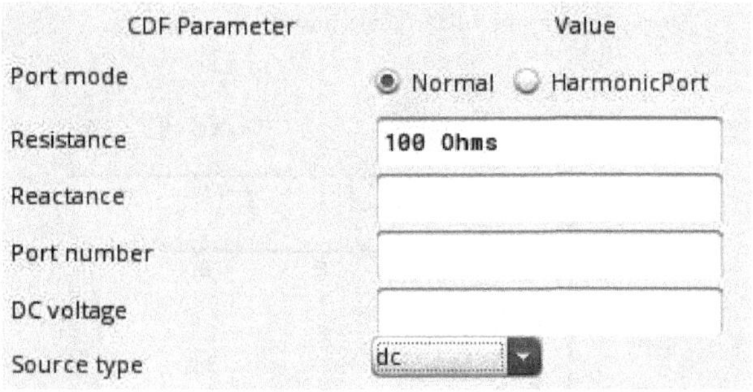

CDF Parameter	Value
Port mode	Normal / HarmonicPort
Resistance	100 Ohms
Reactance	
Port number	
DC voltage	
Source type	dc

图5.45 输入端口设置

2）选择ADE中Analyses→Choose命令，弹出对话框，选择“ac”进行仿真设置，在“Sweep Variable”处选择“Frequency”。具体设置如下：“Start－Stop”处填入“2.4G”和“2.405G”；“Sweep Type”使用“Automatic”即可；“Specialized Analyses”处选择“Rapid IP3”，“Source Type”选择“port”；“Input Sources 1”处点击上方的［Select］，在原理图中选择输入端口，并填入“2.4G”，“Input Sources 2”处点击上方的［Select］，在原理图中也选择输入端口，并填入“2.405G”；“Input Power”填入“－50”；“Frequency of IM Output Signal”填入“2.395G”；“Frequency of Linear Output Signal”填入“2.405G”；“Maximum Non－linear Harmonics”填入“5”；“Output Voltage”通过右侧的“Select”选择输出端口的正极和负极连线，设置如图5.46

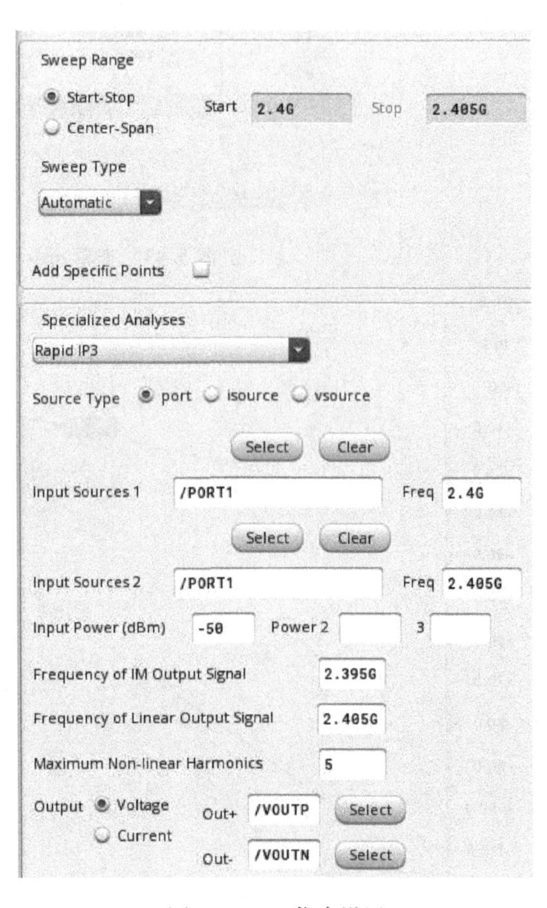

图5.46 ac仿真设置

所示。

3）选择 Simulation →Run 进行仿真，仿真结束后选择 Results→Direct Plot → Main Form 查看结果。选择“ac”栏查看仿真结果，选择“Rapid IP3”项，“Resistance”处填入“50”，如图 5.47 所示，点击“Plot”查看结果，如图 5.48 所示，可见输入三阶交调点为 -9.50dBm，与前两种仿真方法得到的结果基本一致。

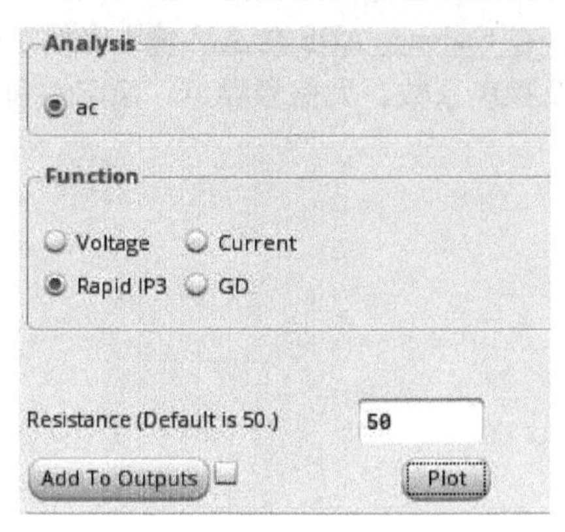

图 5.47　查看 ac 仿真结果

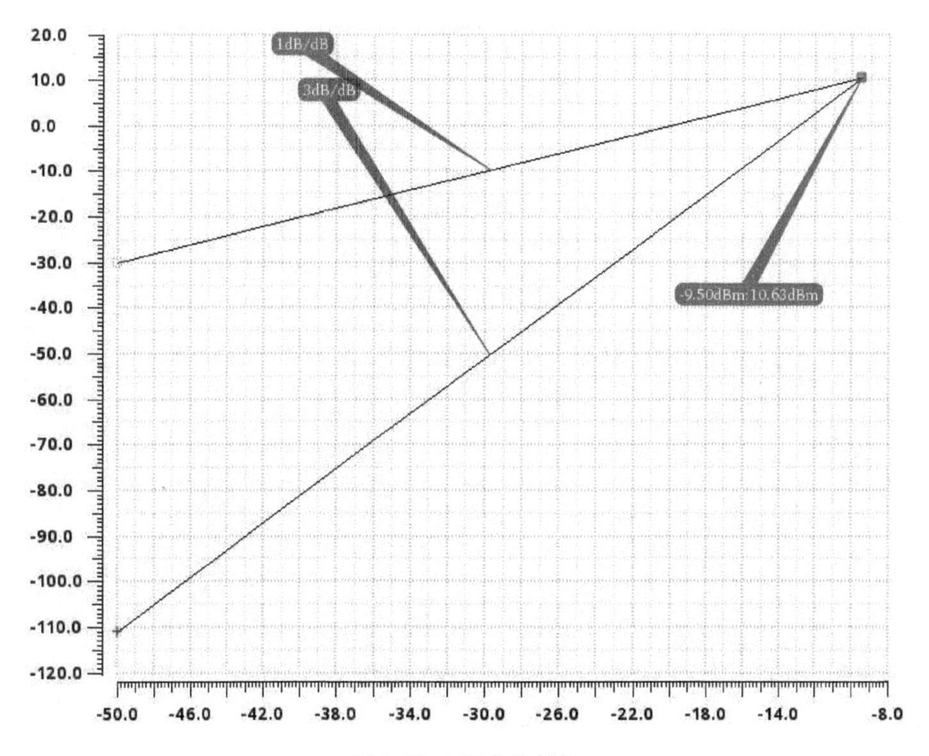

图 5.48　IP3 仿真结果

5.3 本章小结

低噪声放大器是射频接收前端的重要电路模块。本章主要介绍了低噪声放大器的基本原理，列举了低噪声放大器的主要性能参数和典型结构。然后通过实例分析了 S 波段低噪声放大器，在 Cadence ADE 仿真环境下介绍了低噪声放大器的电路搭建、阻抗匹配方法，以及噪声系数、大信号噪声、稳定性和线性度的仿真方法。

第6章　射频功率放大器

为了有效地将大功率射频信号传输到天线上，功率放大器是射频通信系统中不可或缺的电路单元，通常处于整体系统中的末级，其基本功能就是对射频信号进行功率放大，然后送入天线辐射输出。本章将介绍功率放大器的基本原理、性能参数、常见类型等基础内容，并利用 Cadence ADE 给出功率放大器电路仿真的设计实例。

6.1　功率放大器概述

功率放大器的基本作用就是对信号进行放大，信号可以是电压模式、电流模式或者功率模式。射频放大器就是利用有源器件的放大能力对射频信号完成放大，例如：接收前端的低噪声放大器和发射前端的功率放大器等。但低噪声放大器等射频放大器一般工作在小信号状态，信号功率通常较小，而功率放大器多处于大信号模式，信号的输出功率通常较大，因此其放大管需要具备较强的电流驱动水平和较高的抗压能力。另外，小信号领域的共轭阻抗匹配概念已经不再适用于功率放大器的输出匹配要求，而是通过负载线匹配的方式，采用负载牵引（Loadpull）技术得到最大传输功率。

6.1.1　功率放大器性能参数

功率放大器的典型性能参数包括工作频带、功率增益、饱和输出功率、1dB 压缩点、三阶交调点、功率附加效率（Power - Added Efficiency，PAE）和漏极效率等，在设计过程中通常需要折衷考虑。其中，功率增益和线性度已经在前文中做出介绍，下面简单介绍其他的性能参数。

（1）输出功率

功率放大器的输出功率表示在工作频带内传输给负载的总功率，且该功率不包括谐波和杂散成分。在输入信号功率较低的情况下，输出信号的功率会随着输入功率的升高而增大，直到输入信号的功率上升到某一值后，输出信号的功率不再随着输入继续增加，而是基本保持在一个较稳定的值，相当于达到饱和，此时的值就是饱和输出功率，也是功率放大器所能达到的最大输出功率。

（2）效率

效率是衡量功率放大器性能的一个重要参数，用来评估其将直流能量转化为射频能量的水平。因为功率放大器在射频收发系统中属于耗能较大的模块，所以提高其效率有助于改善整体系统的电源利用率。衡量功率放大器的效率通常有两种不同

方式，其中一种是功率附加效率，定义为

$$\text{PAE} = \frac{P_{\text{out}} - P_{\text{in}}}{P_{\text{dc}}} \tag{6-1}$$

式中，P_{in}是功率放大器的输入功率；P_{out}是功率放大器输出到负载上的功率；P_{dc}是直流消耗的功率。

另一种方式为漏极效率，定义为

$$\eta = \frac{P_{\text{delivered}}}{P_{\text{dc}}} \tag{6-2}$$

式中，$P_{\text{delivered}}$表示功率放大级输出到后级模块的功率。漏极效率只考虑了放大器将直流能量转化成射频能量的本领，而功率附加效率则还考虑了输入信号的能量。根据式（6-1）和式（6-2）可以看出，漏极效率通常比功率附加效率要高，但功率附加效率是最能体现功率放大器效率的参数。

（3）线性度

针对复杂的数字调制方式，其发射系统的线性度通常还会用相邻信道功率比（Adjacent Channel Power Ratio，ACPR）和错误向量幅度（Error Vector Magnitude，EVM）来衡量。其中，相邻信道功率比主要考察系统由于非线性因素对相邻信道的干扰程度，而错误向量幅度表示的是信号错误向量的归一化长度，通常作为评估信号质量的参数。

功率放大器的性能对信号的传输质量和距离都有很重要的影响，为了能将信号不失真地传送到很远的地方，通常要求功率放大器具备较高的输出功率和较好的线性度。功率放大器是发射系统中功耗最高的模块，如果只追求较大的输出功率而忽略效率，则整个发射系统的耗能就会很大，对散热装置的要求也会提高，甚至会影响到系统的稳定性，因此高效率也是功率放大器的重点研究方向之一。

6.1.2 功率放大器类型

功率放大器主要分为传统型功率放大器和开关型功率放大器，其具体类型与性能特点见表6.1。

表6.1 功率放大器类型与性能特点

类型		工作模式	导通角	输出功率	理论效率（%）	增益	线性度
传统型功率放大器	A	电流源	2π	中	50	高	极好
	AB	电流源	π~2π	中	50~78.5	中	好
	B	电流源	π	中	78.50	中	好
	C	电流源	0~π	小	78.5~100	低	差
开关型功率放大器	D	开关	π	大	100	低	差
	E	开关	π	大	100	低	差
	F	开关	π	大	100	低	差

传统电流源型的功率放大器根据导通角不同，即输入信号在多少周期内是导通的这一标准，可分为 A 类、AB 类、B 类和 C 类 4 种。A 类功率放大器的导通角为 2π，在全周期内都处于导通模式；B 类功率放大器的导通角为 π，即只有在输入信号的正半周期内功率放大器才是导通的；AB 类功率放大器介于 A 类和 B 类之间，导通角为 $\pi \sim 2\pi$；C 类功率放大器的导通角在 $0 \sim \pi$ 之间。

开关型功率放大器通过较高的驱动电压使功率放大器中的晶体管处于开关状态，控制晶体管在完全导通和完全截止的状态间瞬时切换。其中，导通时工作在线性区，截止时工作在截止区。在理想条件下，工作在开关模式的晶体管没有能量损耗，其效率能达到 100%，因此高效率是此类放大器的主要特点。开关型功率放大器可分成 D 类、E 类和 F 类，它们都属于非线性的放大器。

在增益和线性度方面，传统型功率放大器比开关型功率放大器的表现更好；但在输出功率和效率方面，开关型功率放大器比传统型功率放大器更有优势。功率放大器的线性度和效率往往是不能兼得的，因此在设计时常常需要折衷考虑线性度和效率。

6.1.3　负载线匹配

1983 年，S. C. Cripps 在论文 *A Theory for The Prediction of GaAs FET Load－pull Power Contours* 中首次将 Loadpull 理论应用于功率放大器的设计中，分析了有源器件的电压和电流限制对输出功率的影响，并阐述了如何通过改变负载阻抗来提高功放的输出功率。Loadpull 理论现已成为功率放大器设计中的重要理论和设计方法。

对于小信号电路来说，通常采用功率匹配使得负载上得到的功率最大，即最大功率传输的条件为负载阻抗和源阻抗共轭。该原理的前提条件是信号源电压的大小不随负载大小而改变的。而对于功率放大器，负载大小的改变影响着晶体管所能输出的最大电流，即影响输入信号的最大电压幅度。信号源的电压和电流限制如图 6.1 所示。

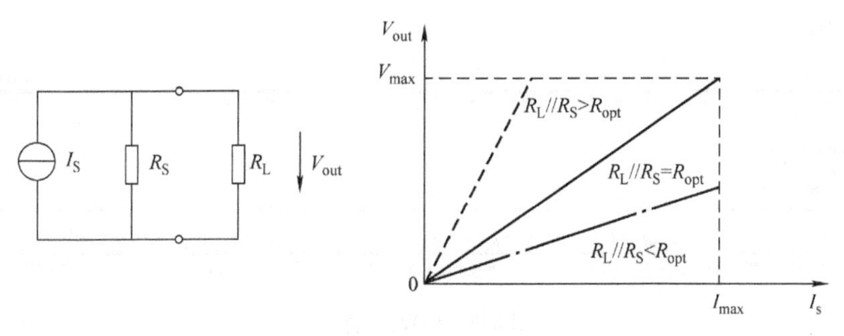

图 6.1　信号源的电压和电流限制

功率放大器通常采用负载线匹配。如图 6.1 所示，采用理想电流源 I_S和内阻 R_S并联表示信号源，若要满足功率匹配，则需信号源内阻 R_S与负载阻抗 R_L相等，此时效率仅为50%。然而，信号源所承受的电压和其可以输出的最大电流存在上限。一种情况下，信号源的电压受限，其输出的电流可能很小，负载上的功率也很小；另一种情况下，信号源的最大输出电流受限，其电压将会很低，同样负载上的功率也很高。负载线匹配条件可由式（6-3）给出：

$$R_{\mathrm{opt}} = R_{\mathrm{S}} // R_{\mathrm{L}} = \frac{V_{\max}}{I_{\max}} \tag{6-3}$$

式中，$V_{\max}$和$I_{\max}$分别代表信号源的最大承受电压和最大输出电流，满足该条件时，负载上得到的功率最大。

6.2 实例分析：S波段功率放大器

A类功率放大器在设计中较为常用，这种结构与其他结构相比，可以实现较高的功率增益。本节以一个S波段的A类功率放大器为例，介绍如何使用ADE来进行功率放大器的设计，其设计指标具体如下：

1）频率：2.4GHz；

2）1dB压缩点输出功率：18dBm；

3）饱和功率：20dBm；

4）功率附加效率：>30%；

5）电源电压：2.4V。

根据设计要求，本例选择使用tsmcN90rf工艺来设计功率放大器。

6.2.1 电路搭建

在确定设计指标后，首先要进行电路的初步设计与仿真，来看一下电路的性能，并且通过一些后续的方法来改进电路，具体仿真步骤如下：

1）如图6.2所示，在Linux系统的命令行输入“virtuoso &”，运行Cadence IC。

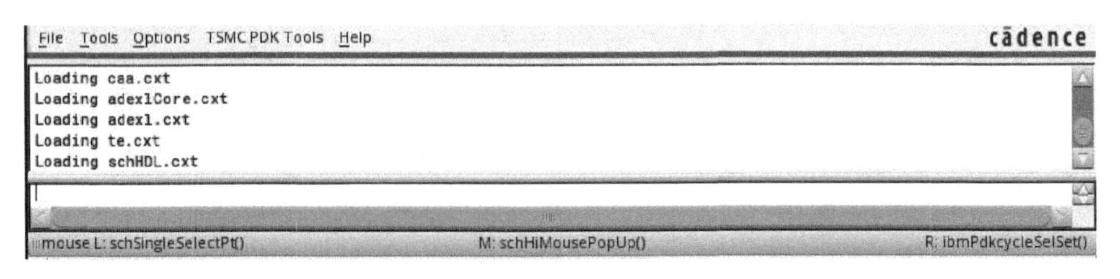

图6.2 CIW主窗口

2）如图6.3所示，首先建立设计库，点击File→New→Library的指令，弹出“New Library”对话框，在对话框中输入建立的设计库名字，并选择“Attach to an existing technology library”关联至设计需要的工艺库文件“tsmcN90rf”。

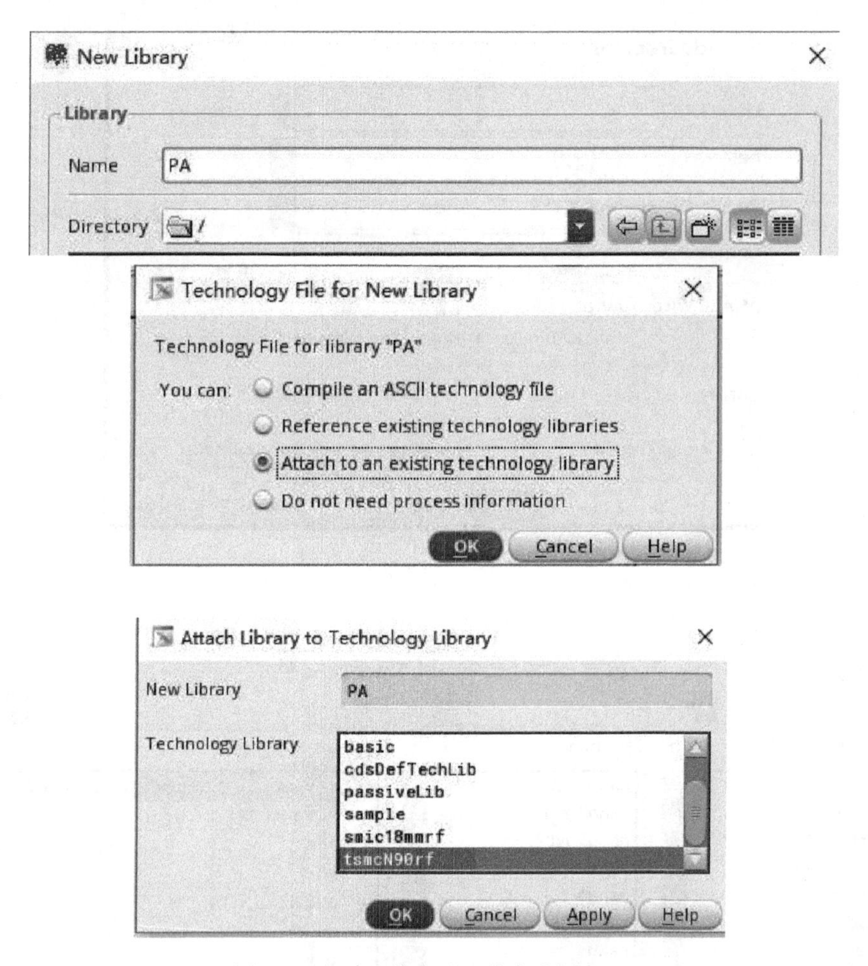

图6.3　新建工作库及工艺库选择窗口

3）如图6.4所示，点击File→New→Cellview指令，弹出“Cellview”对话框，输入所建立的Cell的名字“PA_single”，点击OK按钮，新建一个设计原理图。

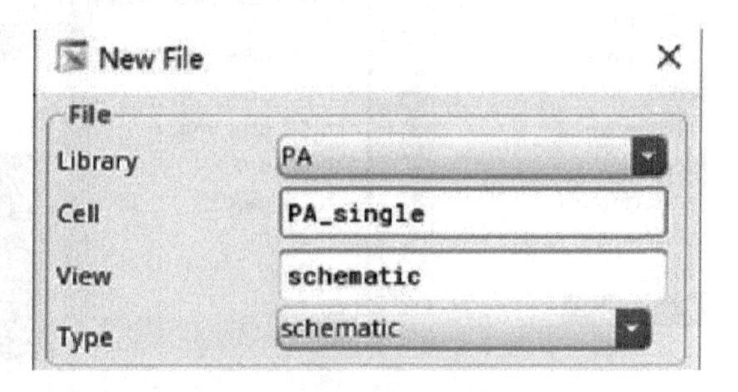

图6.4　新建原理图单元

4）按下键盘上的“I”键弹出“Add Instance”窗口，然后可以从工艺库中调入电路所需的元器件，选择“Browse”则会出现元器件选择菜单，如图6.5所示，从“tsmcN90rf”工艺库中选择“nch”元器件的“symbol”，可以调用想要的元器件。除此之外，再从“analogLib”中调用“ind”元器件来完成对电路的搭建。

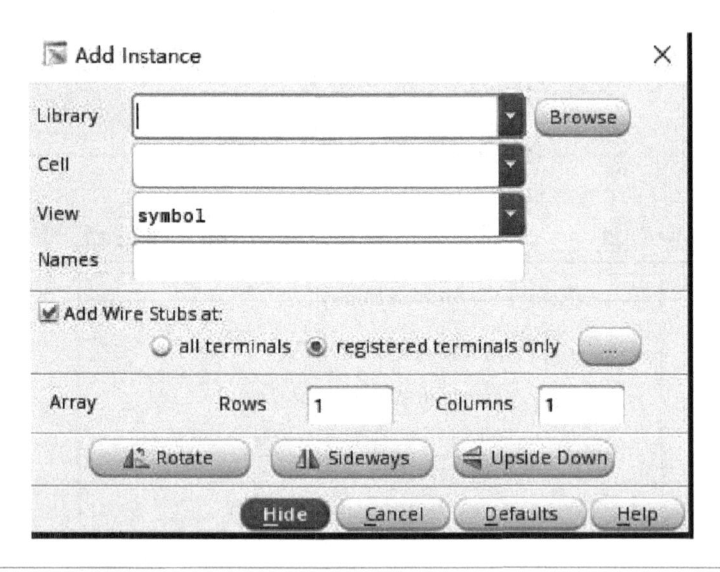

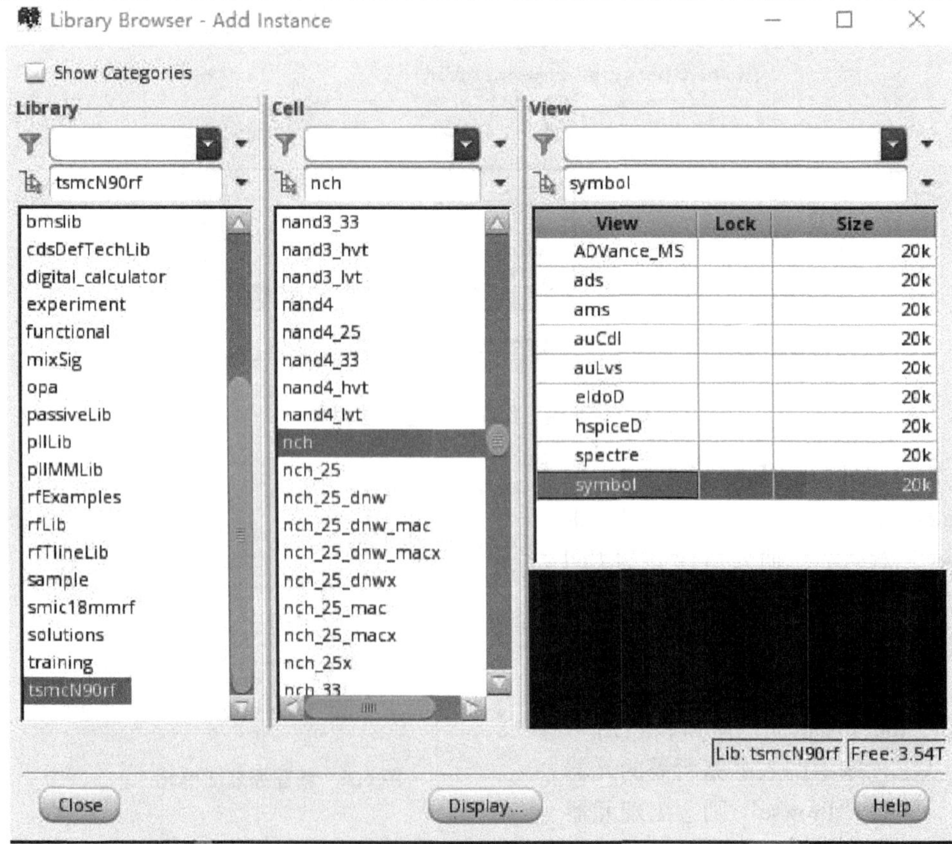

图 6.5　元器件选择窗口

5）按下键盘上的“P”键弹出“create Pin”窗口，分别添加“VDD”“GND”

"IN""OUT" 4 个端口，如图 6.6 所示，并且将所有的元器件和端口进行连接，得到一个单管的 A 类放大器，电路如图 6.7 所示。鼠标左键选中添加的晶体管，选择其中的"property"指令，可以修改晶体管的属性，参考数据手册进行属性的修改，此例中将 L 设置为"130nm"，W 设置为"30μm"，fingers 数设置为"4"。

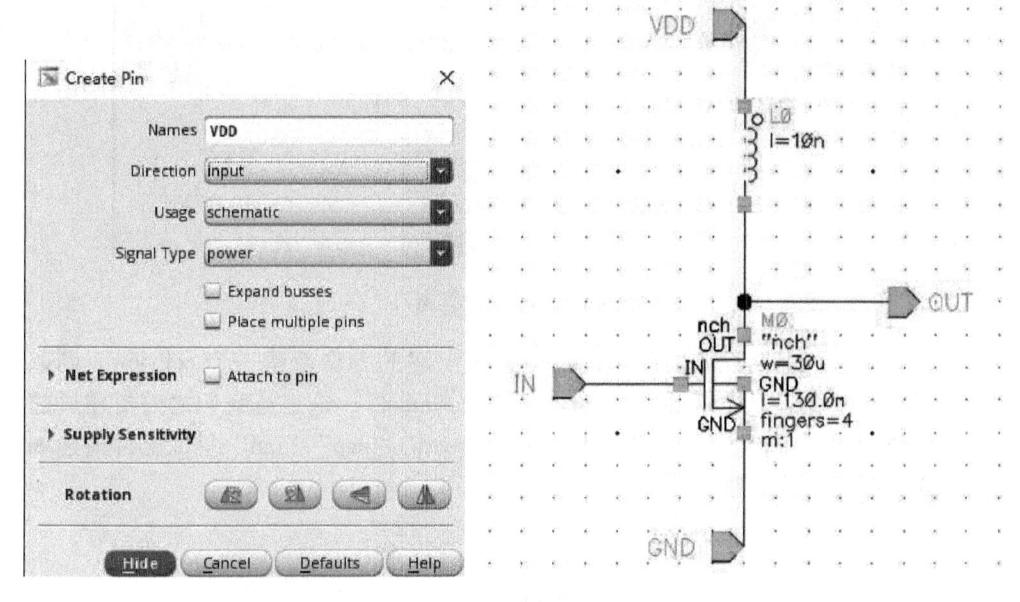

图 6.6　端口添加窗口　　　　图 6.7　A 类单管放大器电路原理图

6）为了进行后续对电路的仿真并添加激励源，我们要将这个 A 类单管放大器电路制作成一个 symbol。我们点击菜单栏中的"Create"，选择"Cellview"中的"From Cellview"。出现如图 6.8 所示的添加 symbol 的窗口，点击 OK 按钮，弹出设置 symbol 的选项窗口，我们根据图 6.9 所示进行设置，建立好单管放大器的 symbol。

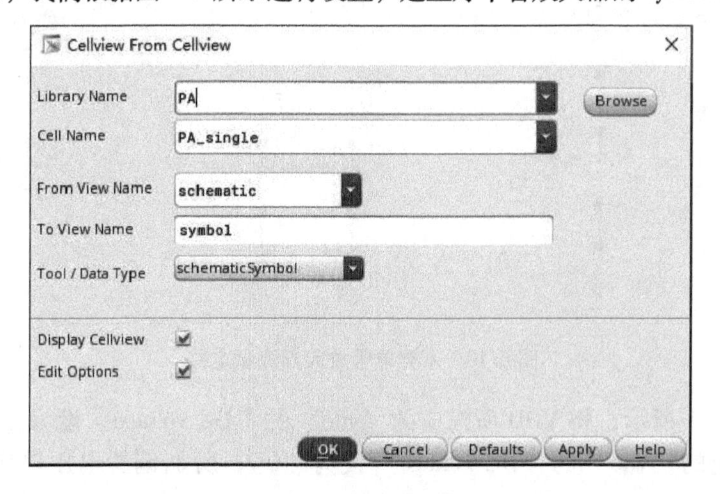

图 6.8　symbol 建立窗口

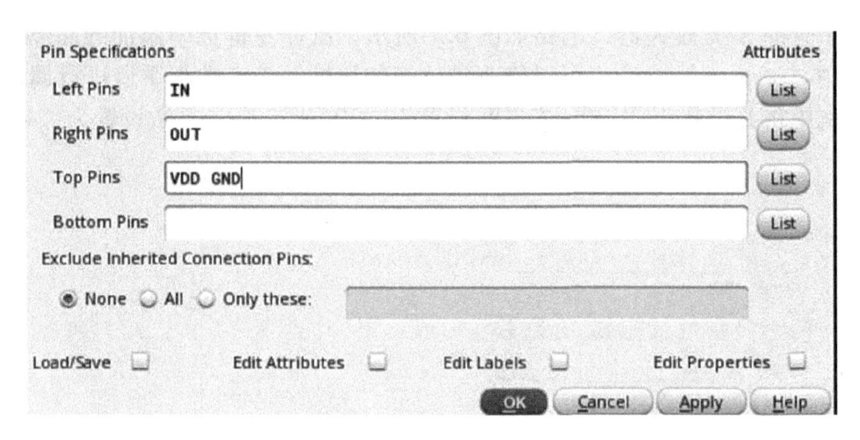

图 6.9 symbol 设置窗口

7）为了进行电路性能的测试，我们通过上述的方法新建一个 cellview，调取“PA” library 中的“PA_single” 元器件中的 “symbol”，这也是我们之前搭建过的 A 类单管放大器，同时，我们再调用 “vdc”“port”“cap”“ind” 等元器件搭建如图 6.10 所示的测试电路。

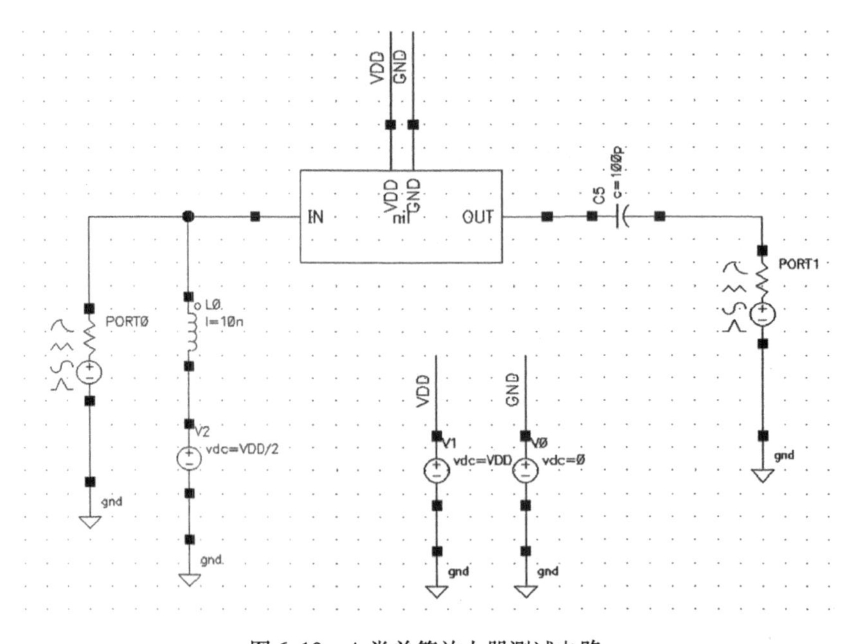

图 6.10 A 类单管放大器测试电路

如图 6.11 所示，将 VDD 所对应的“vdc” 的 “DC voltage” 设为 “VDD”，将 GND 所对应的“vdc” 的 “DC voltage” 设为 “0”，所加偏置电压对应的 “vdc”

的“DC voltage”设为“VDD/2”，输入端和输出端“port”的参数如图 6.11 所示的设置。

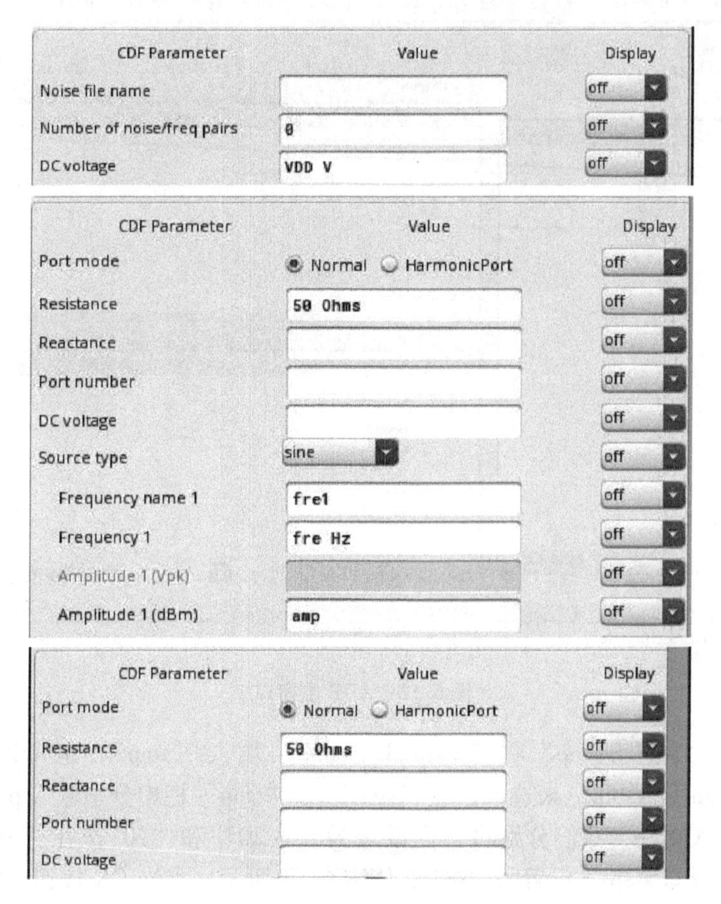

图 6.11　电路元器件参数设置

6.2.2　电路参数仿真

在完成电路的初步设置和搭建后，我们需要对电路的各项指标进行仿真和测试，来验证一下是否符合指标以及计划优化方向，具体的仿真步骤如下：

1）如图 6.12 所示，点击菜单栏中 launch→ADE L 指令，弹出“Analog Design Environment”对话框，我们需要先对变量进行设定，选择 Variables→Copy From Cellview 命令，将变量“amp”赋值为“5”，将变量“fre”赋值为“2.4G”，将变量“VDD”赋值为“2.4V”。

2）点击 Analyses→Choose 指令，选择 pss 仿真，在“fundamental tones”一栏中勾选“auto calculate”一项，并且将“Number of harmonics”一项设置为“3”。在“Accuracy Defaults”一栏中勾选“moderate”一项，并且将“stop time”一项设

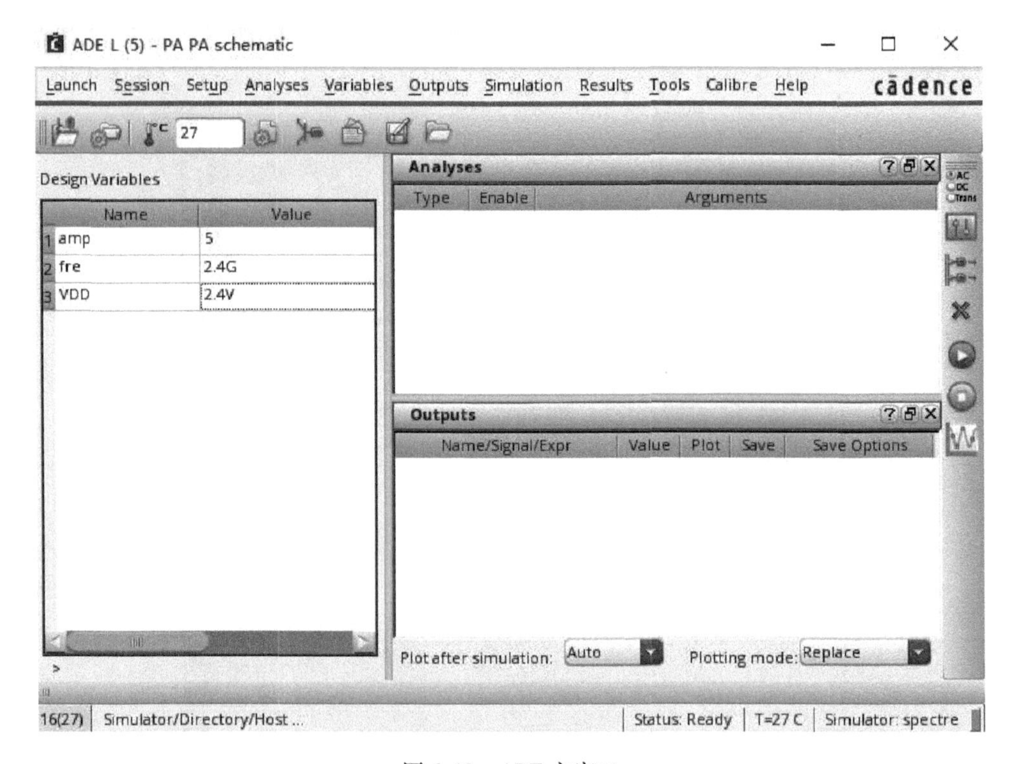

图 6.12 ADE 主窗口

置为“10n”。在“Sweep”将“Variable Name”填入“amp”，也可以通过点击“Select Design Variable”来选取。在“start”和“stop”栏中分别输入 pss 扫描开始和结束的输入功率，我们分别将它们设置为“-20”和“20”。在“Sweep Type”中将“number of steps”设置为“40”，如图 6.13 所示，点击 OK 按钮，完成 pss 仿真设置。

为了计算直流功率从而测试效率指标，我们还需要进行 dc 仿真，选择 Analyses→Choose 命令，弹出对话框，选择 dc 仿真，勾选“Save DC Operating Point”一项，如图 6.14 所示，点击 OK 按钮，完成 dc 仿真设置。在仿真设置完后，选择 simulation →Netlist and run 开始仿真。

3）仿真结束后，选择 Results→Direct Plot→Main Form 命令，弹出对话框如图 6.15所示，选择“pss”栏中的“Compression Point”一项，在“1st order harmonic”一栏中选择“2.4G”，然后点击电路中的输出 port，得到 1dB 压缩点仿真结果显示如图 6.16 所示。

从仿真结果我们可以看出，我们设计的 A 类放大器 1dB 压缩点输出功率大概为 15.84dBm，饱和输出功率大概为 19.3dBm，距离我们的指标仍然有一定距离，因此我们需要通过阻抗匹配的方法来对电路进行优化。

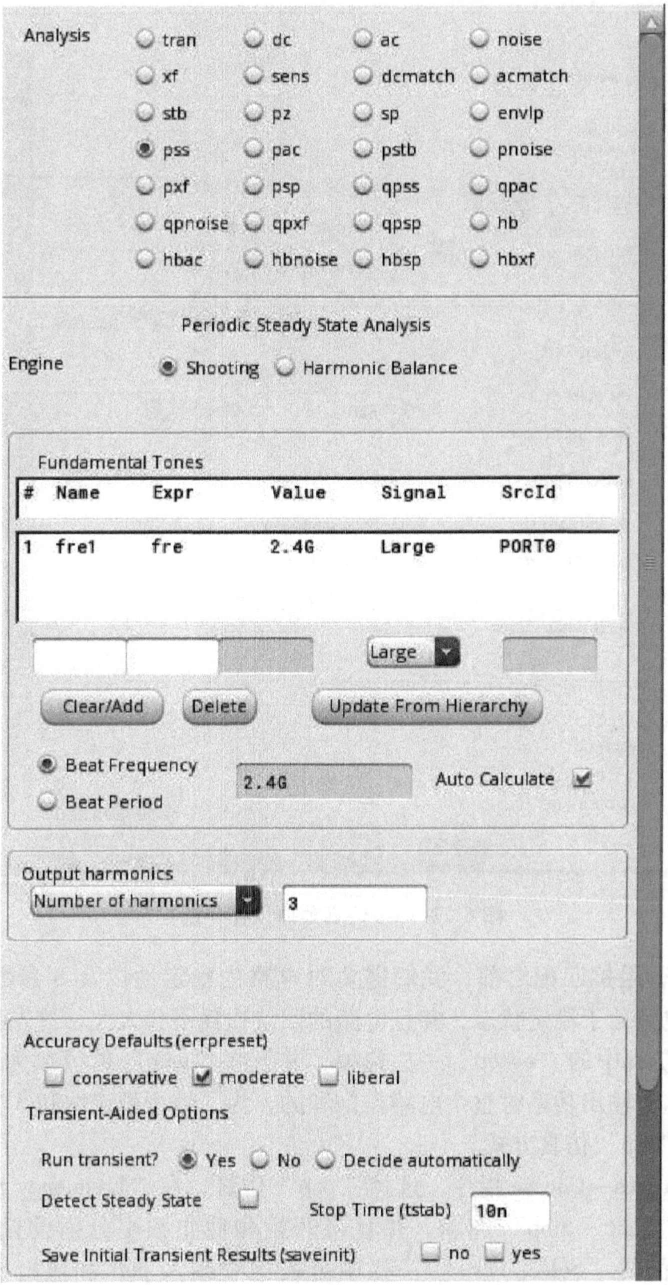

Analysis　tran　dc　ac　noise
xf　sens　dcmatch　acmatch
stb　pz　sp　envlp
pss　pac　pstb　pnoise
pxf　psp　qpss　qpac
qpnoise　qpxf　qpsp　hb
hbac　hbnoise　hbsp　hbxf

Periodic Steady State Analysis

Engine　Shooting　Harmonic Balance

Fundamental Tones

#	Name	Expr	Value	Signal	SrcId
1	fre1	fre	2.4G	Large	PORT0

Large

Clear/Add　Delete　Update From Hierarchy

Beat Frequency　2.4G　Auto Calculate
Beat Period

Output harmonics
Number of harmonics　3

Accuracy Defaults(errpreset)
conservative　moderate　liberal
Transient-Aided Options
Run transient?　Yes　No　Decide automatically
Detect Steady State　Stop Time(tstab)　10n
Save Initial Transient Results(saveinit)　no　yes

图 6.13　pss 仿真菜单设置

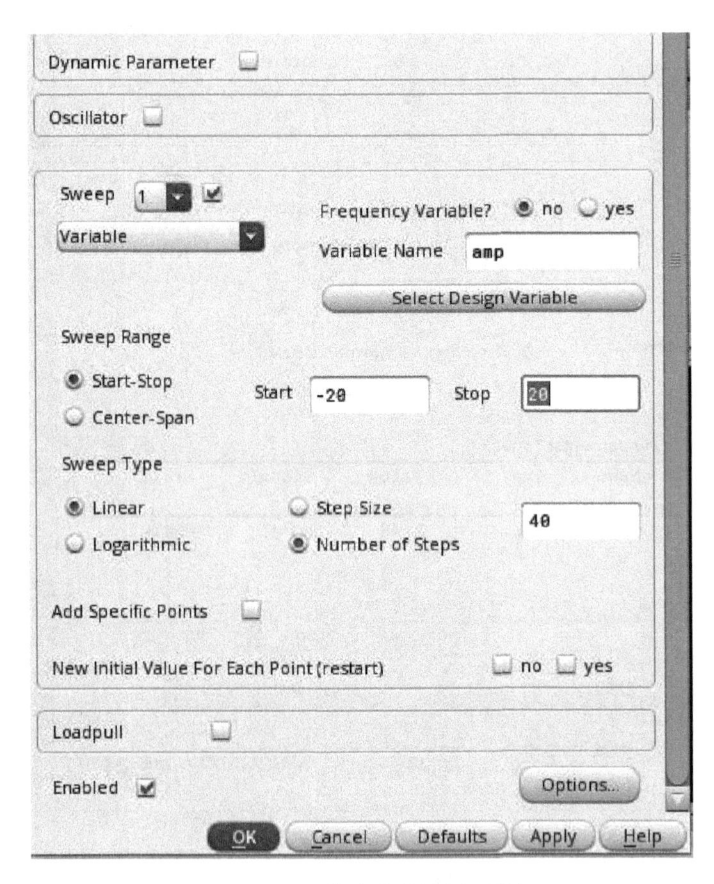

图6.13　pss仿真菜单设置（续）

4）在进行阻抗匹配之前，我们需要对电路的稳定性以及S参数进行仿真验证，以确保电路处于稳定状态，并且电路的回波损耗不会太大。首先我们将前面设置的“pss”仿真中的“sweep”一栏勾掉，并且将“amp”的值赋为“12”，这样可以保证在这个输出功率时整个电路是饱和的，为了进行稳定性和S参数仿真，我们需要添加“psp”仿真方式。

点击Analyses→Choose指令，选择“psp”仿真，在“Frequency Sweep Range”一栏中勾选“Start - Stop”选项，并且将开始和截止频率分别设置为“2G”和“3G”。在下面的“Select Ports”一栏中分别选中输入port和输出port，在“Do Noise”一栏中勾选“No”，如图6.17所示，psp仿真设置完成后，点击OK按钮，选择simulation →Netlist and run开始仿真。

5）仿真结束后，点击Results→Direct Plot→Main Form指令，弹出对话框如图6.18所示，选择“psp”一栏中的“SP”一项，在“Modifier”一栏中选择

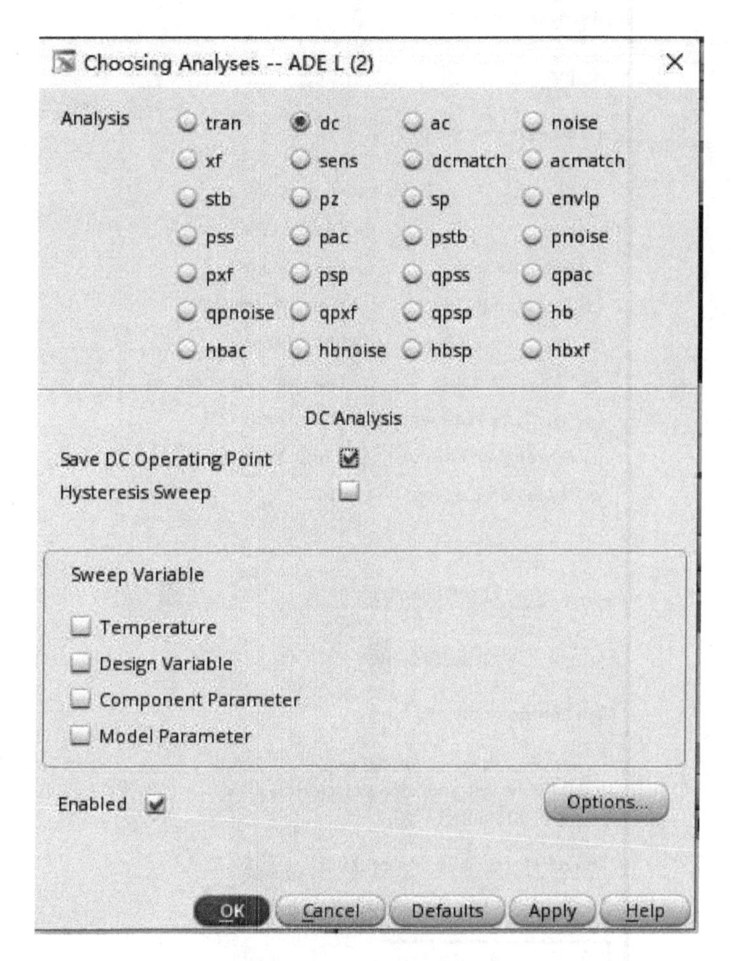

图6.14 dc仿真菜单设置

“dB20”，然后点击“S22”来查看电路的回波损耗，仿真结果图如图6.19所示。我们从仿真结果可以看出，在2G到3G的整个频段下，回波损耗都小于-10dB，这说明整个电路的性能满足设计需求。

我们再来仿真一下电路的稳定性指标，同样在“psp”一栏中选择“Kf”选择，点击“Plot”，会自动弹出稳定因子K随频率变化的曲线，若在2.4GHz处K大于1则稳定，反之则不稳定。如图6.20所示，我们看到在2.4G频率处，Kf的值为2.30871，大于1，因此整个电路是稳定的。

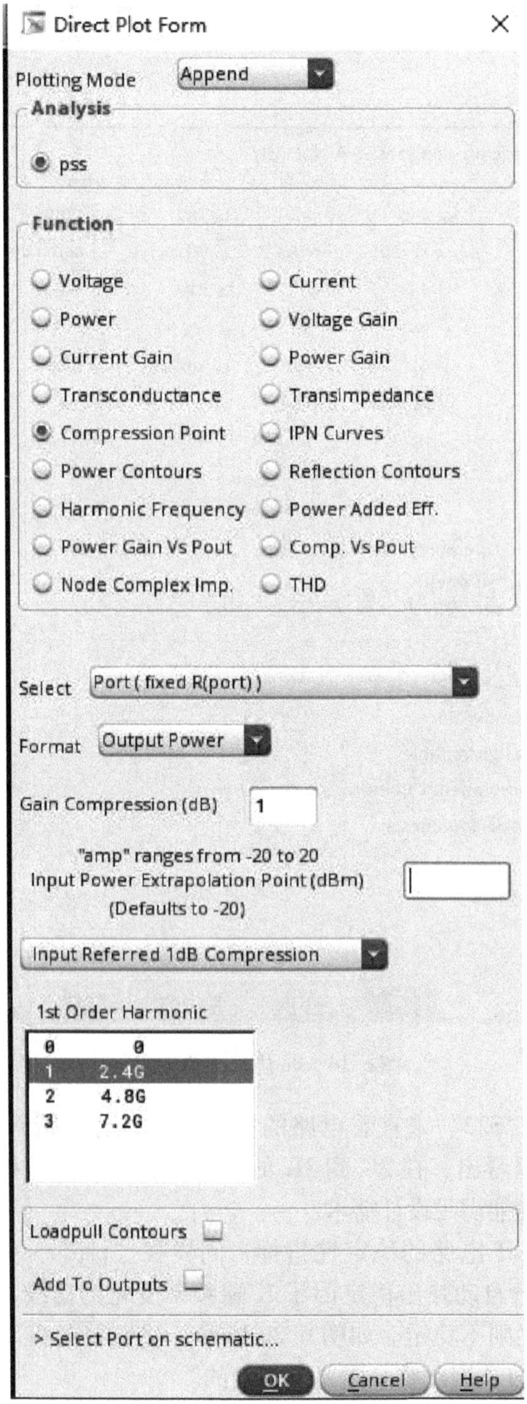

图6.15 查看pss仿真结果

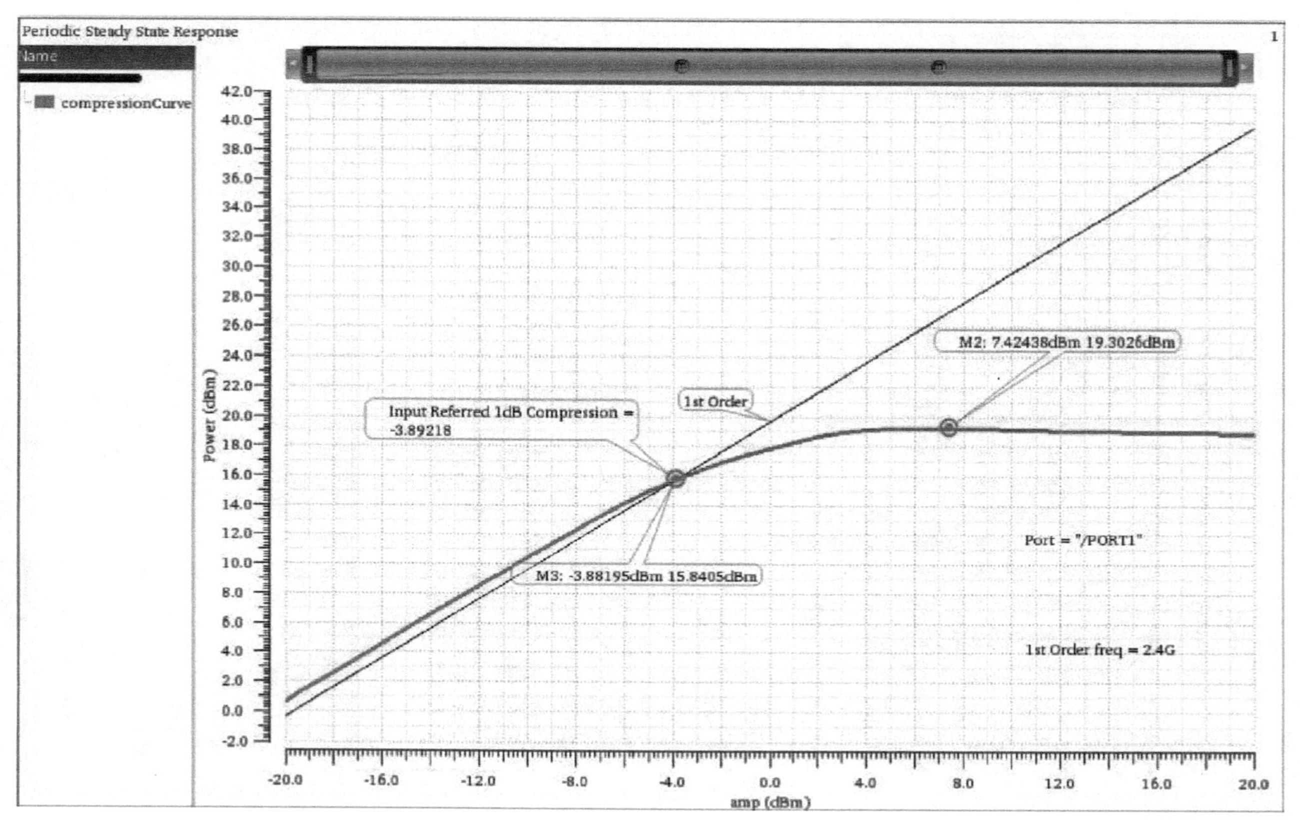

图 6.16　功率放大器的 1dB 压缩点输出功率曲线

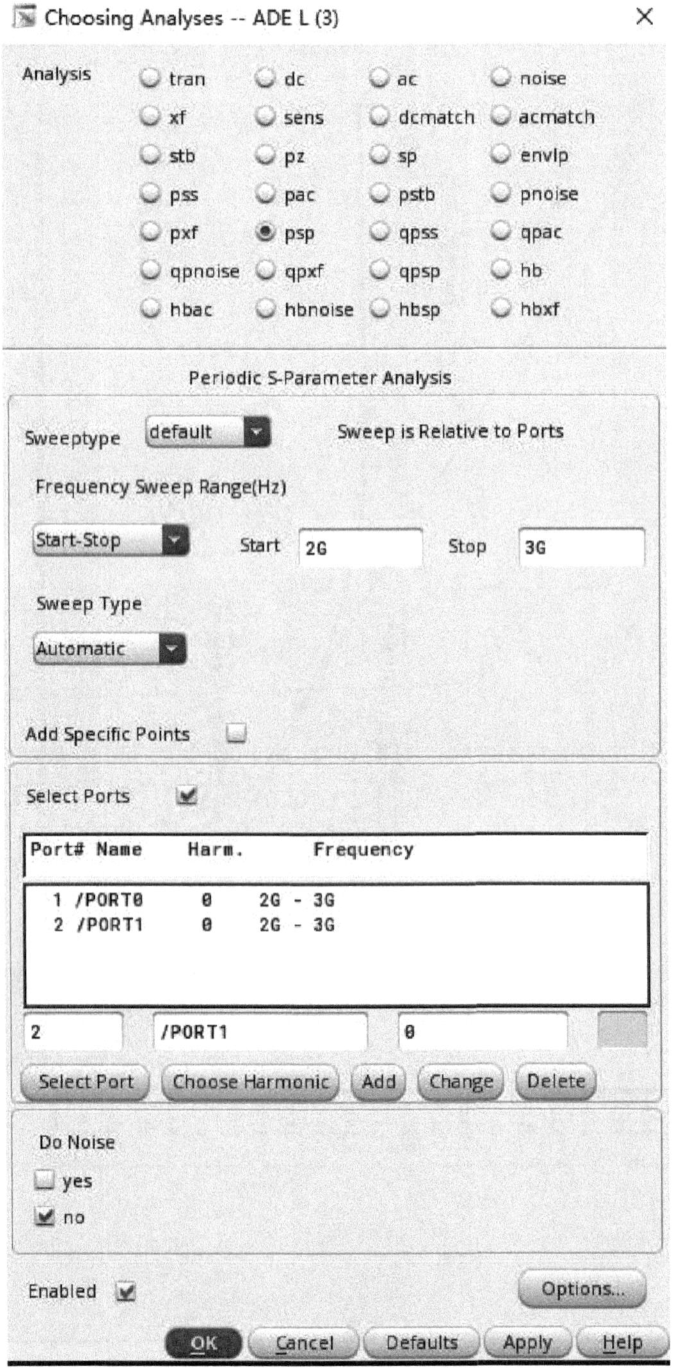

Choosing Analyses -- ADE L (3)

Analysis

tran	dc	ac	noise
xf	sens	dcmatch	acmatch
stb	pz	sp	envlp
pss	pac	pstb	pnoise
pxf	psp	qpss	qpac
qpnoise	qpxf	qpsp	hb
hbac	hbnoise	hbsp	hbxf

Periodic S-Parameter Analysis

Sweeptype default Sweep is Relative to Ports

Frequency Sweep Range(Hz)

Start-Stop Start 2G Stop 3G

Sweep Type

Automatic

Add Specific Points

Select Ports

Port#	Name	Harm.	Frequency
1	/PORT0	0	2G - 3G
2	/PORT1	0	2G - 3G

2 /PORT1 0

Select Port Choose Harmonic Add Change Delete

Do Noise

yes

no

Enabled Options...

OK Cancel Defaults Apply Help

图6.17 psp仿真菜单设置

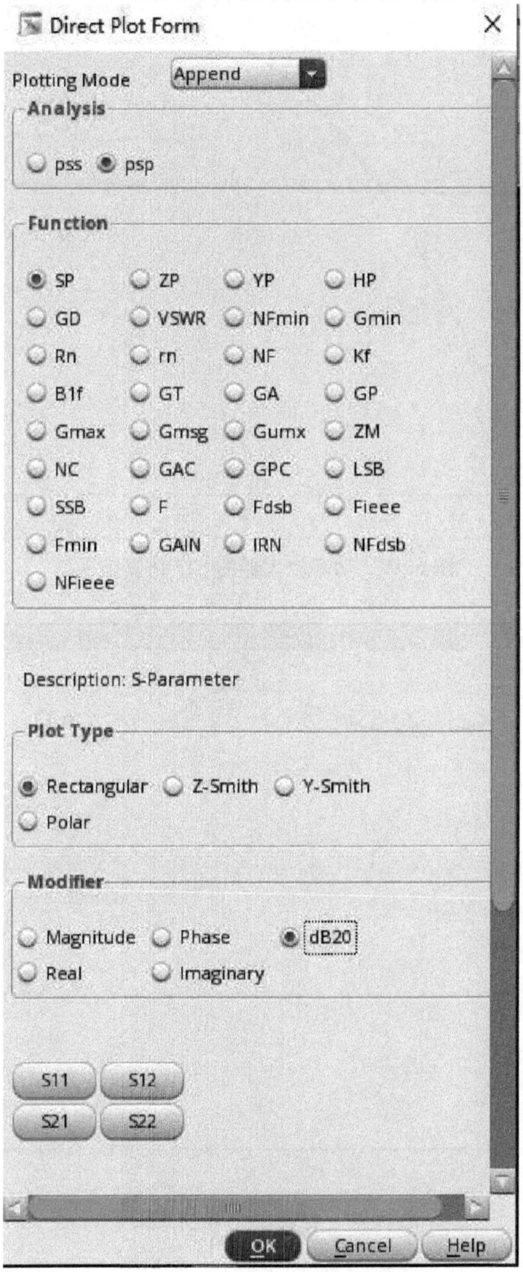

图 6.18　查看 S 参数仿真结果

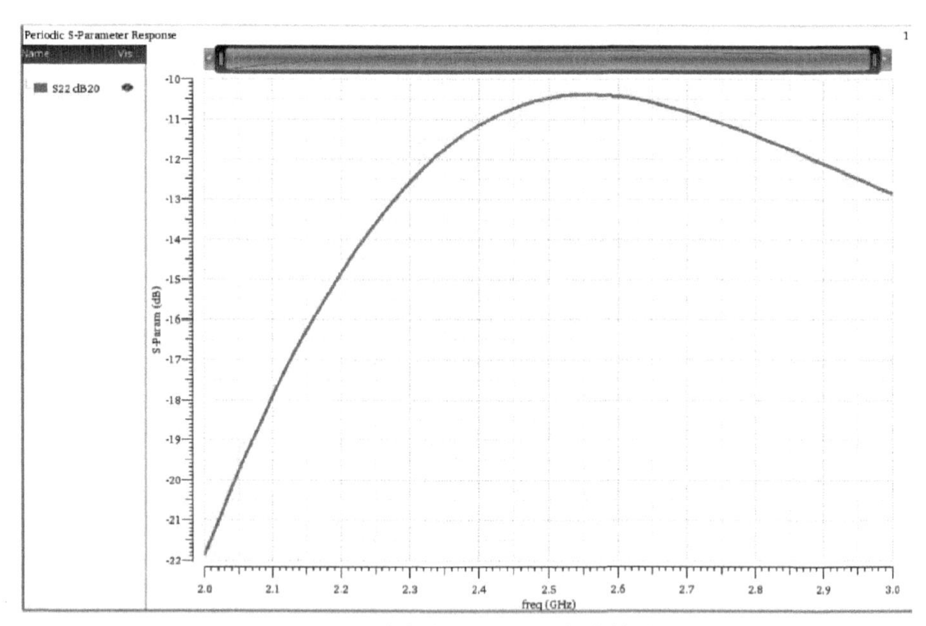

图 6.19　功率放大器的 S22 仿真结果

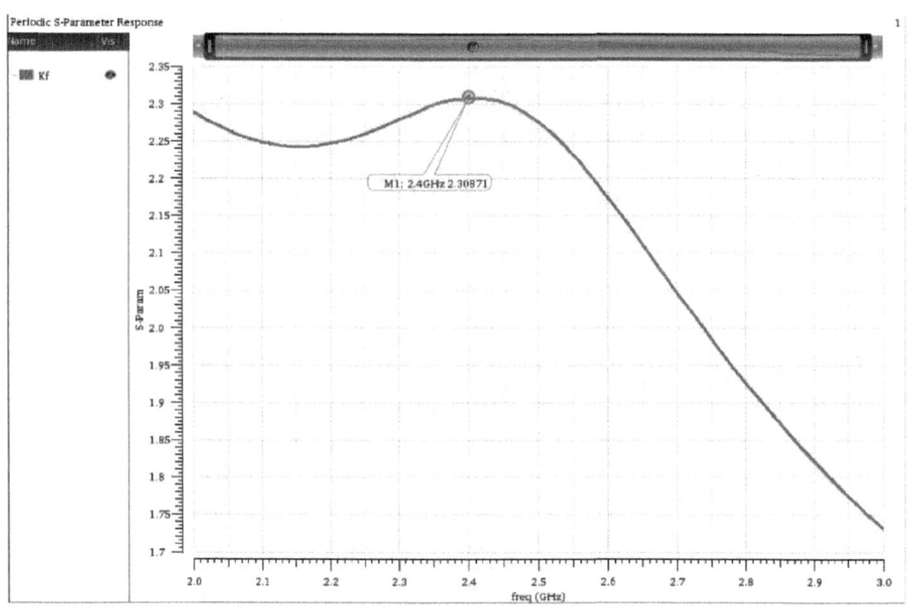

图 6.20　稳定因子 K 仿真结果

6.2.3　负载牵引效应及最佳负载阻抗的匹配

（1）负载牵引效应

在功率放大器的输出匹配过程中，为了使功率放大器工作在最大功率输出状态，可以采用负载牵引方法进行匹配。所以在功率放大器的设计过程中，负载牵引就起到了十分重要的作用。在本例中，我们通过负载牵引的方法来进行阻抗匹配，从而对电路性能进行优化，具体仿真步骤如下：

1）如图 6.21 所示，点击 Instance →Browse →rfExamples →portAdapter 指令，

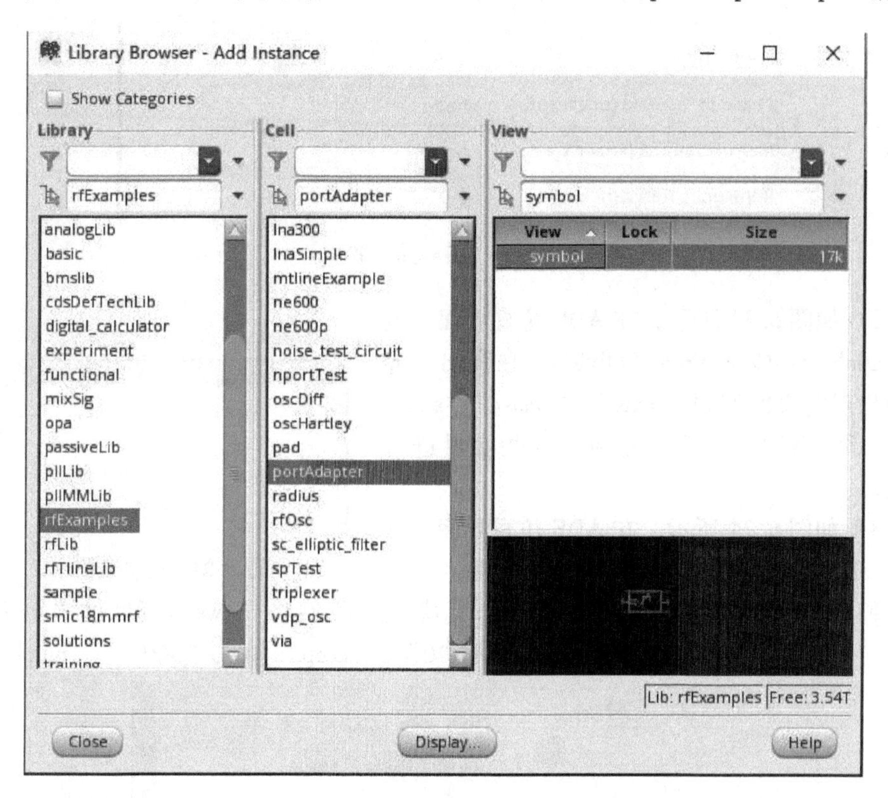

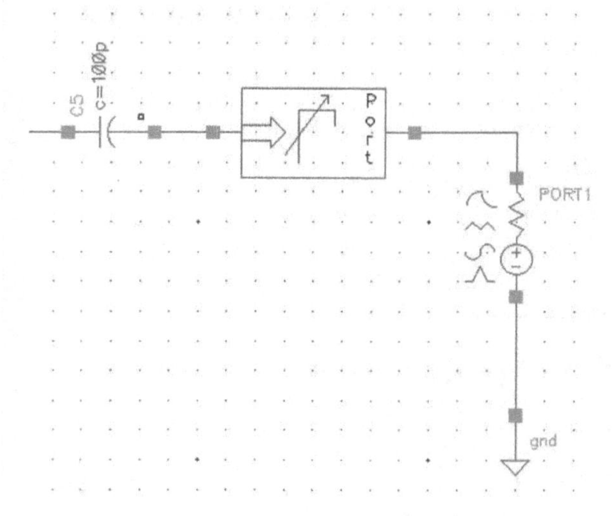

图 6.21　调入 portAdapter

将负载调制器放置在输出端。对其进行设置，在“Phase of Gamma”一栏中填入“phase”，在“Mag of Gamma”一栏中填入“mag”，“Frequency”设置为“2.4G”，“Reference Resistance”设置为“50”，如图 6.22 所示。

Frequency	2.4G
Phase of Gamma (degrees)	phase
Mag of Gamma (linear scale)	mag
Reference Resistance	50

图 6.22　portAdapter 设置

2）如图 6.23 所示，在 ADE 仿真界面中点击 Variables→Copy From Cellview，在弹出的界面中出现定义的变量“mag”“phase”“amp”“fre”和“VDD”，我们分别对这些变量进行赋值。

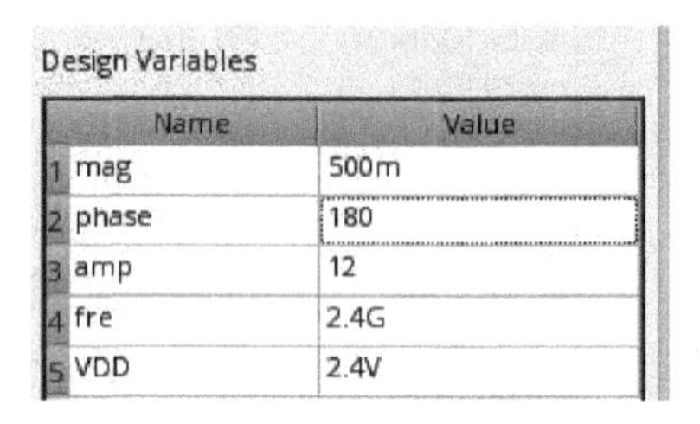

图 6.23　变量赋值

3）如图 6.24 所示，在 ADE 仿真界面中点击 Analyses→Choose，选择“pss”仿真，与上述我们进行 1dB 压缩点输出功率的仿真类似，我们将“Sweep”处的“Variable Name”处选择“phase”，“Start”填入“0”，“Stop”填入“360”，“number of

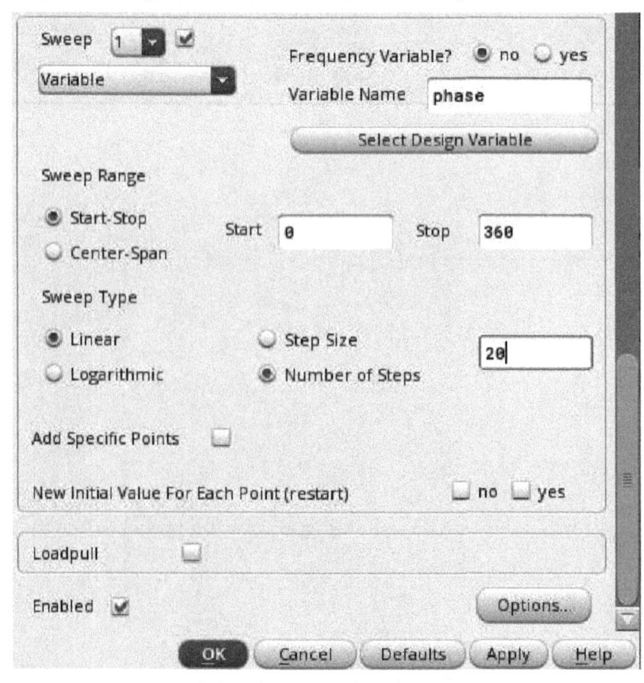

图 6.24　pss 仿真参数设置

steps”填入“20”，其余的仿真设计与之前相同。

4）在 ADE 窗口点击 Outputs →To Be Saved →Select On Schematic，鼠标左键选择“portAdapter”输入端。选择 Tools→Parametric Analysis，弹出参数扫描对话框，“Variable Name”填入“mag”，“From”填入“0”，“To”填入“1”，“Step Control”处选择“Linear”，填入“20”，如图 6.25 所示。选择 Analysis→Start 开始仿真。

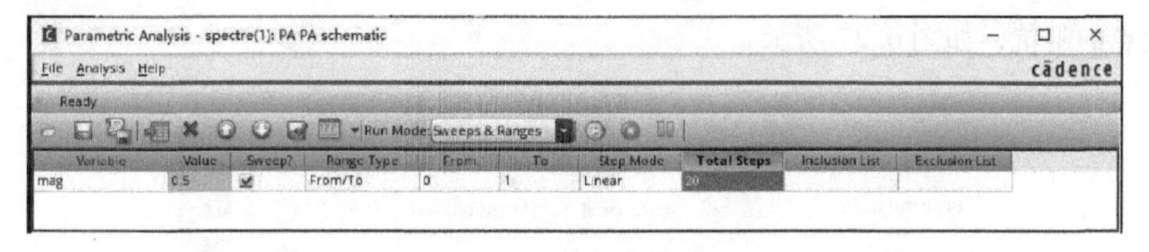

图 6.25　参数扫描设置

5）扫描结束后点击 Results→Dirct Plot →Main Form 查看结果，选择“Power Contours”，“Select”处选择“Single Power/Refl Terminal”，“Output Harmonic”处选择“2.4G”，然后在原理图中点击鼠标左键选择“portAdapter”的输入端，则结果将会自动弹出，如图 6.26 所示。图中圆圈所环绕的中心点就是最佳功率匹配点

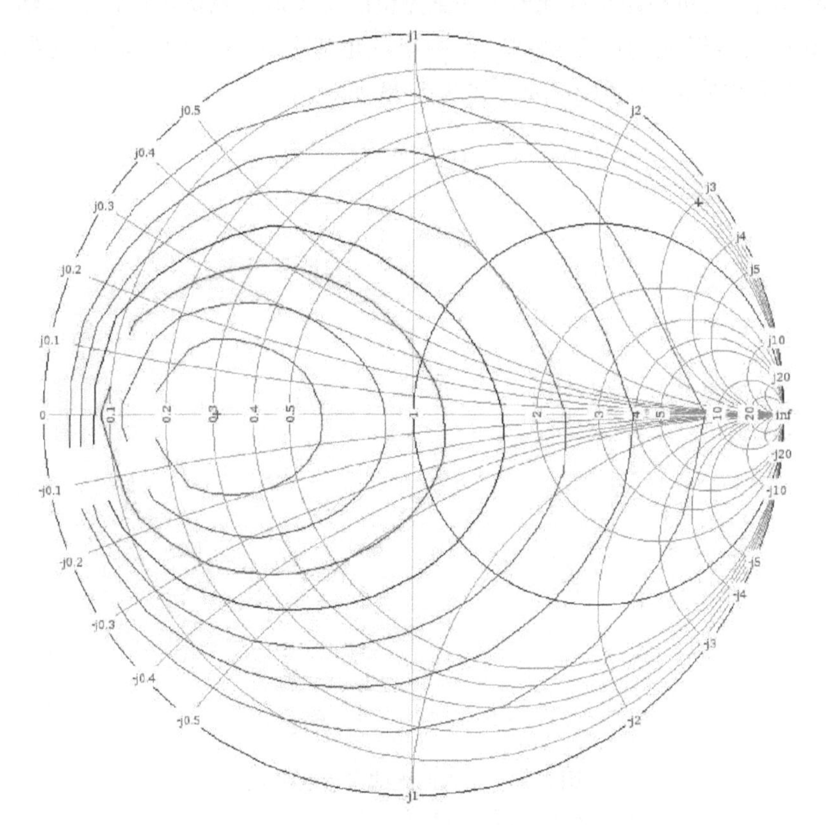

图 6.26　最佳负载阻抗仿真结果

Zopt，图中为归一化的坐标，为 0.31 - 1.2 * 10 - 6 * j，我们在后续设置阻抗时要记得乘以端口的特征阻抗 50Ω。

（2）阻抗匹配

因为输入功率和输出功率相比而言小很多，因此我们采用共轭匹配来进行输入阻抗匹配。将电路中的“portAdapter”删除，将输出 port 的阻抗设置为最佳功率匹配点的阻抗，如图 6.27 所示。

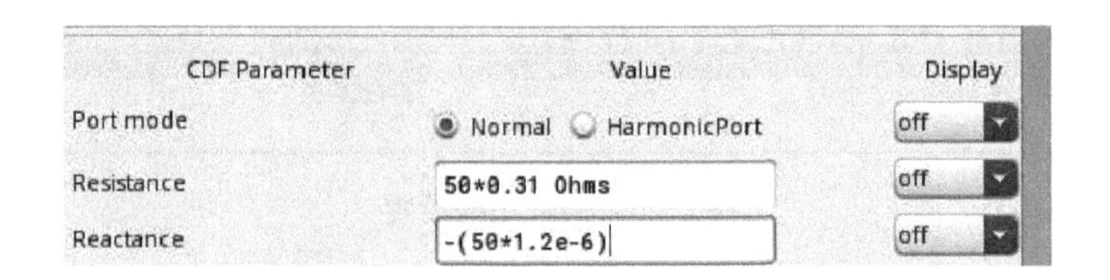

图 6.27　最佳功率匹配点的阻抗设置

选中 ADE 中“sp”仿真条件，选择 Analyses →Enable，进行 S 参数扫描，通过 Smith 圆图工具进行阻抗匹配即可得到完整的功率放大器的电路图。在输出端加入由电感和电容组成的匹配网络，其中串联电感的值为 2nH，串联电容的值为 1.84pF，并联电容的值为 1.12pF，如图 6.28 所示。

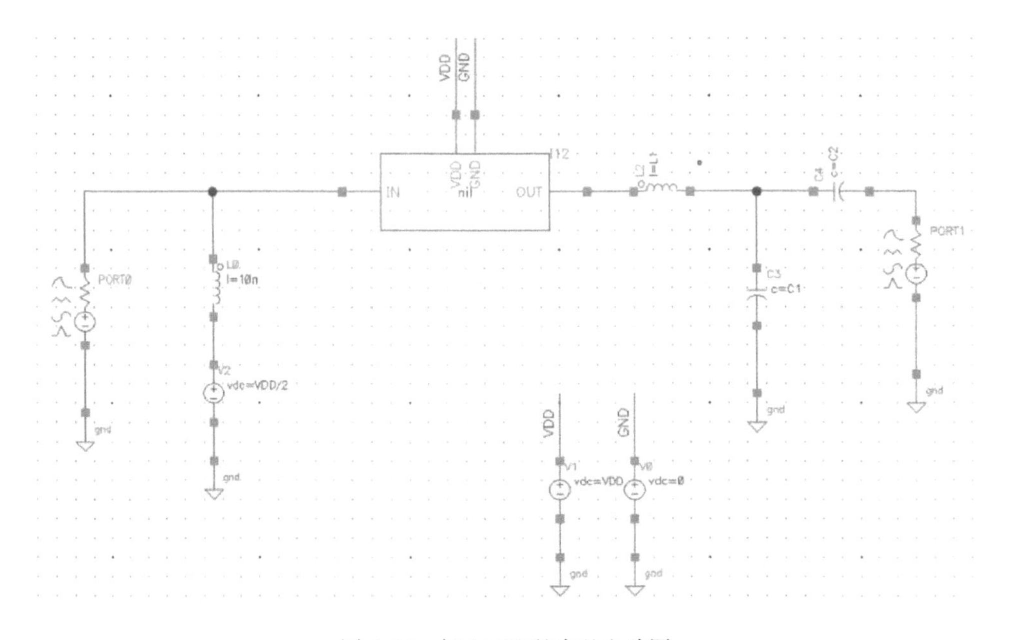

图 6.28　加入匹配的完整电路图

6.2.4　指标测试及电路优化

（1）1dB 压缩点输出功率

和 6.2.2 节所述的方法一致，对已经进行过阻抗匹配的电路进行 1dB 压缩点输出功率的仿真，结果如图 6.29 所示，可见输出 1dB 压缩点输出功率为 19.21dB，饱和输出功率为 20.77dB，均符合我们设计的指标要求。

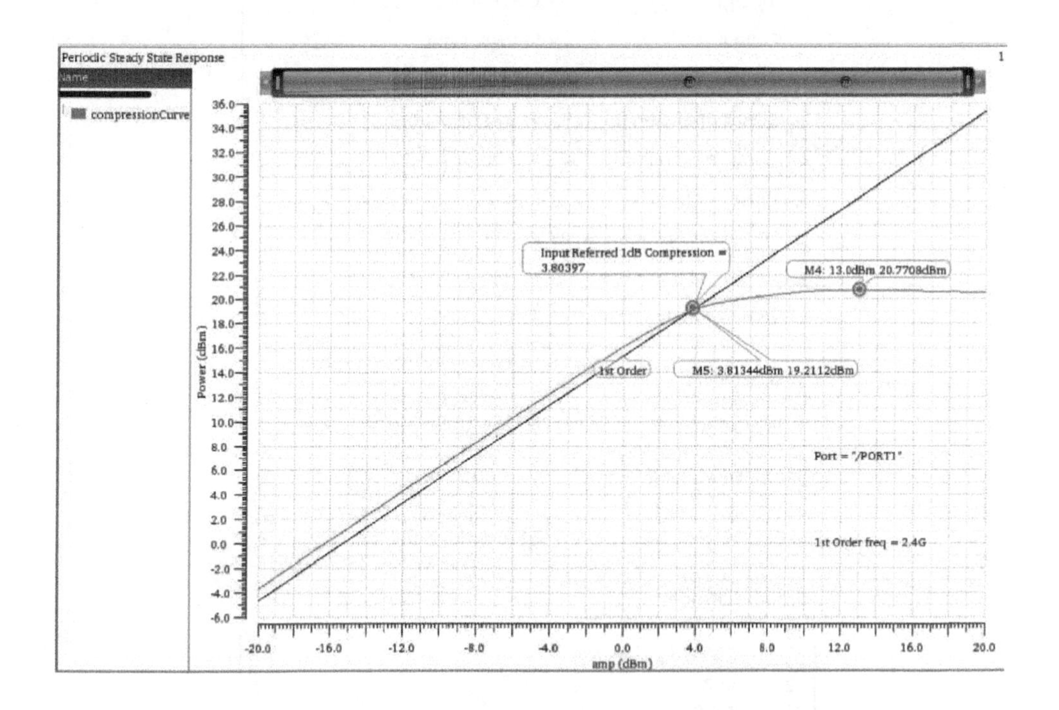

图 6.29　1dB 压缩点输出功率的仿真结果

（2）功率附加效率

同样在 pss 仿真结束后，选择 pss 项下的 “Power Added Eff.”，“Select” 项选择默认的 “Output，Input and DC Terminals”，选择 “2.4G”，如图 6.30 所示。然后在原理图中按顺序分别点击输出端口的端点、输入端口的端点、电源 “VDD” 的正极端点，则会自动弹出功率附加效率仿真结果，如图 6.31 所示，可见功率附加效率为 35.8，满足大于 30 的设计要求。

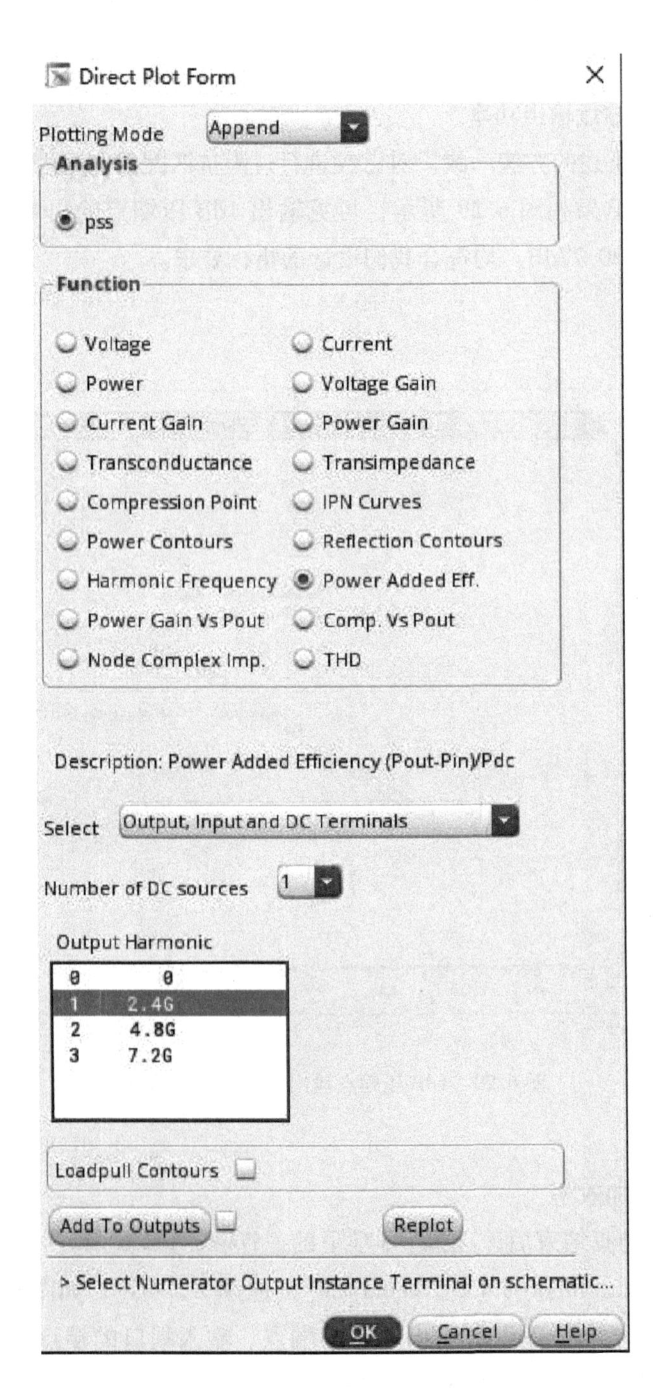

图6.30 查看功率附加效率

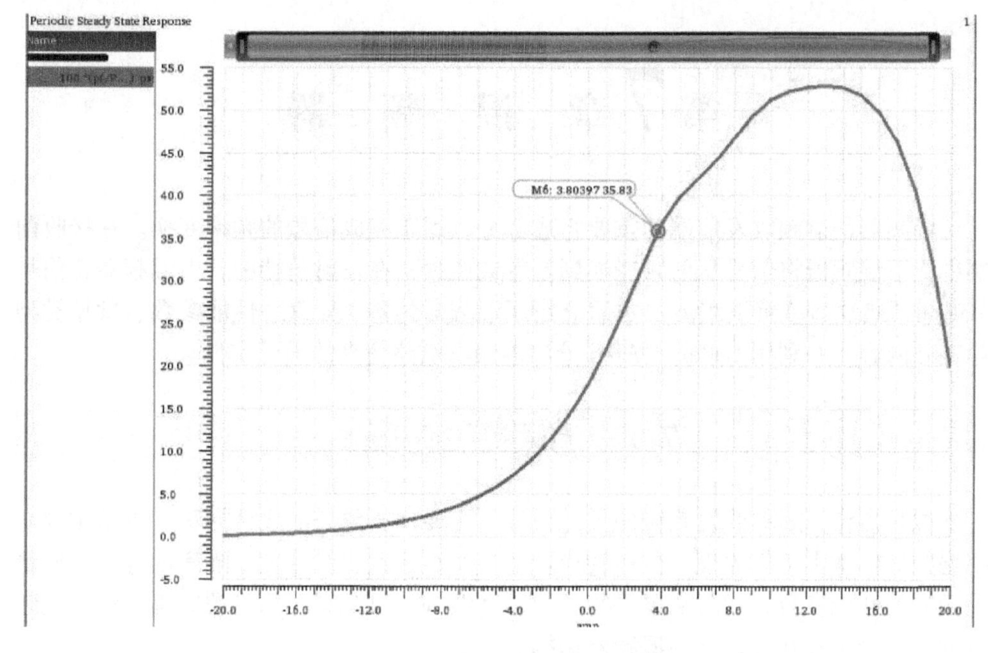

图 6.31　功率附加效率仿真结果

6.3　本章小结

功率放大器是射频发射前端的重要电路模块。本章主要介绍了功率放大器的基本原理，列举了功率放大器的主要性能参数和典型结构，并简述了负载线匹配理论。然后通过 S 波段功率放大器的实例分析，在 Cadence ADE 仿真环境下介绍了功率放大器的电路搭建、参数仿真、阻抗匹配方法和优化设计方法。

第7章 混 频 器

混频器是射频收发前端的重要组成部分，用于完成信号的频率变换。在接收前端中，下混频器将信号从射频变换到基带或中频；在发射前端中，上混频器将信号从基带或者中频变换到射频。本章介绍了混频器的基本原理、性能参数、常见类型等基础内容，并利用 Cadence ADE 给出混频器电路仿真的设计实例。

7.1 混频器设计概述

混频器作为射频收发系统的关键模块，主要用于频谱的线性搬移。本节主要介绍混频器的基本工作原理，分析转换增益、噪声系数、线性度、隔离度等用于衡量混频器的性能参数，然后从单平衡和双平衡结构，以及有源和无源结构介绍了混频器的常用分类和几种常见的混频器结构。

7.1.1 混频器基本原理

混频器是三端口器件，用来将信号从一个频率转移到另一个频率。最早的混频器伴随着超外差接收机产生，是 1924 年由 Edwin Armstrong 研制而成。混频器的核心原理是两个信号在时域上相乘，而频域上进行频谱搬移。将两个正弦信号进行相乘，可以得到一个和频信号和一个差频信号，由式（7-1）表示：

$$(A\cos\omega_1 t)(B\cos\omega_2 t) = \frac{AB}{2}[\cos(\omega_1 - \omega_2)t + \cos(\omega_1 + \omega_2)t] \tag{7-1}$$

当射频输入信号和本振信号经过一个具有二阶非线性的系统，可产生频率为 $\omega_1 + \omega_2$ 的频率分量和 $\omega_1 - \omega_2$ 的频率分量。该操作完成频率转换功能，其频域示意图如图 7.1 所示。

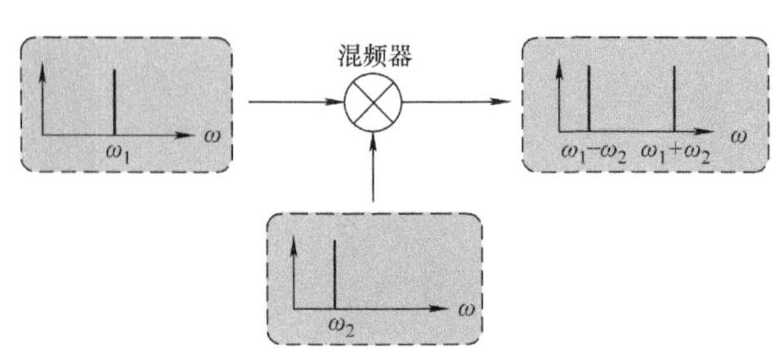

图 7.1 混频器频域示意图

对于线性时不变系统来说，在输出信号中不产生在输入中不存在的频率分量，非线性是产生新频率的必要条件，因此混频电路需要具有非线性的传递函数。实现非线性可以简单的是一个二极管后面通过滤波器滤除不需要的频率分量，也可以由双平衡交叉耦合电路即吉尔伯特单元来实现。

7.1.2 混频器性能参数

衡量混频器的性能参数主要有转换增益、线性度、噪声系数、端口隔离度等。混频器一般位于系统的中间级，其性能指标通常需要根据前后级的其他模块进行综合考虑。必要情况下，需要对每个模块的性能进行多次迭代运算，折中设计出最优指标。

（1）转换增益

转换增益是混频器的一个重要参数，是输出差频信号或和频信号与输入信号的比值，可以表示混频单元对信号的转换能力。用功率增益、电压增益或电流增益均可描述转换增益，如果用 G_p 表示功率增益；G_v 表示电压增益；G_i 表示电流增益；R_L 表示负载阻抗；R_S 表示源阻抗，其联系可表示为

$$G_p = G_v^2 \frac{R_s}{R_L} = G_i^2 \frac{R_L}{R_S} \tag{7-2}$$

一般情况下，混频器的增益没有固定要求，需要在衡量系统整体的增益情况后，对其进行考量。在接收机中，混频器如果能够具有转换增益，可以降低混频器后级电路对系统整体噪声性能的影响；在发射机中，混频器如果能够具有转换增益，则可以减轻后级功率放大器对增益要求的压力，所以通常希望混频器可以提供正的转换增益。然而，混频器的增益过大可能导致后级信号的饱和，并且会影响系统的线性度指标；如果增益过小，也可能导致链路的整体增益不足。

（2）噪声系数

混频器的噪声系数可分为单边带（SSB）噪声系数和双边带（DSB）噪声系数。对于射频接收前端，输出频带内的信号大小仅与差频信号有关，但是输出频带内的噪声同时与射频信号频带内的噪声和其镜像信号频带内的噪声都有关。在双边带噪声系数的情况下，输入频率和镜像信号频率的噪声在输出端都被考虑进去；而单边带噪声系数只计算信号源在射频输入频率处产生的噪声。即使是采用一个理想的无噪声的混频器，也会产生 3dB 的单边带噪声系数。因为混合了射频信号和镜像频率噪声，信号源产生的噪声在输出端将变成两倍，单边带噪声系数和双边带噪声系数的关系为

$$\mathrm{NF_{DSB}} = \mathrm{NF_{SSB}} - 3\mathrm{dB} \tag{7-3}$$

（3）线性度

线性度反应了信号由于系统非线性引起的失真程度，其大小决定了混频器能处理的最大信号的强度，无论在接收前端还是发射前端，混频器的输入信号能量都较

高，所以需要混频器有一个良好的线性度，可以用 1dB 压缩点或者三阶交调点来描述。

1dB 压缩点是当输出功率偏离理想线性输出功率 1dB 时的点。理想情况是希望输出能够正比于输入信号，当输入信号能量比较弱的时候，混频器的输出信号功率与输入信号功率之间呈线性关系，此时的转换增益是一个常数。当信号能量增强到一定强度时，由于混频器存在奇数阶非线性或者电压、电流受限，其转换增益开始降低，输出信号功率开始偏离线性增长关系。三阶交调点是另一个衡量混频器线性度的性能指标。当频段相近的信道存在的干扰信号经过混频器产生的三阶交调成分会落在有用的信号频带内，对有用信号造成干扰。

（4）端口隔离度

端口隔离度表明了混频器射频、中频、本振三个端口之间相互作用的能力，通常希望三个端口互相作用能力减小到最小。由于混频器存在寄生电容，各个端口之间会产生相互耦合作用，端口之间会产生泄漏，如图 7.2 所示。隔离度主要包括：本振端口到射频端口的隔离度，本振端口到中频输出端口的隔离度，以及射频端口到中频端口的隔离度。混频器的隔离度对射频系统十分重要，端到端泄漏的影响也取决于系统和电路的结构，因此要合理选择混频器的结构并进行合理的版图布局。

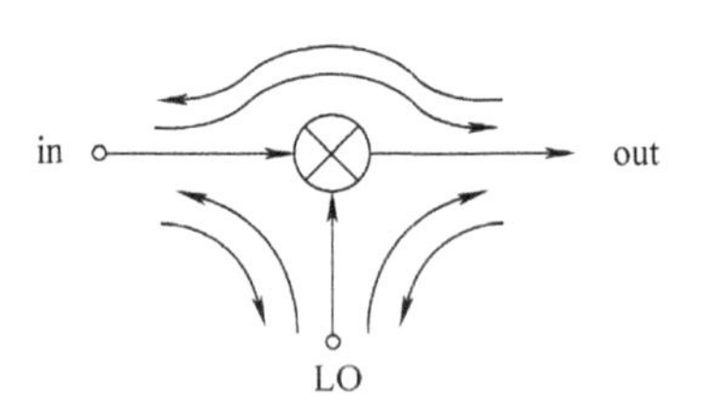

图 7.2 混频器三端口间信号泄漏示意图

除上述性能参数外，混频器的功耗、端口匹配、芯片面积等都会影响混频器的性能。其中，端口阻抗匹配的目的是得到最大传输能量。对于射频信号端口，可能需要利用电感、变压器等无源器件进行级间最大功率匹配；对于处于基带或较低的频率的端口，在设计中可以对芯片面积等问题进行折中考虑，不用严格进行阻抗匹配。所以在设计混频器时应综合考虑系统指标以及混频器的各项指标，进行合理规划。

7.1.3 混频器分类和常见结构

混频器分类方式有很多种，根据不同的电路结构，混频器可分为单平衡结构和双平衡结构。混频器可简单的由开关实现，如图 7.3 所示，本振输入和射频输入均为单端信号，其中本振信号 V_{LO} 控制开关的通断，使得 $V_{IF}=V_{RF}$ 或 $V_{IF}=0$。如果开关可以理想地开启或者关断，可以看成射频输入信号乘以一个在 0 和 1 之间跳变的方波信号，V_{LO} 是正弦信号也可，此时射频信号仅工作在本振信号的半个周期内。由于 MOS 管栅极到源极和栅极到漏级都存在寄生电容，所以本振到射频和本振到中频的都会出现泄漏现

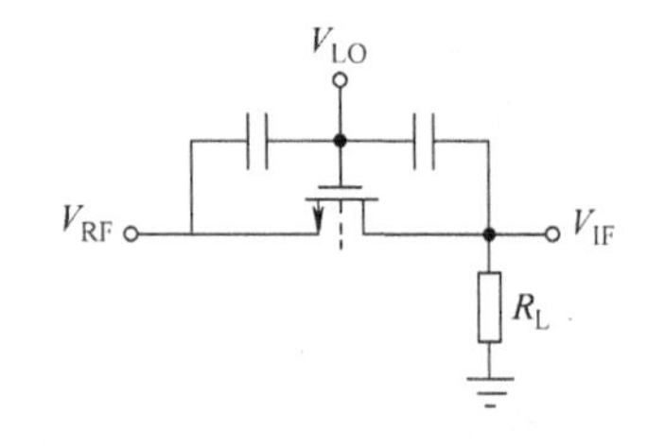

图 7.3 单个 MOS 管的混频器

象，因此单个MOS管的混频器隔离度较差。

采用两个开关可以有效提高效率，其示意图和实现方式分别如图7.4a和图7.4b所示。本振信号的整个周期都在工作中，将一个射频输入信号“转换”至两个输出端，即单平衡结构。因为采用差分的本振输入信号，所以这种结构相比图7.3的结构可以提供两倍的转换增益。即使输入端是单端信号，这种结构也可产生差分输出，从而简化后级电路设计。此外，如果电路是完全对称的，则不存在本振—射频的泄漏问题。但是单平衡混频器的本振—中频的泄漏较大。如果 V_{LO} 到 V_{out1} 的耦合为 $+\alpha V_{LO}$，到 V_{out2} 的耦合为 $-\alpha V_{LO}$，则在 $V_{out1}-V_{out2}$ 中包含了 $2\alpha V_{LO}$。

为消除这种现象，可以将两个单平衡混频器组合起来，使得输出端分别引入了两个相反的馈通作用，即双平衡混频器。如图7.4c所示，当 V_{LO} 为高时，$V_{out1}=V_{RF+}$，$V_{out2}=V_{RF-}$，$V_{out1}-V_{out2}$ 等于 $V_{RF+}-V_{RF-}$；当 V_{LO} 为低时，$V_{out1}=V_{RF-}$，$V_{out2}=V_{RF+}$，$V_{out1}-V_{out2}$ 等于 $V_{RF-}-V_{RF+}$，从而消除掉 $+\alpha V_{LO}$ 和 $-\alpha V_{LO}$ 这个本振泄漏。

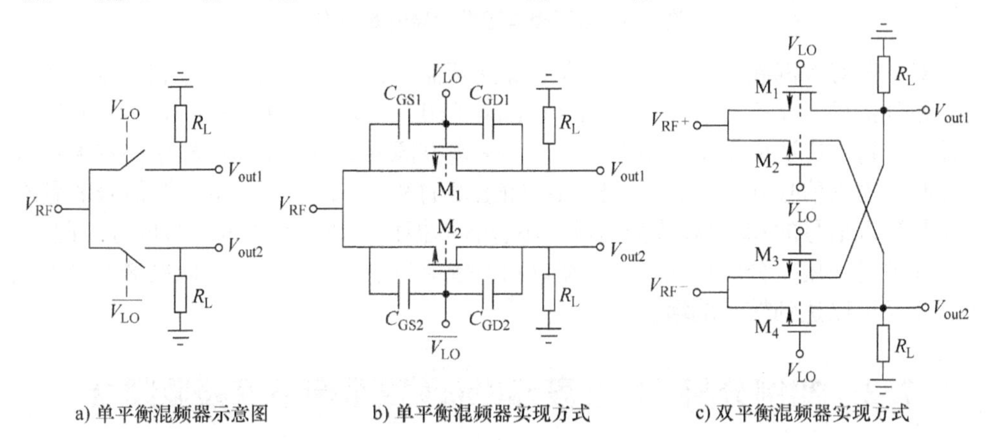

图7.4 单平衡混频器示意图、实现方式和双平衡混频器实现方式

根据是否能够提供转换增益，混频器可分为有源混频器和无源混频器。在无源结构中，混频器不提供转换增益。有源结构可提供正的转换增益，如图7.5所示，通常可实现三个功能：首先将输入射频电压信号转换成电流信号，然后由本振信号转换射频电流信号产生中频电流信号，最后再将中频电流信号转换成中频电压信号输出。无源和有源结构都可提供频率变换功能，但是后者存在电压到电流的转换过程和电流到电压的转换过程，可获得一定增益。

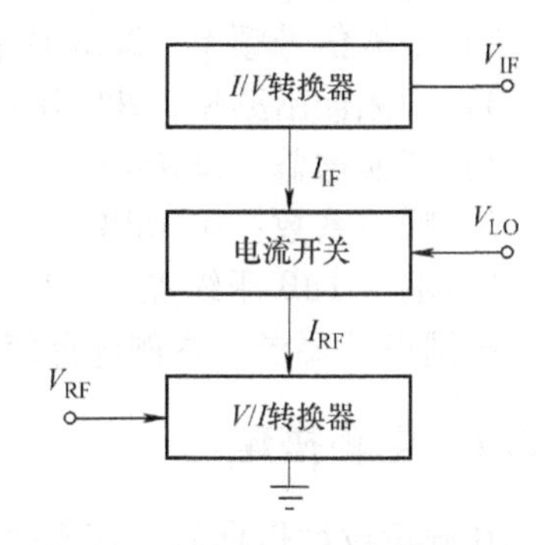

图7.5 有源混频器的主要功能

无源混频器又可以再按照电路结构分为单个MOS开关混频器、单平衡无源混频器和双平衡无源混频器；有源混频器也可以再按照电路结构分

为单端 CMOS 混频器、单平衡有源混频器和双平衡有源混频器（见图 7.6）等。

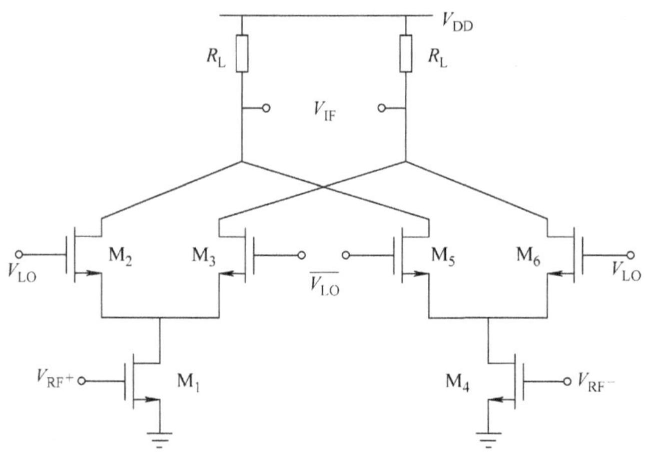

图 7.6　双平衡有源混频器电路结构

双平衡有源混频器由两个单平衡有源混频器组合而成，输入信号和本振信号均为全差分信号，又称吉尔伯特单元（Gilbert Cell），该结构由 Barrie Gilbert 在 1968 年提出，目前广泛应用于电路设计中。双平衡有源混频器的电路结构中的本振信号反并联，输入信号并联，因此本振项在输出端的和为 0，输出仅由本振信号的各次谐波与输入信号的和/差频成分组成，不包含本振信号成分和输入信号成分。此外，由于开关对采用差分对形式，本振端口和射频端口的隔离度较高，偶次谐波失真较小，而且可以达到较高的增益。

7.2 实例分析：S 波段 Gilbert 双平衡下变频混频器

本节以 S 波段 Gilbert 双平衡下变频混频器为例，介绍混频器的基本设计流程和 Cadence ADE 的仿真方法。

其设计指标具体如下：

1）射频输入频率：2.4GHz；

2）本振信号频率：2.2GHz；

3）中频输出频率：200MHz；

4）转换增益：≥10dB；

5）噪声系数：≤10dB；

6）输入 1dB 压缩点：－10dBm。

根据设计要求，本例选择使用 tsmcN90rf 工艺来设计混频器。

7.2.1 电路搭建

在确定设计指标后，首先要进行电路的初步设计与仿真，具体仿真步骤如下：

1）在命令行输入“virtuoso &”，运行 Cadence IC，弹出 CIW 窗口。

2）首先将设计关联到工艺库，点击 File→New→Library 命令，弹出“New Library”界面，输入“Mixer_SAMPLE”，并点击“Attach to an existing technology library”关联至 TSMC90 工艺库文件，如图 7.7 所示。

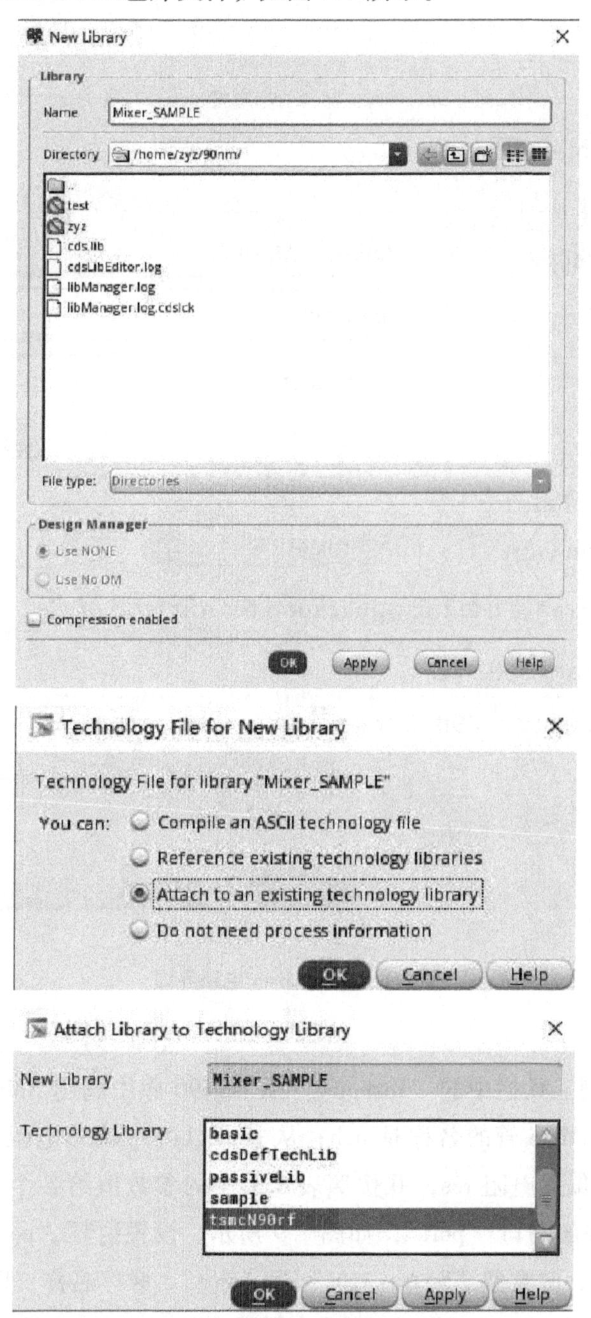

图 7.7 建立设计库并关联至工艺库文件

3）点击 File→New→Cellview 命令，弹出“Cellview”界面，输入“mixer”作为 schematic 的名称，如图 7.8 所示，点击 OK 按钮，此时原理图设计窗口会自动打开。

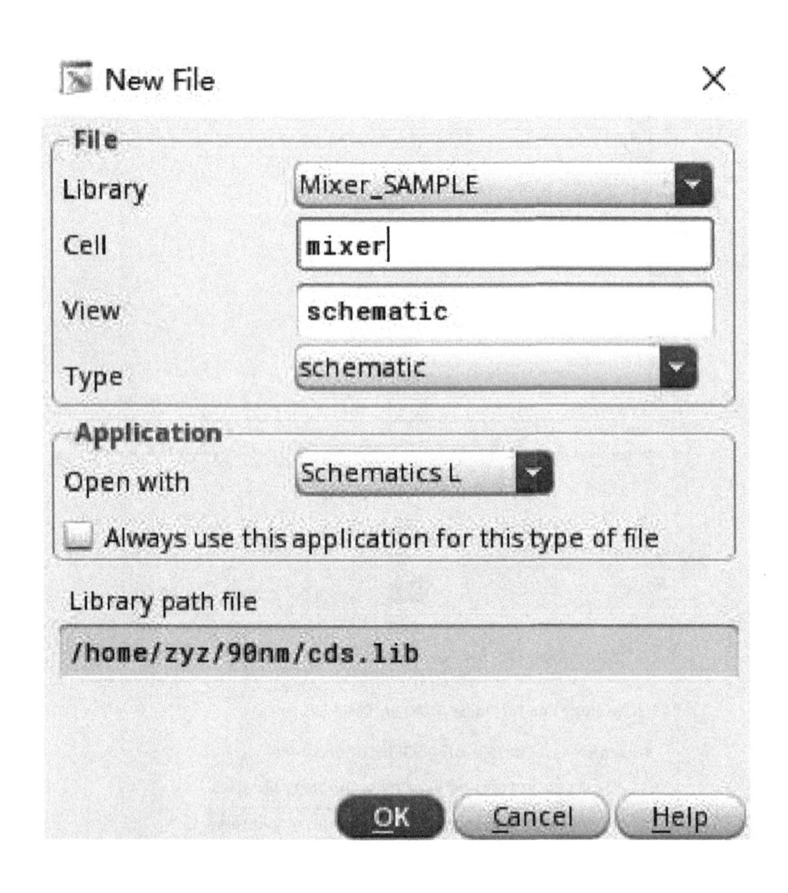

图 7.8　建立 mixer 电路界面

4）点击左侧工具栏中的“Instance”从 tsmc90 库中调用 NMOS 管，在 TSMC 90nm 工艺库中 NMOS 管的名称是 nch；从 analogLib 中调用电阻 R1、R2（res），隔直电容 cap 和偏置电阻 res，并按照表 8.1 中的参数值给各个元器件赋值。再从 analogLib 中添加端口“port”，如图 7.9 所示，设置射频“port”的阻抗“Resistance”为 50Ω，源类型“Source type”为“sine”，频率名称“Frequency name1”为“frf”，频率“Frequency 1”为“frf”，幅度“Amplitude 1（dBm）”为“prf”。

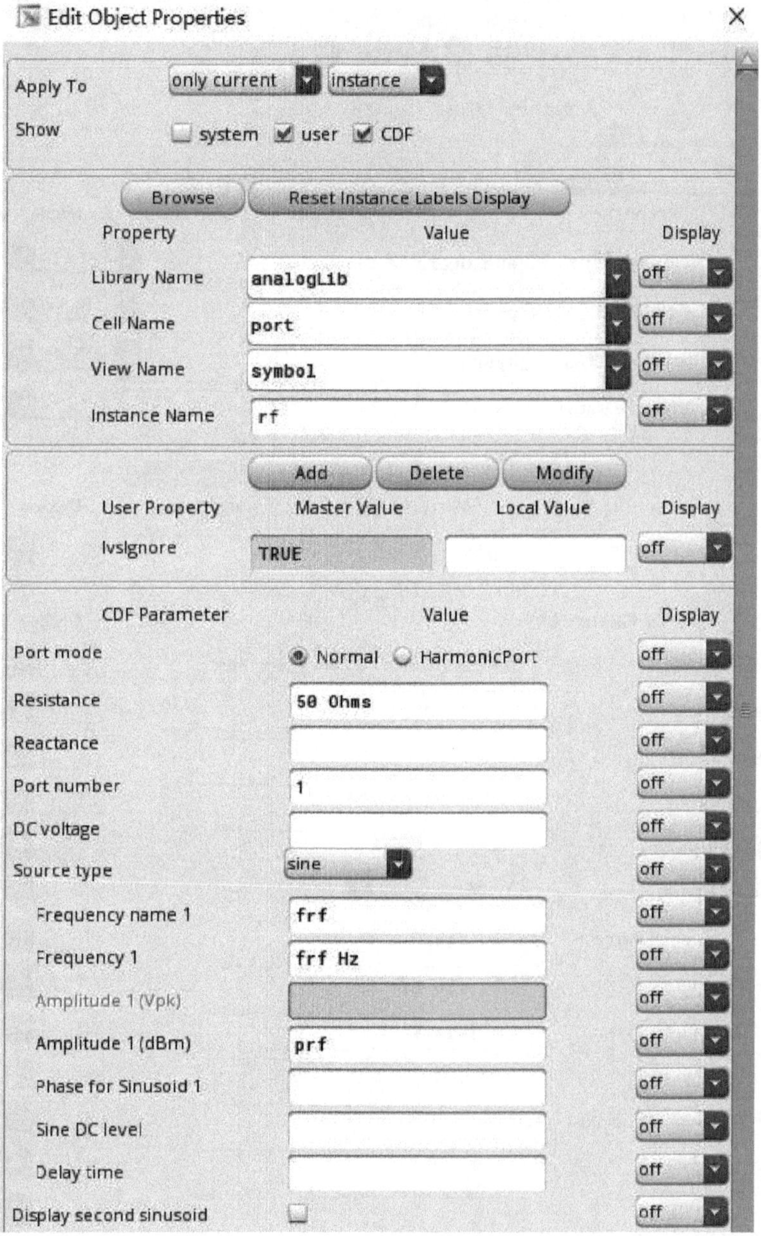

图7.9 射频“port”设置界面

如图7.10所示，设置本振“port”的阻抗“Resistance”为50Ω，源类型“Source Type”为“sine”，频率名称“Frequency name1”为“flo”，频率“Frequency 1”为“flo”，幅度“Amplitude 1（Vpk）”为“vlo”。

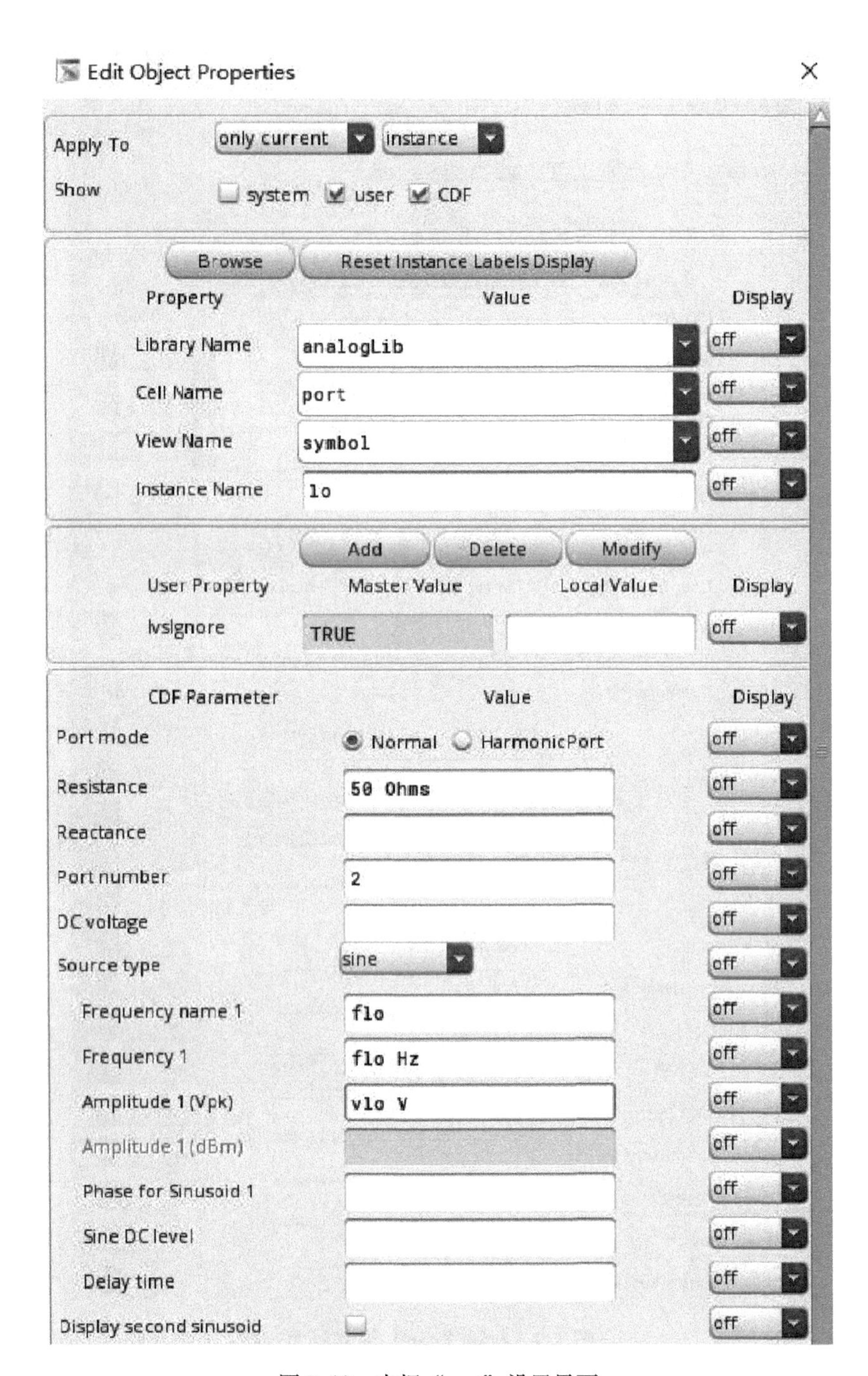

图 7.10　本振“port”设置界面

如图 7.11 所示，设置中频“port”的阻抗“Resistance”为“ifres”，直流电压“DC voltage”为“0”，源类型“Source Type”为“dc”。

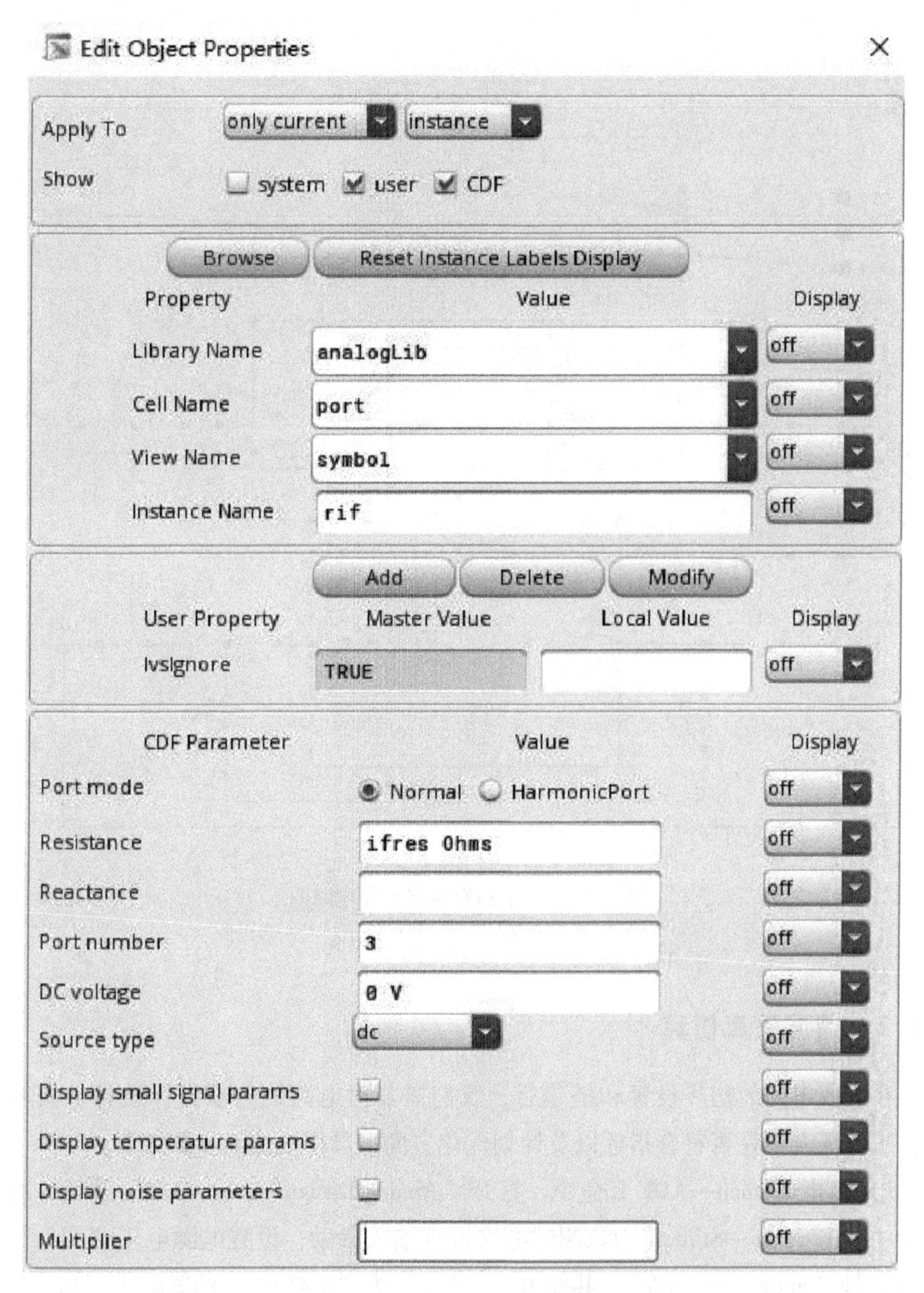

图7.11 中频“port”设置界面

再点击“Pin”和“Wire（narrow）”将元器件连接起来，得到基于Gilbert单元的混频器电路如图7.12所示。

5）在建立原理图后，在原理图工具栏中点击“Check and Save”对电路进行检查和保存。

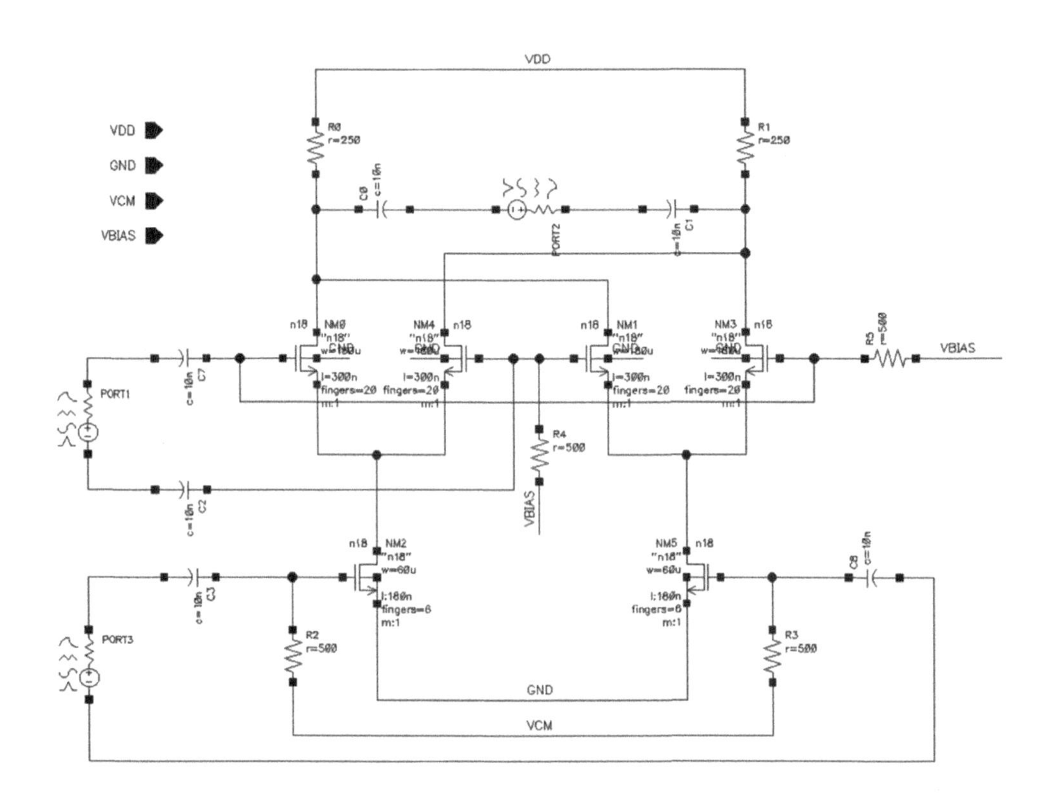

图7.12　双平衡有源混频器电路图

7.2.2　谐波失真仿真

在完成电路的初步设置和搭建后，我们需要对电路的各项指标进行仿真和测试，来验证一下是否符合指标以及计划优化方向，具体的仿真步骤如下：

1）点击Launch→ADE L命令，打开“Analog Design Environment”界面，在工具栏中点击Setup→Stimuli为该测试电路设置输入激励，设置电源电压“vdda”为1.2V，地“gnda”为“0V”，共模电压“V_{cm}”为“0.45V”，偏置电压“V_{bias}”为“0.8V”，如图7.13所示。之后在工具栏中点击Setup→Model Librarise，在此可以设置工艺库模型的信息和相关工艺角，如图7.14所示。

2）点击Variables→Copy From Cellview命令，再点击Variables→Edit，此时弹出界面，在界面中依次设置各变量的值，最终设置结果如图7.15所示。

Setup Analog Stimuli

Stimulus Type ◉ Inputs ○ Global Sources

ON vcm /gnd! Voltage dc "DC voltage"=450m
ON vbias /gnd! Voltage dc "DC voltage"=800m
ON gnda /gnd! Voltage dc "DC voltage"=0
ON vdda /gnd! Voltage dc "DC voltage"=1.2

Enabled ☑ Function dc Type Voltage
DC voltage 800m
AC magnitude
AC phase
XF magnitude
PAC magnitude
PAC phase
Temperature coefficient 1
Temperature coefficient 2
Nominal temperature
Source type dc
Noise file name
Number of noise/freq pairs 0
Freq 1
Noise 1
Freq 2

OK Cancel Apply Change Help

图 7.13 设置输入激励界面

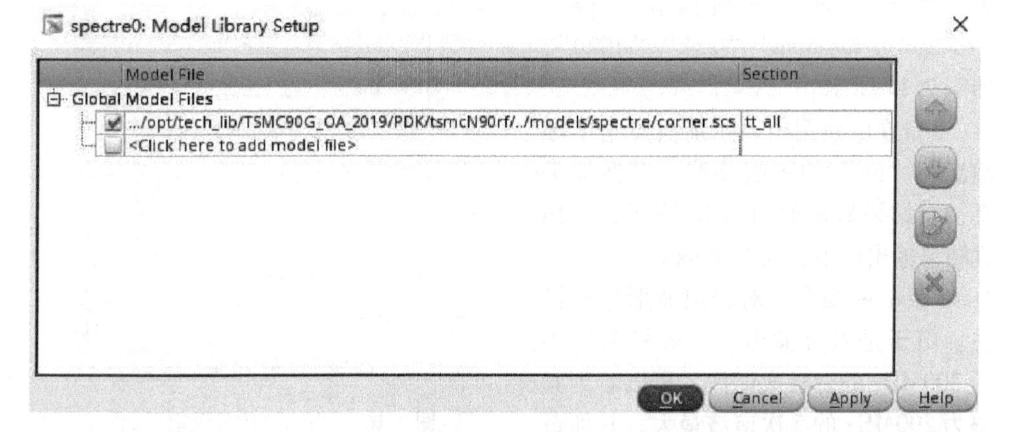

图 7.14 工艺库模型信息和工艺角界面

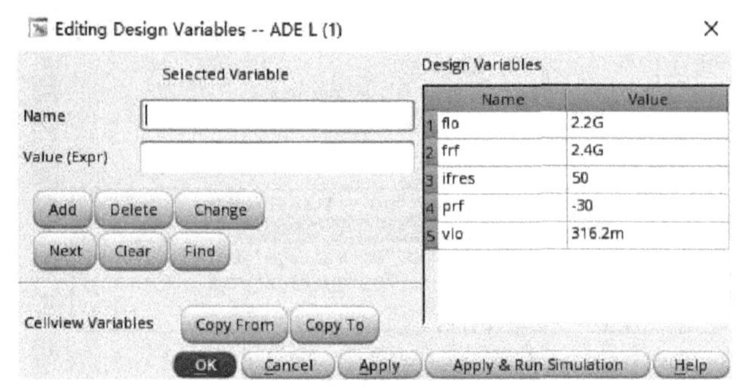

图 7.15 设置变量值界面

3）点击 Analyses→Choose 命令，弹出界面，选择“pss”进行周期稳定性仿真，在“Beat Frequency”中填入“200M”，并点击“Auto Calculate”。200MHz 是射频信号输入频率 2.4GHz 和本振信号输入频率 2.2GHz 的最大公约数。在“Output harmonics”中输入仿真的谐波数为“30”，这样根据 200MHz×30＝6GHz，这样设置的频率可以覆盖我们仿真需要观察的频率范围。在仿真准确度“Accuracy Defaults”中选择“moderate”，如图 7.16 所示，点击 OK 按钮，完成设置。

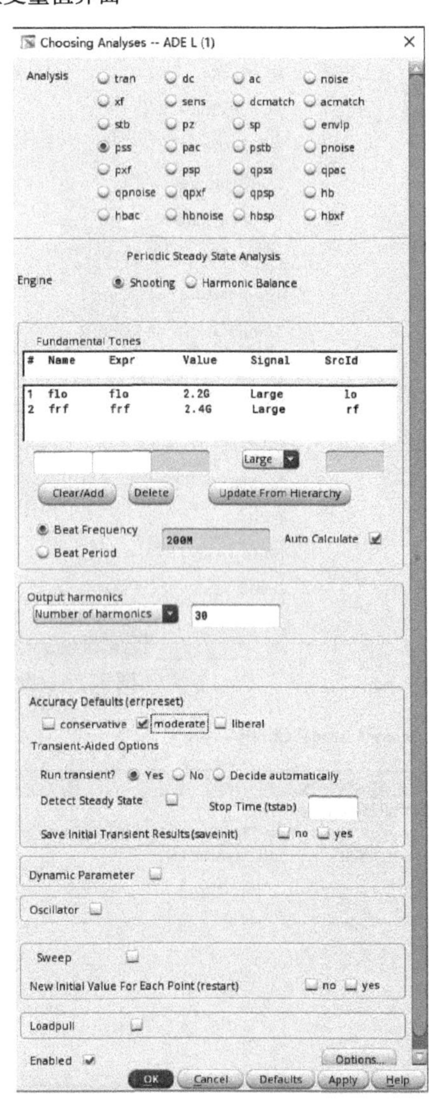

图 7.16 “pss”仿真设定界面

4）点击 Simulation→Netlist and Run 命令，开始仿真。仿真结束后，选择 Results→Direct Plot→Main Form 命令，弹出界面，分别点击“pss”“Voltage”“spectrum”“peak”“dB20”，如图 7.17 所示。

5）在电路图中显示箭头点击中频输出端“pif”的正端连线，总谐波失真仿真结果显示如图 7.18 所示，在仿真结果输出框中，点击 Marker→Place→Trace Marker 命令，对输出波形进行标注。由于是差分输出，一般只关注中频 200MHz 的奇数次谐波，可以看到频率为 200MHz 的 5 次谐波最大，其他奇数次谐波远小于5次谐波，不作过多关注。因此总谐波失真可看作中频基波输出和5次谐波的差值，即 THD = -47.89dB - (-107.72dB) = 59.83dB。

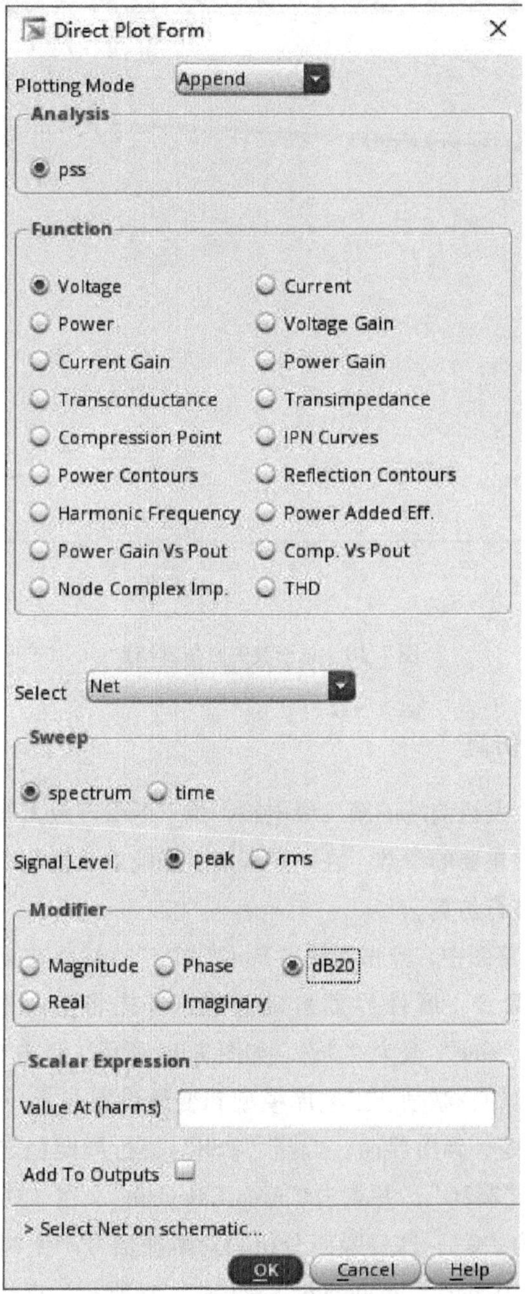

图7.17 “Direct Plot Form”窗口界面

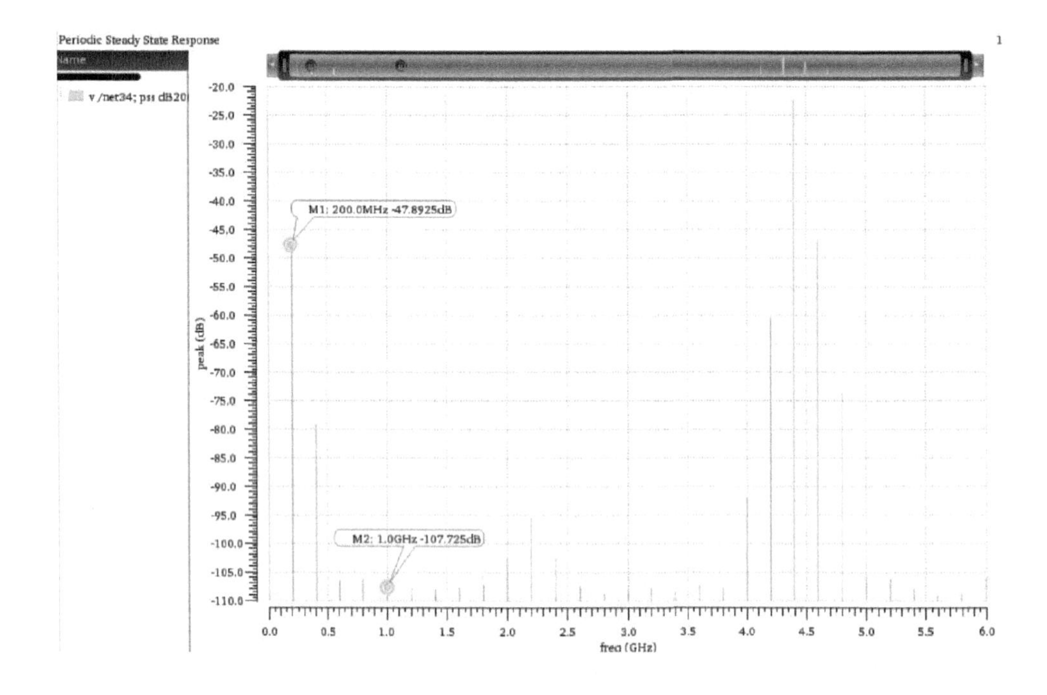

图7.18　总谐波失真仿真结果

7.2.3　噪声系数仿真

混频器一般是收发机前端的第二级电路，位于低噪声放大器之后，混频器的噪声系数也是一个非常重要的参数，在一定程度上影响着收发前端的噪声性能，以下对混频器噪声系数进行仿真。

1）在混频器电路图中，点击射频“Port”“Prf”，然后在菜单栏中选择Edit→Properties→Objects命令，属性界面自动弹出，首先将上一节中设置的源类型“Source type”中的“sine”改为“dc”，如图7.19所示，点击OK按钮。

2）在ADE窗口中，激励、工艺库模型和变量设置与上一节仿真相同。点击Analyses→Choose命令，弹出界面，选择“PSS”进行周期稳定性仿真，在“Beat Frequency”中填入“2.2G”，并点击“Auto Calculate”。在“Output harmonics”中输入仿真的谐波数为“0”，这样噪声分析只对本振信号产生响应。在仿真准确度“Accuracy Defaults”中选择“moderate”，如图7.20所示，点击Apply按钮，完成设置。

3）再选择Analyses→pnoise命令，在“Output Frequency Sweep Range”中的

“Start”输入开始扫描频率“1k”，在“Stop”中输入结束频率“2.5G”。在“Sweep Type”中选择“Logarithmic”形式，并选择“Points Per Decade”输入“10”，表示每频程扫描10个点。在“Output harmonics”中输入仿真的谐波数为“30”。在“Output”的“Positive Output Node”中，点击“Select”，用箭头在电路图中选择中频输出“Port”的正端，重复同样操作在“Negative Output Node”中选择中频输出“Port”的负端。同样的在“Input Source”中选择射频“port”作为输入源。最后在“Reference Side - Band”中输入“-1”，完成设置后如图7.21所示。

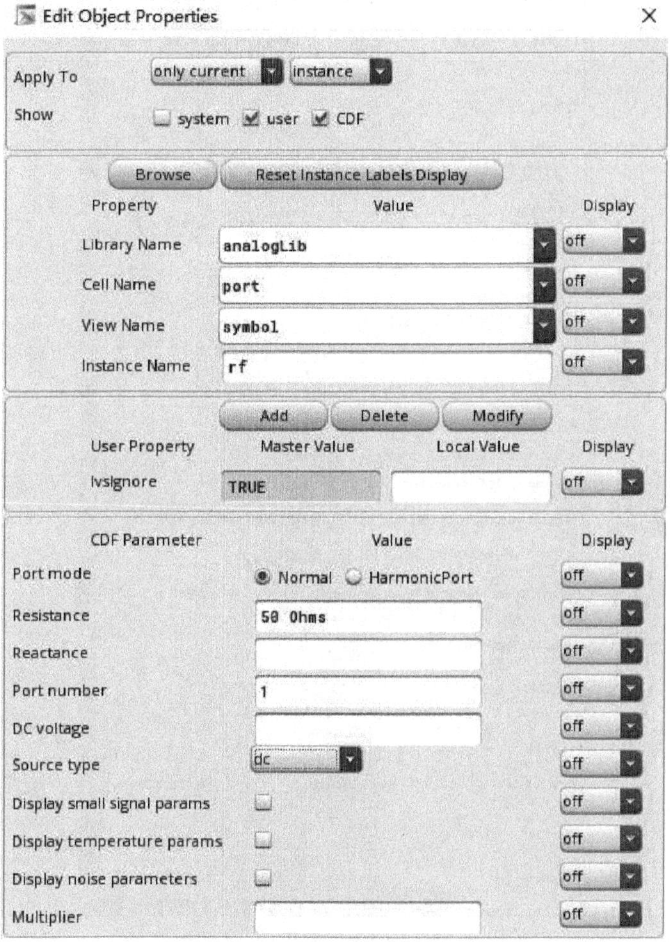

图7.19 改变射频“Port”属性为“dc”

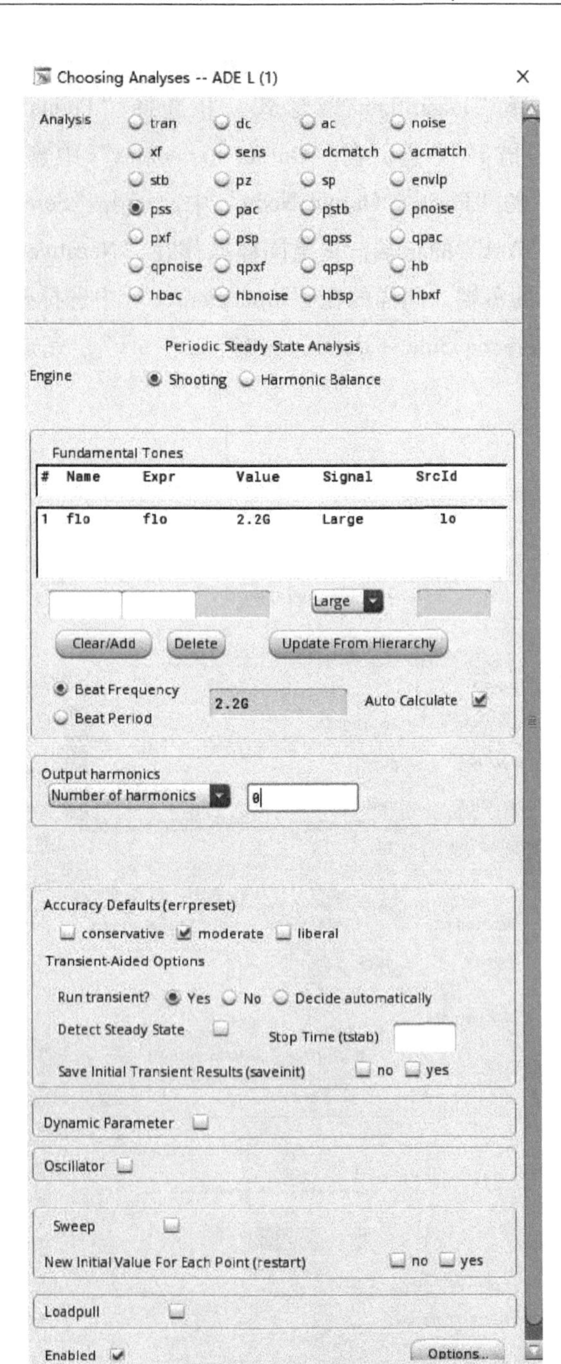

图 7.20 “pss” 仿真设定界面

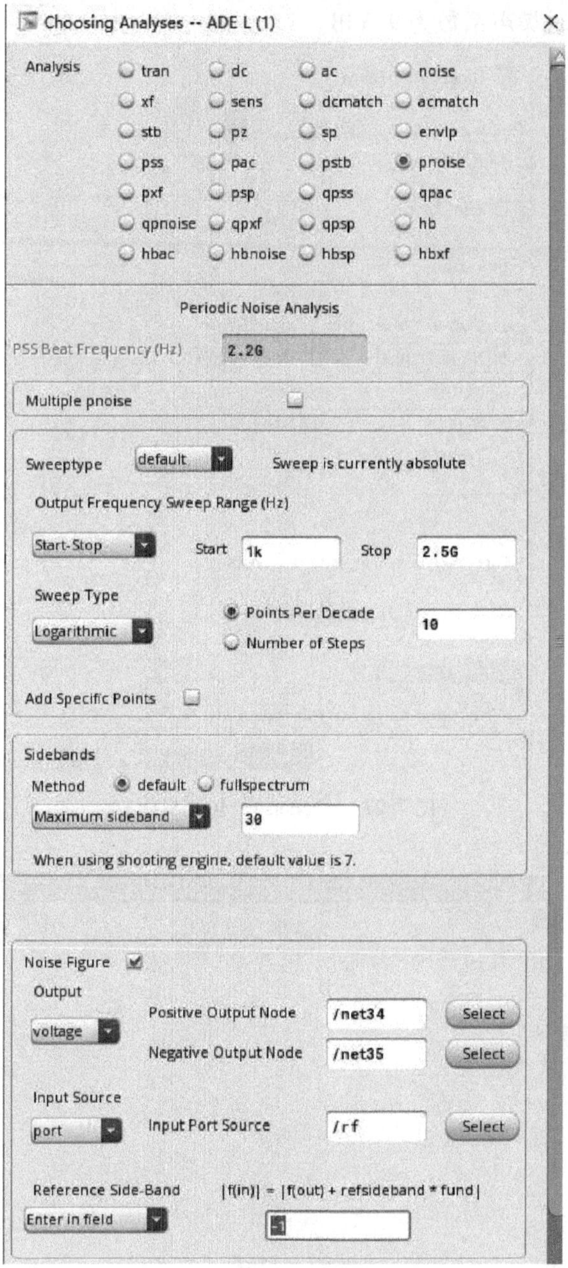

Choosing Analyses -- ADE L (1)

Analysis: tran, dc, ac, noise, xf, sens, dcmatch, acmatch, stb, pz, sp, envlp, pss, pac, pstb, pnoise, pxf, psp, qpss, qpac, qpnoise, qpxf, qpsp, hb, hbac, hbnoise, hbsp, hbxf

Periodic Noise Analysis

PSS Beat Frequency (Hz) 2.2G

Multiple pnoise

Sweeptype default Sweep is currently absolute

Output Frequency Sweep Range (Hz)

Start-Stop Start 1k Stop 2.5G

Sweep Type

Logarithmic Points Per Decade 10

Number of Steps

Add Specific Points

Sidebands

Method default fullspectrum

Maximum sideband 30

When using shooting engine, default value is 7.

Noise Figure

Output

voltage Positive Output Node /net34 Select

Negative Output Node /net35 Select

Input Source

port Input Port Source /rf Select

Reference Side-Band |f(in)| = |f(out) + refsideband * fund|

Enter in field -1

图 7.21 “pnoise”仿真设定界面

4）选择 Simulation→Netlist and Run 命令，开始仿真。仿真结束后，选择 Results→Direct Plot→Main Form 命令，弹出界面，分别点击“pnoise”“Noise Figure”，如图 7.22 所示。点击“Plot”，输出噪声系数波形如图 7.23 所示，在仿真结果输出框中，选择 Marker→Place→Trace Marker 命令，对输出波形进行标注，在

200MHz 中频输出时噪声系数为 9.3dB。

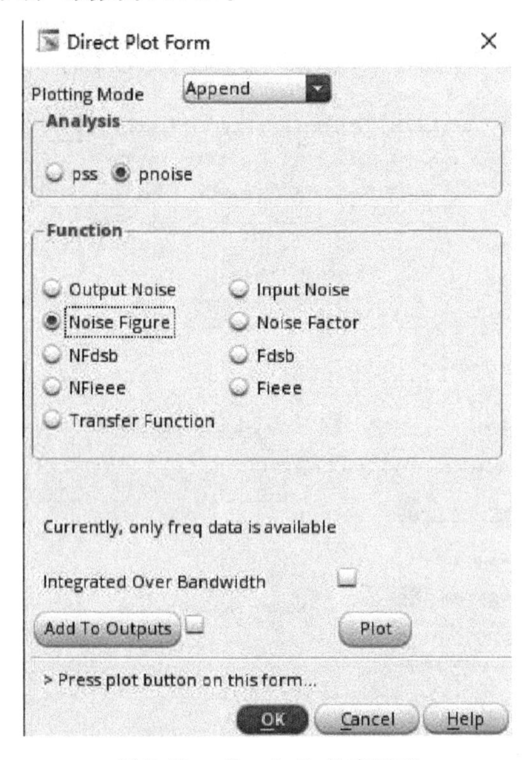

图 7.22 “pnoise”仿真界面

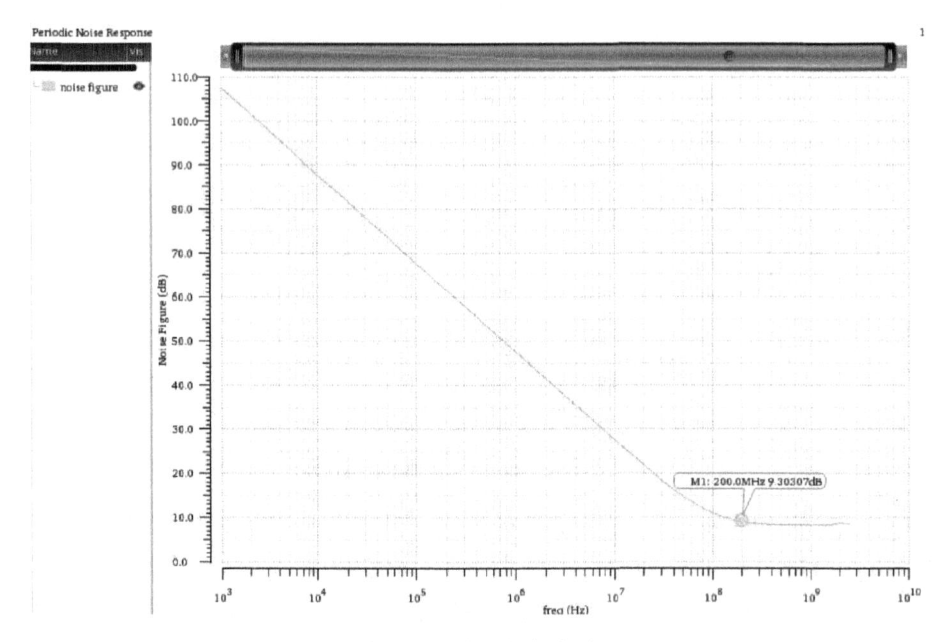

图 7.23 噪声系数仿真结果

7.2.4 转换增益仿真

在进行了混频器的功能和噪声系数仿真之后，本小节对混频器的转换增益进行仿真分析。

1）在混频器电路图中，点击射频“Port”“Prf”，然后在菜单栏中选择 Edit→Properties→Objects 命令，弹出属性界面，将源类型“Source Type”设置为“dc”，将“PAC Magnitude”设置为“1V”。与进行噪声系数仿真时相同，如图 7.24 所示，点击 OK 按钮。

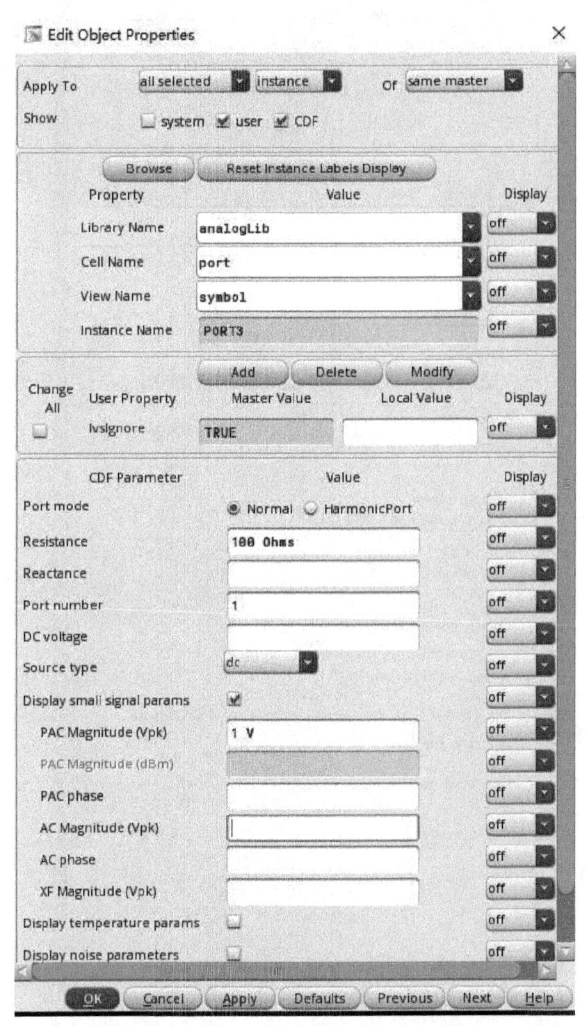

图 7.24 射频“Port”属性设置为“dc”

2）在 ADE 窗口中，激励、工艺库模型和变量设置不变。选择 Analyses→Choose 命令，弹出界面，选择“pss”进行周期稳定性仿真，在“Beat Frequency”

中填入“2.2G”，并点击“Auto Calculate”。在“Output harmonics”中输入仿真的谐波数为“0”，这样变频增益分析只对本振信号产生响应。在仿真准确度“Accuracy Defaults”中选择“moderate”，如图 7.25 所示，点击 Apply 按钮，完成设置。

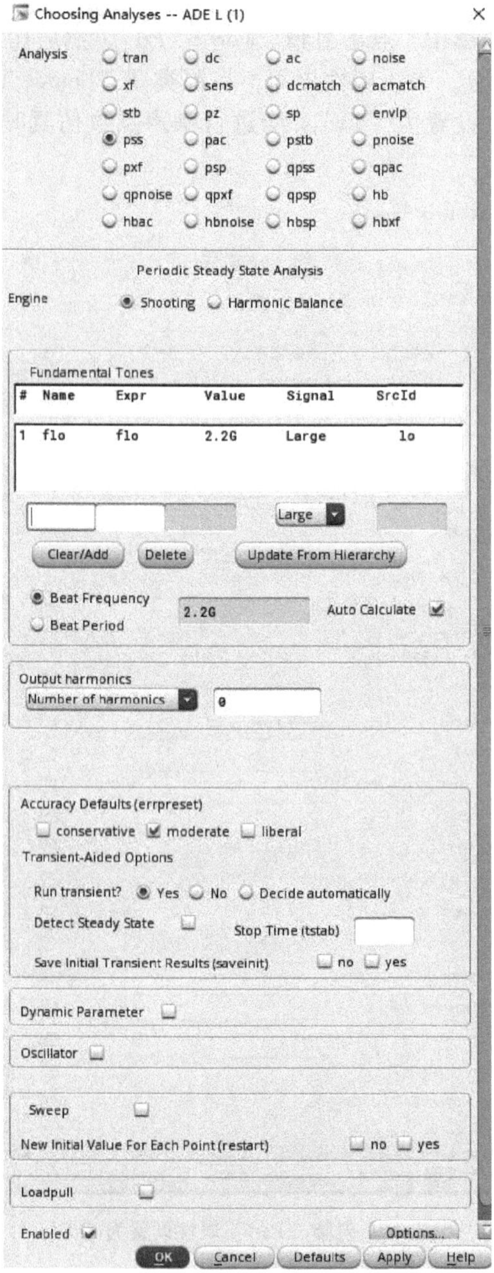

图 7.25 “pss”仿真设定界面

3）再选择 Analyses→pac 命令，在“Input Frequency Sweep Range”中的“Start”输入开始扫描的频率“flo + 1M”，在“Stop”中输入结束频率“flo + 200M”。在“Sweep Type”中选择“Linear”形式，并选择“Number of Steps”输入“400”，表示线性扫描400个频率点。在“Sidebands”的“Maximum sideband”中输入边带数为“5”。完成设置后如图7.26所示。

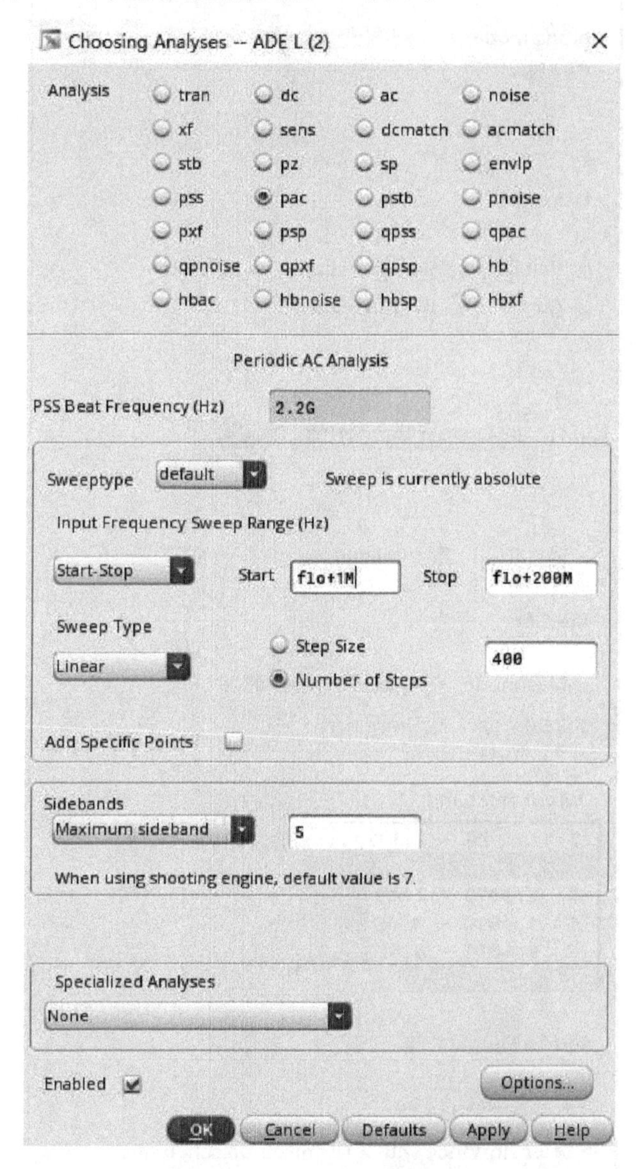

图7.26 “pac”仿真设定界面

4）选择 Simulation→Netlist and Run 命令，开始仿真。仿真结束后，选择 Results→Direct Plot→Main Form 命令，弹出界面，分别点击“pac”“Voltage”“sideband”“dB20”，最后在“Output Sideband”中选择要观测的频率范围，这里选择输出频率“1M－200M”，如图 7.27 所示。然后用箭头选择射频“Port”输出转换增益波形如图 7.28 所示，可以看出，电路的转换增益在 12.8dB 左右。

Direct Plot Form

Plotting Mode: Append

Analysis
- pss
- pac (selected)

Function
- Voltage (selected)
- Voltage Gain
- Current
- IPN Curves

Select: Instance with 2 Terminals

Sweep
- spectrum
- sideband (selected)

Modifier
- Magnitude
- Phase
- dB20 (selected)
- Real
- Imaginary

Output Sideband

-2	2G - 2.199
-1	1M - 200M
0	2.201G - 2.4G
1	4.401G - 4.6G
2	6.601G - 6.8G

Add To Outputs ☑

freqaxis = absout

> Select Instance with 2 Terminals on schematic...

OK　Cancel　Help

图 7.27　“pac”仿真界面

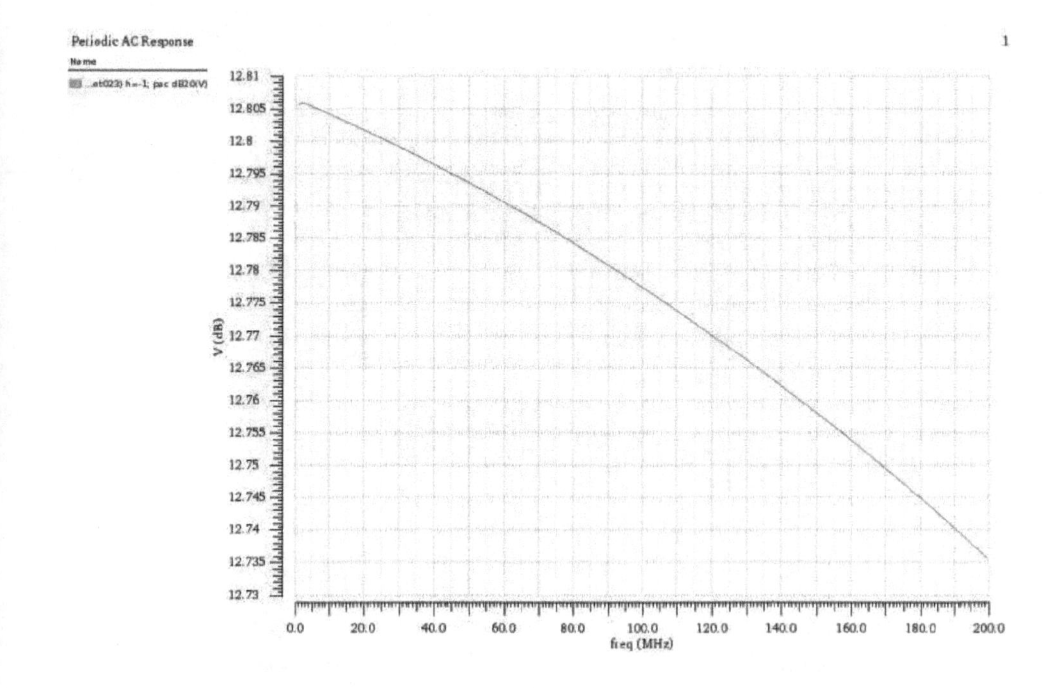

图 7.28　转换增益波形仿真结果

7.2.5　线性度仿真

混频器作为有源电路，其线性度直接影响接收机的整体线性度，同时也限制着本振输入信号功率的大小，以下对混频器的线性度指标进行仿真。

（1）1dB 压缩点仿真

1）在混频器电路图中，点击射频“Port”“Prf”，然后在菜单栏中选择 Edit→Properties→Objects 命令，弹出属性界面，将源类型“Source type”设置为“sine”，如图 7.29 所示，点击 OK 按钮。

2）在 ADE 仿真窗口中，激励、工艺库模型和变量设置与之前相同。选择 Analyses→Choose 命令，弹出界面，选择“pss”进行周期稳定性仿真，在“Beat Frequency”中填入“200M”，并点击“Auto Calculate”。在“Output harmonics”中输入仿真的谐波数为“2”。在仿真准确度“Accuracy Defaults”中选择“moderate”，“pss”上半部分设置如图 7.30 所示。

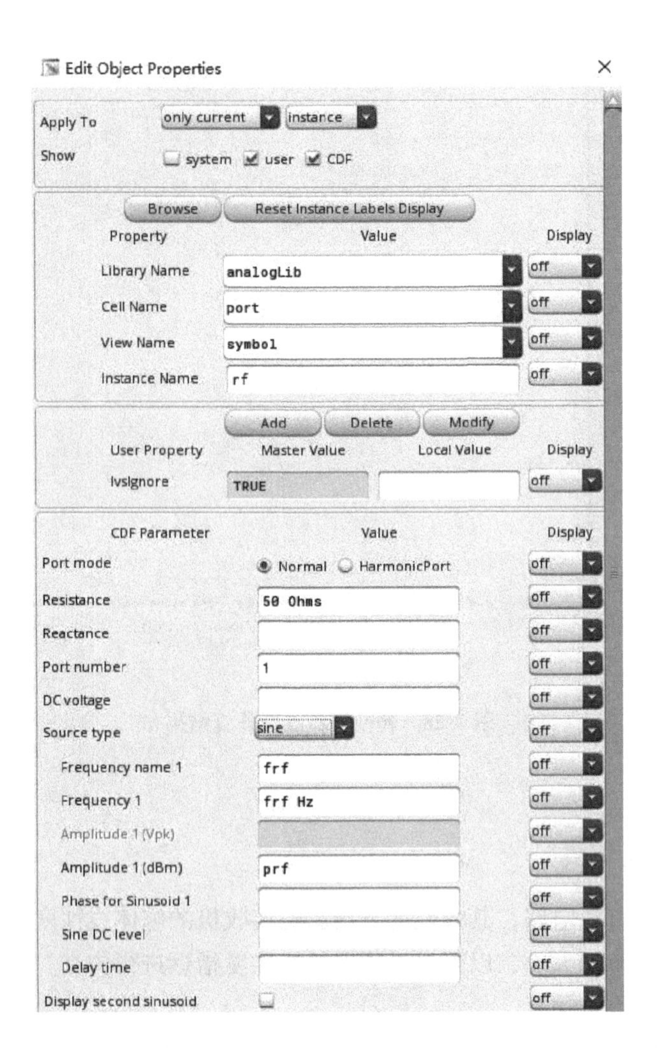

图 7.29　射频“Port”属性设置为“sine”

在“pss”设置界面中点击“Sweep”选项，点击“Select Design Variable”，从弹出的界面中点击“prf”，作为输入变量，如图 7.31 所示。

之后在“Sweep Range”中的“Start”射频输入开始扫描功率“-30”，在“Stop”中输入扫描结束功率“10”，此处的单位为 dBm。在“Sweep Type”中选择“Linear”形式，并选择“Number of Steps”输入“10”，表示线性扫描 10 个频点，完成“pss”设置的下半部分，如图 7.32 所示。

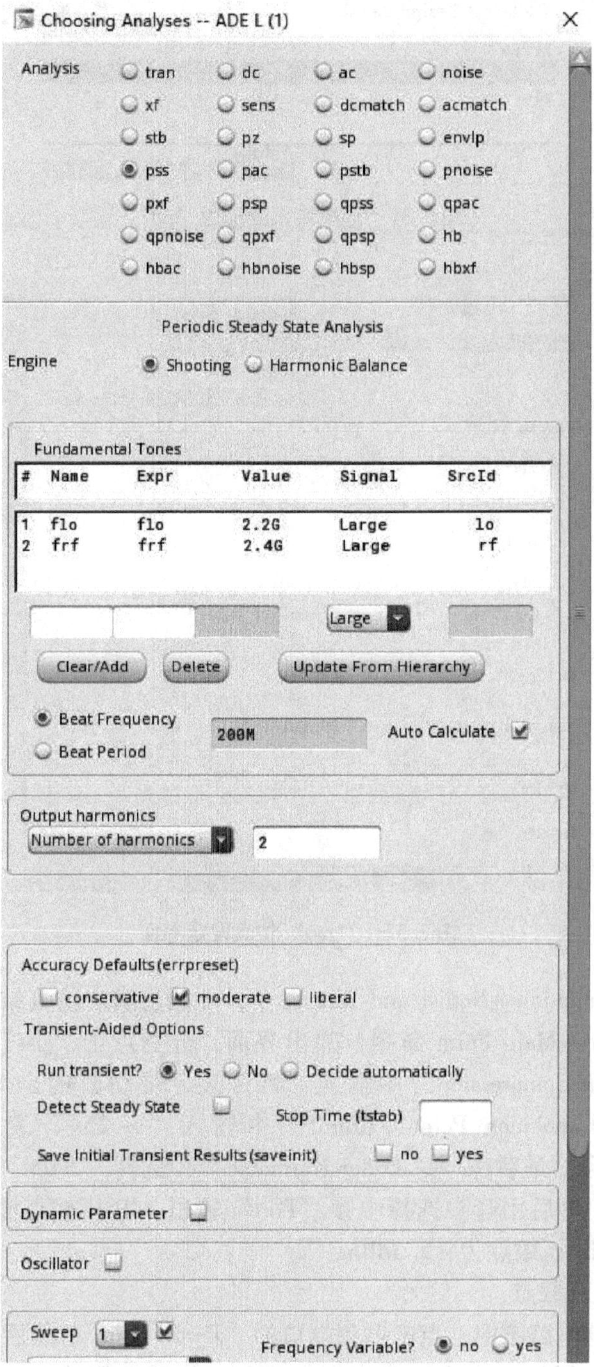

图7.30 “pss”仿真设定界面

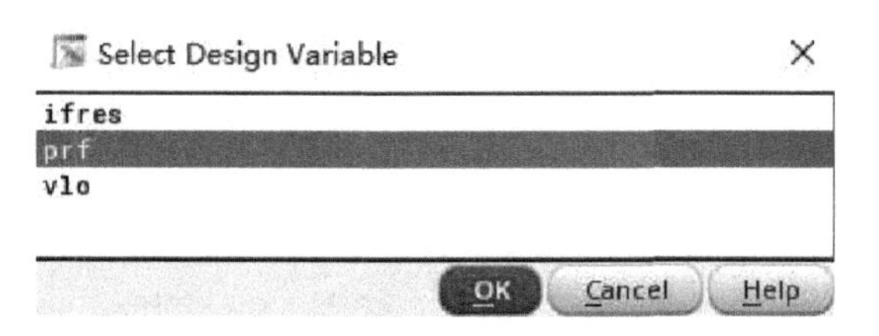

图 7.31　选择输入变量为“prf”

图 7.32　“pss”仿真设定界面

3）选择 Simulation→Netlist and Run 命令，开始仿真。仿真结束后，选择 Results→Direct Plot→Main Form 命令，弹出界面，分别点击“pss”　“Compression Point”，在“Gain Compression”中输入“1”，表示要仿真的是 1dB 压缩点。在“Input Power Extrapolation Point（dBm）”中输入“-25”，表示输出波形从 -25dBm开始打印。最后在“1st Order Harmonic”中选择“200M”表示中频输出，如图 7.33 所示。然后用箭头选择中频“Port”输出 1dB 压缩点波形如图 7.34 所示，图中显示 1dB 压缩点为 -9.3dBm。

（2）三阶互调截点

1）在混频器电路图中，点击射频端口的“Port”“Prf”，然后在菜单栏中点击 Edit→Properties→Objects 命令，弹出属性界面，将源类型“Source type”设置为“sine”，并点击“Display small signal params”，在“Pac Magnitude（dBm）”中输入“prf”作为射频输入功率变量，如图 7.35 所示，点击 OK 按钮。

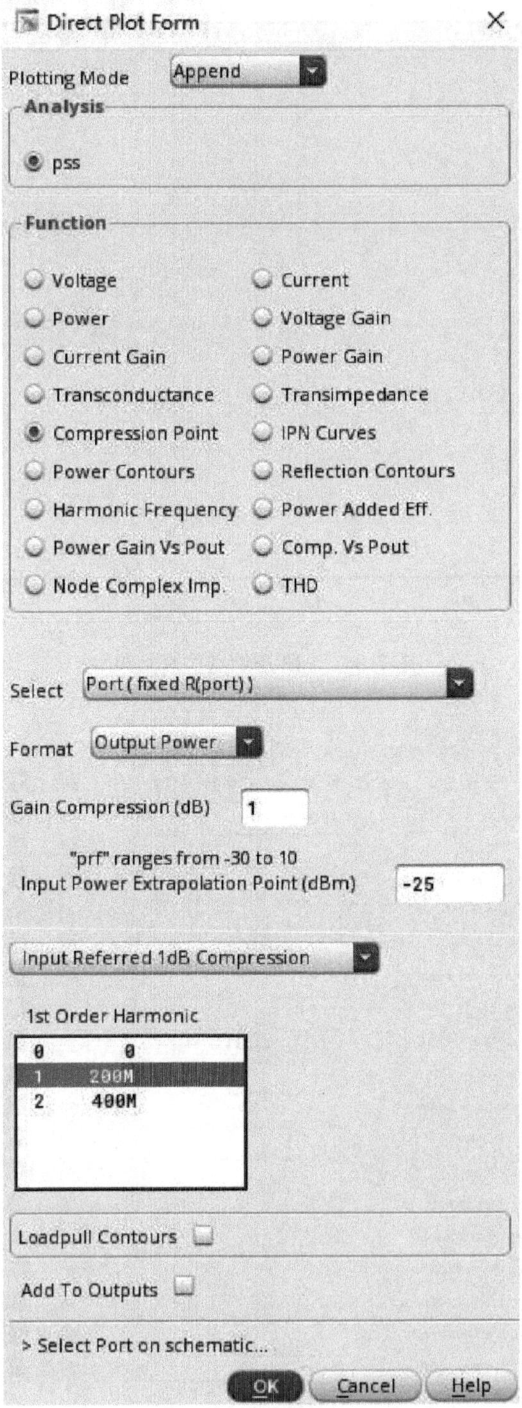

图 7.33 “1dB 压缩点”界面

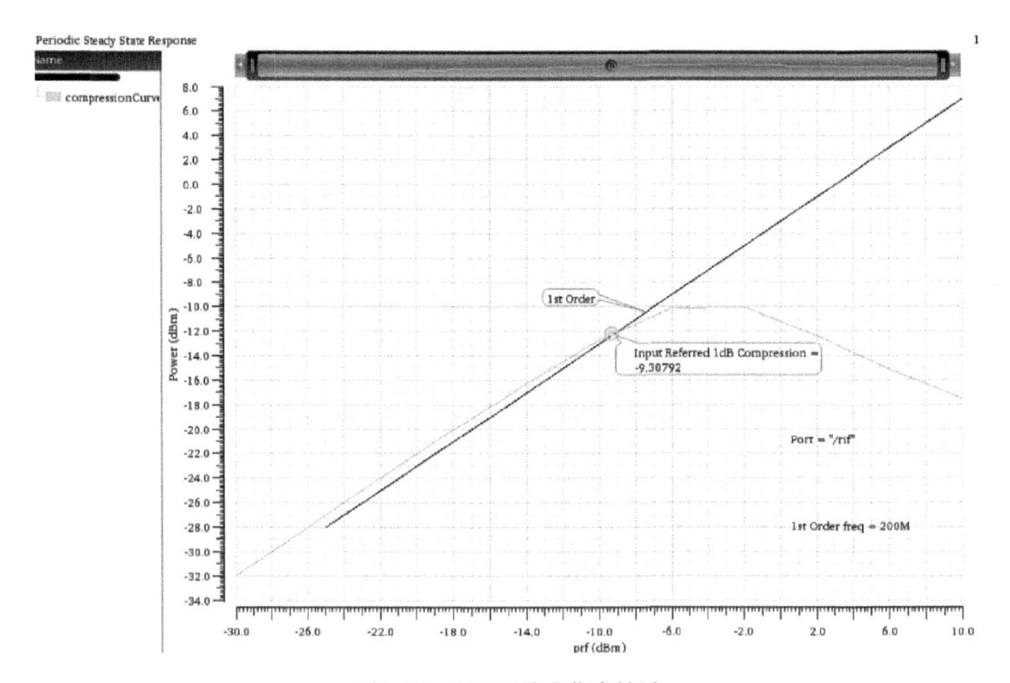

图 7.34　1dB 压缩点仿真结果

CDF Parameter	Value	Display
Port mode	Normal　HarmonicPort	off
Resistance	50 Ohms	off
Reactance		off
Port number	1	off
DC voltage		off
Source type	sine	off
Frequency name 1	frf	off
Frequency 1	frf Hz	off
Amplitude 1 (Vpk)		off
Amplitude 1 (dBm)	prf	off
Phase for Sinusoid 1		off
Sine DC level		off
Delay time		off
Display second sinusoid		off
Display multi sinusoid		off
Display modulation params		off
Display small signal params	✓	off
PAC Magnitude (Vpk)		off
PAC Magnitude (dBm)	prf	off

图 7.35　射频“Port”设置界面

2）在ADE仿真窗口中，激励、工艺库模型和变量设置不变。选择Analyses→Choose命令，弹出界面，选择“pss”进行周期稳定性仿真，在“Beat Frequency”中填入“200M”，并点击“Auto Calculator”。在“Output harmonics”中输入仿真的谐波数为“2”。在仿真准确度“Accuracy Defaults”中选择“moderate”，“pss”上半部分设置如图7.36所示。

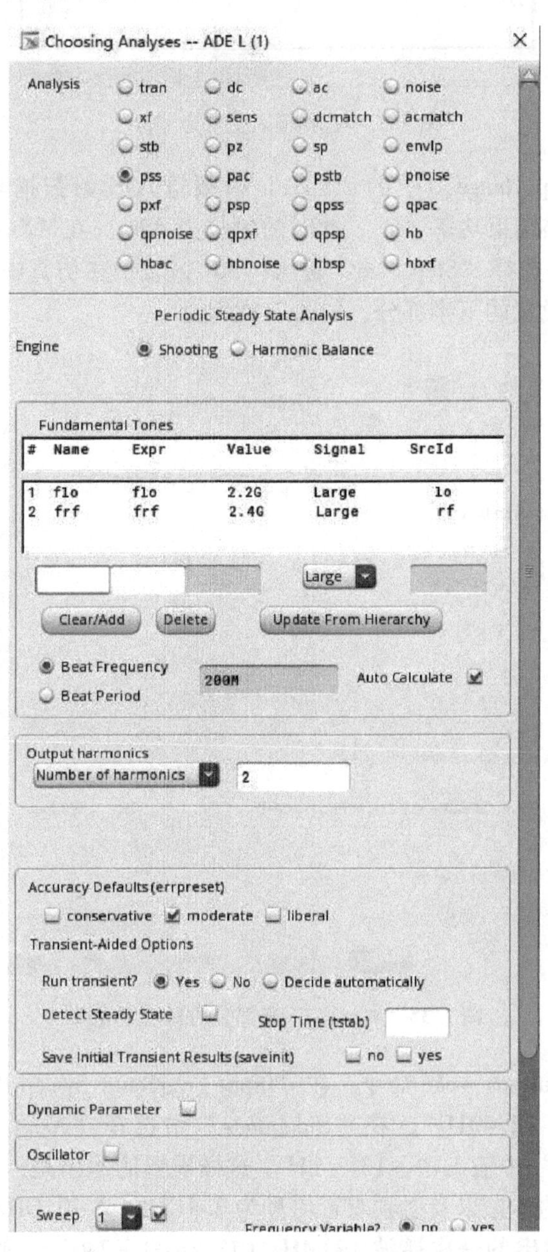

图7.36 “pss”上半部分仿真设定界面

继续在“pss”设置界面中点击“Sweep”选项，点击“Select Design Variable”，从弹出的界面中选择“prf”，作为输入变量，如图 7.37 所示。

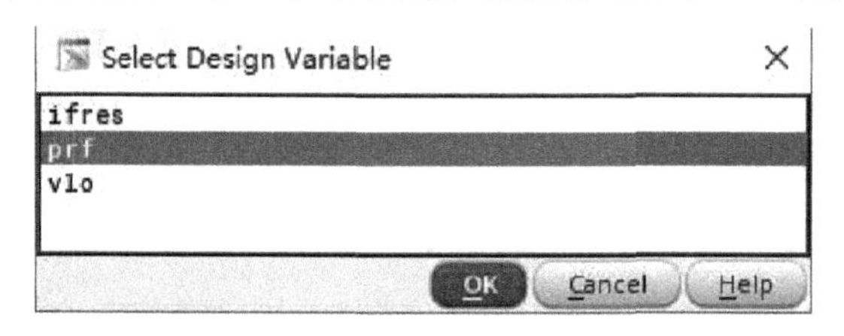

图 7.37 选择输入变量为“prf”

之后在“Sweep Range”中的“Start”射频输入开始扫描功率“-25”，在“Stop”中输入扫描结束功率“5”，此时的单位为 dBm。在“Sweep Type”中选择“Linear”形式，并选择“Step Size”输入“30”，表示在仿真中线性扫描 30 个频点，完成“pss”设置的下半部分，如图 7.38 所示。

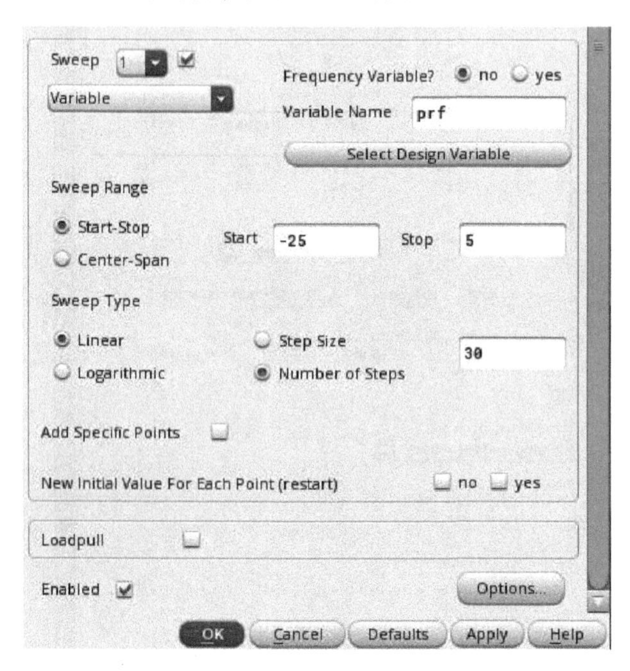

图 7.38 “pss”下半部分仿真设定界面

3）再选择 Analyses→pac 命令，在“Input Frequency Sweep Range”中的“Single - Point”输入“2.401G”，在“Sidebands”中选择“Array of indices”，并在“Additional indices”中输入“-13 -11”。这样设置的原因是：对于 200MHz 的基波信号，2.2GHz 的本振以及射频双音信号为 2.4GHz、2.401GHz，-13 和 -11 的边带代表了中频输出的一次谐波 199MHz（13×200-2401=199）以及三次谐波 201MHz（2401-11×200=201），完成设置后如图 7.39 所示。

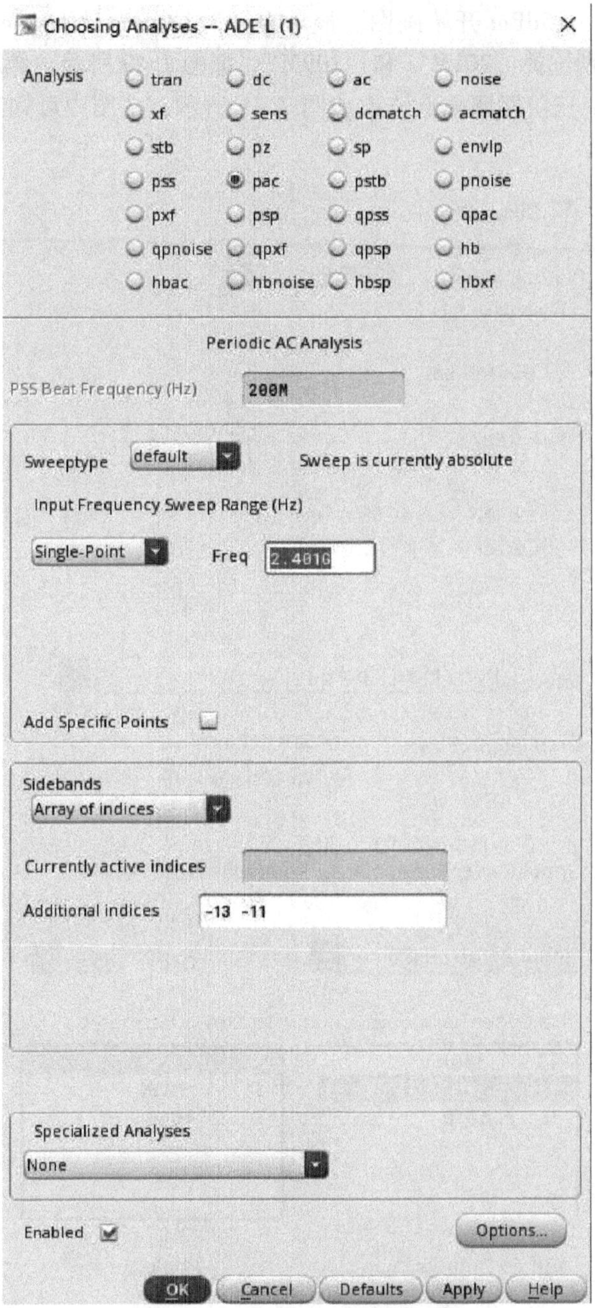

Choosing Analyses -- ADE L (1)

Analysis

tran	dc	ac	noise
xf	sens	dcmatch	acmatch
stb	pz	sp	envlp
pss	pac	pstb	pnoise
pxf	psp	qpss	qpac
qpnoise	qpxf	qpsp	hb
hbac	hbnoise	hbsp	hbxf

Periodic AC Analysis

PSS Beat Frequency (Hz) 200M

Sweeptype default Sweep is currently absolute

Input Frequency Sweep Range (Hz)

Single-Point Freq 2.401G

Add Specific Points

Sidebands

Array of indices

Currently active indices

Additional indices -13 -11

Specialized Analyses

None

Enabled Options...

OK Cancel Defaults Apply Help

图7.39 “pac”仿真设定界面

4）选择Simulation→Netlist and Run命令，开始仿真。仿真结束后，选择Results→Direct Plot→Main Form命令，弹出界面，分别点击“pac” “IPN Curves” “Variable Sweep”。在“Input Power Extrapolation Point（dBm）”中输入“-15”，

表示输出波形从 -15dBm 开始画图。最后在“3rd Order Harmonic”和“1st Order Harmonic”中分别选择“201M”和“199M”，如图 7.40 所示。然后用箭头选择中频“Port”输出，三阶互调截点波形如图 7.41 所示，从图中可知三阶互调截点为 -6.77dBm。

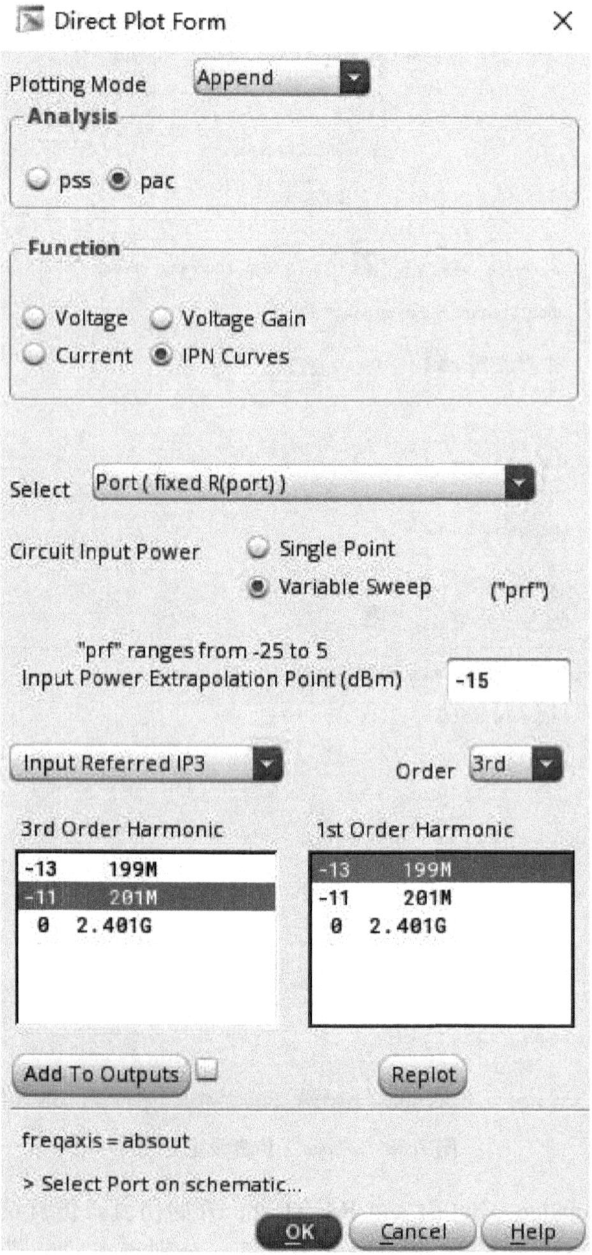

图 7.40 “pac”仿真界面

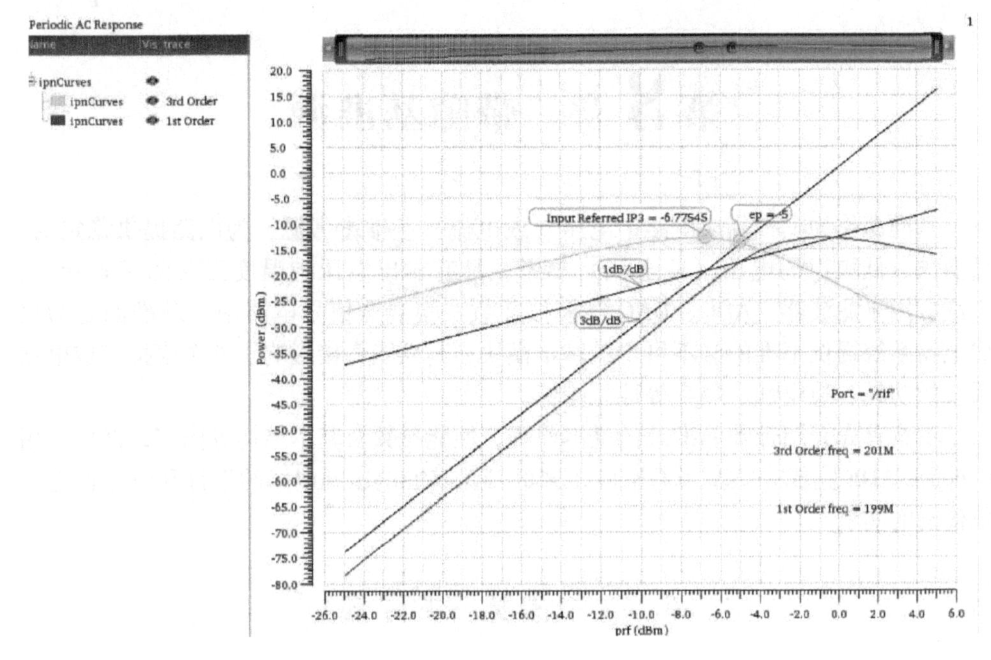

图 7.41 三阶互调截点仿真结果

7.3 本章小结

混频器是射频收发前端的重要电路模块，主要完成频率变换功能。本章主要介绍了混频器的基本原理、主要性能参数、分类和常见结构，然后通过 S 波段 Gilbert 双平衡下变频混频器的实例分析，在 Cadence ADE 仿真环境下介绍了混频器的电路搭建、转换增益、噪声系数、线性度等参数仿真和优化设计方法。

第 8 章　带隙基准源

基准源作为模拟集成电路中电压（或电流）基准参考源，为电路提供稳定的、低温漂、低噪声的电压（或电流）参考，具有输出电压与温度无关的基本特性，广泛应用于滤波器、ADC、DAC 等模拟及数 - 模混合信号电路中。基准源是为集成电路系统提供基准的必不可少的基本模块，其性能直接影响了整个模拟集成电路系统的功耗、稳定性、噪声等性能指标。

本章首先介绍带隙基准源的基本原理、性能参数及基本结构等内容，然后利用 Cadence ADE 完成一款基于 CMOS 工艺的带隙基准电压源电路的设计和电路性能参数仿真的实例。

8.1　带隙基准源概述

基准源作为模拟集成电路和数 - 模混合集成电路中非常重要的单元模块之一，广泛应用于各种电子系统中，并具有非常重要的作用。随着各种电子产品系统性能的不断提高，对基准源的要求也不断提高，对输出基准信号的温度特性和噪声抑制能力等性能要求也日益提高。

基准源可以分为基准电流源和基准电压源两种，可以为电子系统提供基准的直流电压信号和电流信号，受电源和工艺参数的影响很小，并具有确定的温度特性。作为整个电路的“基准”或者说是“参考”，基准源输出信号的精确程度、稳定性，都会直接影响到相关电路的性能指标。

带隙基准源与标准 CMOS 工艺完全兼容的特性，可以保证其工作于较低电源电压下，同时具有低温漂、低噪声以及高电源抑制比等特性，满足大多数电路系统对基准信号的要求，因此带隙基准源得到了广泛的研究和应用。随着集成电路技术的不断发展，集成电路的集成度和复杂程度日益提升，对模拟集成电路及混合信号集成电路的速度、准确度、功耗等性能提出了更高的要求，对带隙基准源的准确度、温漂特性等也提出了更高的要求。基于 CMOS 工艺的带隙基准源向着低电源电压、低功耗、高准确度和高电源抑制比的方向不断发展。

8.1.1　带隙基准源性能参数

带隙基准源在电路中主要提供直流电压（或电流），对电路的低频交流特性、电压稳定性、温度特性等要求较高，以保证电路在温度变化等情况下，依然具有良好的交流特性和稳定性。带隙基准源的典型性能参数包括温度系数、电源抑制比、功耗、启动特性等，在设计过程中其性能参数需要根据需求进行综合考虑。下面主要介绍基准电压源的性能参数。

1. 温度系数

温度系数（Temperature Coefficient, TC）是用来衡量基准源输出信号随温度变化的性能参数。这里主要描述在一定温度范围内，基准电压源的输出电压随温度变化的情况，温度系数基本计算公式为

$$\mathrm{TC}=\frac{V_{\max}-V_{\min}}{V_{\mathrm{mean}}(T_{\max}-T_{\min})}\times10^{6}\quad(单位:\mathrm{ppm/℃})\tag{8-1}$$

式中，TC 是温度系数；V_{max} 和 V_{min} 分别是温度范围内的基准电压的最大值和最小值；V_{mean} 是电压平均值；T_{max} 和 T_{min} 分别是所关注的温度范围的温度最大值和温度最小值。

2. 电源抑制比

电源抑制比（Power Supply Rejection Ratio, PSRR）是用来衡量基准源输出电压信号对电源电压波动的抑制能力的性能参数。理想情况下，电源电压是固定不变的电压值。但是在实际情况中，供电的电源电压在电路工作时并不是固定不变的，存在着各种噪声及波动，包括电路工作时对电源的干扰、电源本身的噪声及纹波等。电路的电源抑制比越大说明对电源噪声的抑制能力越强，反之，电源抑制比越小说明电路容易受到电源噪声的影响。电源抑制比的基本计算公式为

$$\mathrm{PSRR}=-20\lg\left(\frac{\partial V_{\mathrm{REF}}}{\partial V_{\mathrm{DD}}}\right)\quad(单位:\mathrm{dB})\tag{8-2}$$

式中，V_{REF} 为基准电压；V_{DD} 为电源电压；$\partial V_{REF}/\partial V_{DD}$ 为某频率下基准电压与电源电压变化之比。

3. 功耗

功耗（Power）是单位时间内电路消耗的能量。随着集成电路的集成度不断提升，功耗成了各种集成电路都需要关注的指标，功耗越低则消耗能量越小，特别是现在对各种便携式电子产品的需求不断提升，对各种移动设备的续航时间都提出了更高的要求，需要在满足性能指标的同时尽量降低电路的整体功耗。对于带隙基准源电路而言，功耗指标需保证在一个合理的范围内。

4. 启动特性

带隙基准源的启动特性（Startup）是一个功能性指标，不是一个定量的指标，描述的是基准源电路从电源上电到输出基准信号达到正常稳定工作值的过程。启动特性在带隙基准源通常的瞬态、直流等仿真过程中观察不到。带隙基准源存在两个直流工作点，一个“零电流”状态，此时电路处于非正常工作状态；另一个是正常需要的工作状态。带隙基准源电路需要启动电路的“激励”使其脱离“零电流”状态而进入正常工作状态。一般通过将电源电压设置成斜坡信号来确认带隙基准源是否可以进入正常工作状态。良好的带隙基准源应该能够随着电源电压的升高快速

启动，并在启动之后维持在正常工作状态，保持稳定的输出值。

8.1.2 带隙基准源的基本原理

带隙基准源最重要的特征就是其输出基准信号几乎不会随温度的变化而变化。那么，如何得到零温度系数的基准信号便是带隙基准电压源设计过程中最关键的问题。本节主要对带隙基准电压源的基本原理及其电路结构进行讲解和分析，在获得基准电压的基础上亦可得到零温度系数的基准电流。

假设电路中存在两个相同的物理量，且具有相反的温度系数，如果将这两个具有相反温度系数的量按照适当的权重相加，那么即可得到零温度系数的物理量。例如，电压源 V_1 具有正的温度系数，电压源 V_2 具有负的温度系数，选取 α_1 和 α_2 为两个权重值，使其与 V_1 和 V_2 随温度（T）的变化满足如下关系：

$$\alpha_1 \cdot \frac{\partial V_1}{\partial T} + \alpha_2 \cdot \frac{\partial V_2}{\partial T} = 0 \tag{8-3}$$

此时，即可得到具有零温度系数的基准电压值，如下所示：

$$\alpha_1 V_1 + \alpha_2 V_2 = V_{REF} \tag{8-4}$$

在半导体工艺的各种类型器件参数中，双极性晶体管能够提供正、负温度系数的电压，并具有较高的可重复性和可量化的特性。因此，虽然在 CMOS 工艺中，很多电路参数和结构都已被用来产生基准，但是双极型晶体管仍然是带隙基准源的核心和首选。

1. 负温度系数电压

双极性晶体管的基极—发射极电压（V_{BE}）具有随温度的升高而降低的特性，亦可以理解为，二极管的正向导通电压具有负的温度系数。在 CMOS 工艺中，将晶体管的基极和集电极连接在一起，即可获得二极管结构，其集电极电流（I_C）与基极 - 发射极电压（V_{BE}）关系如下所示：

$$I_C = I_S \exp(V_{BE}/V_T) \tag{8-5}$$

式中，I_S为二极管的饱和电流；V_T为热电压，$V_T = kT/q$；k 为玻尔兹曼常数；q 为电子电量。由式（8-5）可得：

$$V_{BE} = V_T \cdot \ln(I_C/I_S) \tag{8-6}$$

通过V_{BE}对 T 求导，当I_C为一定值时可得：

$$\frac{\partial V_{BE}}{\partial T} = \frac{\partial V_T}{\partial T}\ln\left(\frac{I_C}{I_S}\right) - \frac{V_T \partial I_S}{I_S\ \partial T} \tag{8-7}$$

根据半导体物理相关内容可知，二极管饱和电流I_S与 $\mu kT\, n_i^2$成正比，μ 为少数载流子的迁移率，n_i代表硅的本征载流子浓度，这些参数均与温度有关。μ 近似正比于$\mu_0 T^m$，这里 m 的取值约为 -1.5，而n_i^2与$T^3 \exp[-E_g/(kT)]$成正比，E_g表示硅的禁带宽度，约为 1.12eV。由此可得：

$$I_S = bT^{4+m}\exp\left(\frac{-E_g}{kT}\right) \tag{8-8}$$

式中，b 为比例系数。

根据热电压与温度的关系，并对 T 求导可得：

$$\frac{\partial V_T}{\partial T} = \frac{k}{q} \tag{8-9}$$

式（8-7）、式（8-8）和式（8-9）联立，可得：

$$\frac{\partial I_S}{\partial T} = b(4+m)T^{3+m}\exp\left(\frac{-E_g}{kT}\right) + bT^{4+m}\frac{E_g}{kT^2}\exp\left(\frac{-E_g}{kT}\right) \tag{8-10}$$

可得：

$$\frac{\partial V_{BE}}{\partial T} = \frac{V_{BE} - (4+m)V_T - E_g/q}{T} \tag{8-11}$$

在 $T = 300\text{K}$ 的情况下，$V_{BE} = 750\text{mV}$，$\frac{\partial V_{BE}}{\partial T} = -1.5\text{mV/K}$。由式（8-9）可知，$V_{BE}$ 具有负的温度系数，而且与温度 T 相关，因此如果正温度系数是一个固定的、与温度无关的值，那么在恒定基准的产生电路中，只有一个温度点可以得到零温度系数的参考电压，在温度补偿时会产生误差。

2. 正温度系数电压

如果两个相同的双极性晶体管分别工作在不同的电流下，如图 8.1 所示，那么此时两个双极性晶体管基极－发射极的电压的差值就与绝对温度成正比。

若两个尺寸相同的晶体管 Q_1 和 Q_2，分别工作在不同的集电极电流 I_{c1} 和 I_{c2} 下，其中 $I_{c1} = nI_O$，$I_{c2} = I_O$，在忽略基极电流的情况下，可得：

$$\Delta V_{BE} = V_{BE1} - V_{BE2} = V_T\ln\frac{nI_O}{I_{S1}} - V_T\frac{I_O}{I_{S2}} \tag{8-12}$$

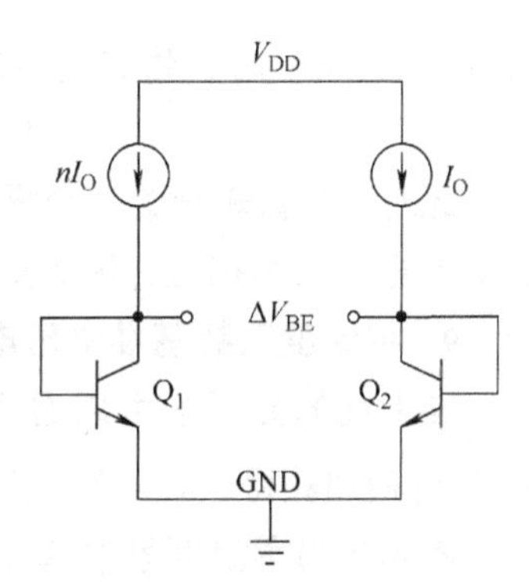

图 8.1　正温度系数电压产生电路

在电路设计中，可以将晶体管 Q_2 设计成 n 个与 Q_1 相同的双极性晶体管并联的形式，此时，Q_1 与 Q_2 的饱和电流相等，$I_{S1} = I_{S2}$，由式（8-12）可得：

$$\Delta V_{BE} = V_T\ln n = \frac{kT}{q}\ln n \tag{8-13}$$

式（8-13）对温度求导可得：

$$\frac{\partial \Delta V_{BE}}{\partial T} = \frac{k}{q}\ln n \tag{8-14}$$

由式（8-14）可知，ΔV_{BE} 具有正的温度系数，且表现为一个固定值，与温度无关。

3. 零温度系数电压

带隙基准电压源最终得到零温度系数的输出电压的原理是，利用双极性晶体管具有负温度系数的基极—发射极电压V_{BE}，与两个双极性晶体管具有正温度系数的基极—发射极电压的差值ΔV_{BE}，通过选择适当的比例系数相加，来达到温度补偿的效果，最终得到近似零温度系数的电压输出，如图8.2所示，图中A为单个双极性晶体管的面积。

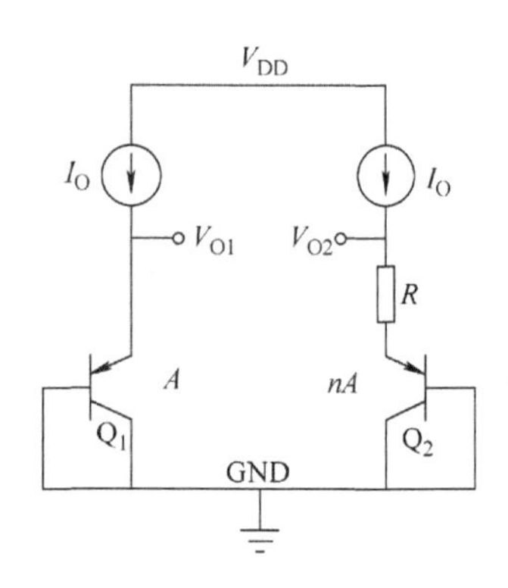

图8.2 零温度系数电压产生电路

此时基准电压源的输出电压为

$$V_{REF}=\alpha V_{BE}+\beta\Delta V_{BE}=\alpha V_{BE}+\beta V_T\ln n \tag{8-15}$$

其中$V_T=kT/q$，则V_{REF}对温度T求导可得：

$$\frac{\partial V_{REF}}{\partial T}=\alpha\frac{\partial V_{BE}}{\partial T}+\beta\frac{\partial\Delta V_{BE}}{\partial T}=\alpha\frac{V_{BE}-(4+m)V_T-E_g/q}{T}+\beta\frac{k}{q}\ln n \tag{8-16}$$

在室温（300K）下，$\partial V_{BE}/\partial T$的典型值为$-1.5$mV/K，$\partial V_T/\partial T$的典型值为$+0.087$mV/K，令$\partial V_{REF}/\partial T=0$，带入正、负温度系数电压值，并令$\beta=1$，可得：

$$\alpha:\beta\ln n\approx1:17.2 \tag{8-17}$$

当$V_{BE}=750$mV时，将式（8-15）和式（8-17）联立，可得：

$$V_{REF}=V_{BE}+17.2V_T\approx1.25\text{V} \tag{8-18}$$

此时，V_{REF}表现为一个零温度系数电压，且为一个固定值。由于该电压值与硅的禁带宽度大小相近，因此这种基准电路被称为“带隙基准电路”。

4. 零温度系数基准电压电路基本结构

在上面的分析中可以看出，零温度系数的基准电压主要通过二极管的V_{BE}与17.2 V_T相加获得，在电路设计中具体该如何实现？

图8.2为零温度系数基准电压产生电路的基本结构。假设通过某种方法使得电路中的端口电压$V_{O1}=V_{O2}$，忽略晶体管基极电流，Q_1是一个晶体管单元，Q_2是由与Q_1相同的n个晶体管并联构成。对于电路中的左、右支路有如下关系式：

$$V_{O1}=V_{BE1} \tag{8-19}$$

$$V_{O2}=V_{BE2}+IR \tag{8-20}$$

由于$V_{O1}=V_{O2}$，则$V_{BE1}=V_{BE2}+IR$，可得：

$$IR=V_{BE1}-V_{BE2}=\Delta V_{BE}=V_T\ln n \tag{8-21}$$

将式（8-21）代入式（8-20）可得：

$$V_{O2}=V_{BE2}+V_T\ln n \tag{8-22}$$

这意味着，如果$\ln n\approx17.2$，那么V_{O2}即可以作为与温度无关的基准。

那么，如何实现图8.2中端口电压$V_{O1}=V_{O2}$呢？理想放大器在正常工作时，其输入的两端电压近似相等，可以实现 $V_{O1}=V_{O2}$，如图 8.3 所示。

在图 8.3 中，运算放大器（OTA）的输入电压为 V_X、V_Y，输出为 V_{OUT}，驱动电阻为 R_1 和 R_2。根据运算放大器的特性，输入电压 V_X 和 V_Y 近似相等，那么晶体管 Q_1 和 Q_2 的基极—发射极的电压差（ΔV_{BE}）等于 $V_T\ln n$，由式（8-20）可知，此时流过电阻 R_3 的电流为

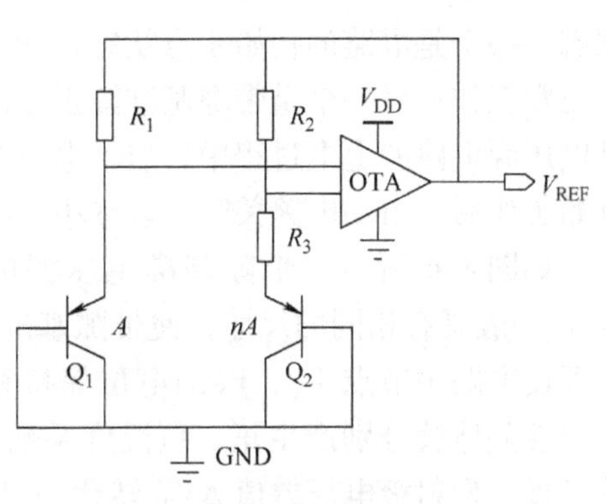

图 8.3　零温度系数基准电压产生电路基本结构

$$I_{R_3}=\frac{V_T\ln n}{R_3} \tag{8-23}$$

那么，根据电路分压原理，放大器的输出电压为

$$V_{OUT}=V_{BE,Q2}+\frac{I_{R_3}}{R_3}(R_2+R_3)=V_{BE,Q2}+\left(1+\frac{R_2}{R_3}\right)V_T\ln n \tag{8-24}$$

放大器的输出电压 V_{OUT} 即为输出基准电压 V_{REF}，由式（8-18）和式（8-24）可知，在室温（300K）下，输出基准电压具有零温度系数，其电压值近似为 1.25V，且与电阻的温度系数无关。

5. 典型的带隙基准电压源电路结构

在 CMOS 集成电路中，一种典型的带隙基准电压源电路结构图如图 8.4 所示。这种电路带隙基准电压源主要由带隙基准电压源的核心电路和启动电路组成。该基准的核心电路首先产生与温度成正比的电流（PTAT），然后右侧支路 M_3 镜像该电流，并通过电阻 R_2 转换成同样具有正温度系数的电压，再与晶体管 Q_3 具有负温度系数的 V_{BE} 相加，从而获得基准电压。由于带隙基准电压源的电路存在两个稳定的

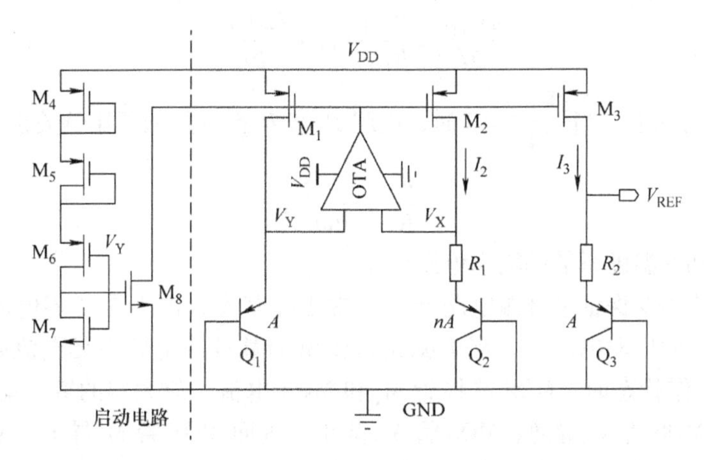

图 8.4　典型带隙基准电压源电路结构图

状态，一个是电路的初始零点状态，此时电路中各个器件通过的电流为零，电路无法正常工作；另一个是带隙基准源工作的正常状态。启动电路的作用便是在带隙基准电压源电路的上电过程中，启动电路开始工作，使电路进入工作状态，而当电路开始工作后，启动电路关闭，以减小不必要的功耗。

如图 8.4 所示，带隙基准电压源的核心电路中 PMOS 电流镜管（M_1、M_2、M_3）一般具有相同的尺寸，使带隙基准电压源三条支路流过的电流相等；运算放大器使电路中节点 V_X、V_Y 的电位保持相同，同时为 PMOS 电流镜提供栅极电压；双极性晶体管分别产生正、负温度系数的电压；电阻R_1将具有正温度系数的晶体管基极—发射极电压差值 ΔV_{BE}转化为具有正温度系数的电流，并通过电流镜镜像到电阻R_2所在的支路，从而使得电阻R_2两端的电压具有正温度系数，而双极性晶体管（Q_3）的基极—发射极电压V_{BE}具有负的温度系数，通过调节电路中三个双极性晶体管的面积之比以及电路中两个电阻的阻值及比例，可得具有零温度系数的输出电压 V_{REF}。

假设三个双极性晶体管的面积比值为 $A\colon nA\colon A$，即 $1\colon n\colon 1$，则电阻R_1上的电流：

$$I_2 = \frac{\Delta V_{BE}}{R_1} \tag{8-25}$$

由于 PMOS 电流镜的作用，使得电路中支路电流$I_2 = I_3$，那么此时R_2上的压降为

$$V_{R_2} = I_3 R_2 = \frac{R_2}{R_1}\Delta V_{BE} = \frac{R_2}{R_1}V_T \ln n \tag{8-26}$$

从而得到输出端电压为

$$V_{REF} = \frac{R_2}{R_1}V_T \ln n + V_{BE,Q3} \tag{8-27}$$

对温度求导结果为

$$\frac{\partial V_{REF}}{\partial T} = \frac{R_2}{R_1}\frac{k}{q}\ln n + \frac{\partial \Delta V_{BE}}{\partial T} \tag{8-28}$$

在 $T=300\text{K}$ 情况下，当$\dfrac{\partial V_{REF}}{\partial T}=0$ 时，电阻 R_1和 R_2需满足如下比例关系：

$$\frac{R_2}{R_1} = \frac{17.2}{\ln n} \tag{8-29}$$

此时即可得到零温度系数的输出电压V_{REF}。

启动电路主要保证基准源电路处于正常工作状态，而不是“零电流”工作状态。在图 8.4 的启动电路中，当电源正常供电而基准源电路中无电流时，即处于“零电流”工作状态时，MOS 晶体管 M_1和 M_2无电流，放大器的输入端 V_Y电压为零，而此时 MOS 管 M_6导通，MOS 管 M_7截止，进而 MOS 管 M_8导通，此时放大器的输出端电压较低，MOS 管 M_1和 M_2导通，而后 V_Y电压逐渐上升，基准电路逐渐正常工作。随着 V_Y电压逐渐上升，MOS 管 M_7导通，而 MOS 管 M_6截止，进而使得

MOS 管 M_8的栅极电压下降，逐渐截止。在基准电压正常工作后，启动电路停止工作。

8.2　实例分析：带隙基准电压源

带隙基准电压源主要为模拟电路提供不随温度和电源电压变化而变化的基准电压，如需基准电流也可通过该基准电压获得。本节以一个带隙基准电压源为例，介绍如何使用 ADE 来进行带隙基准电压源的设计和仿真，其设计指标具体如下：

1）产生基准电压：1.2V；

2）温度系数：<20ppm/℃；

3）电源抑制比：>60dB；

4）电源电压：3.3V。

根据设计要求，本例选择使用 CMOS 180nm 工艺来设计带隙基准电压源。

8.2.1　电路搭建

在确定设计指标后，首先要进行电路的初步设计与仿真，来看一下电路的性能，并且通过一些后续的方法来改进电路，具体仿真步骤如下：

1）如图 8.5 所示，在 Linux 系统的命令行输入“virtuoso &”，运行 Cadence IC。

2）如图 8.6 所示，首先建立设计库，点击 File→New→Library 的指令，弹出“New Library”对话框，在对话框中输入建立的设计库名字，并选择“Attach to an existing techfile”关联至设计需要的工艺库文件“smic18mmrf”。

图 8.5　CIW 主窗口

3）如图 8.7 所示，点击 File→New→Cellview 指令，弹出“Cellview”对话框，输入所建立的 cell 的名字“bandgap”，点击 OK 按钮，新建一个设计原理图。

4）按下键盘上的“I”键弹出“Add Instance”窗口，然后可以从工艺库中调入电路所需的器件，选择“Browse”则会出现器件选择菜单，如图 8.8 所示，从“smic18mmrf”工艺库中选择“n33”元器件的“symbol”，可以调用想要的元件。其他元件的调用操作与此类似，搭建带隙基准电压源电路，如图 8.9 所示。

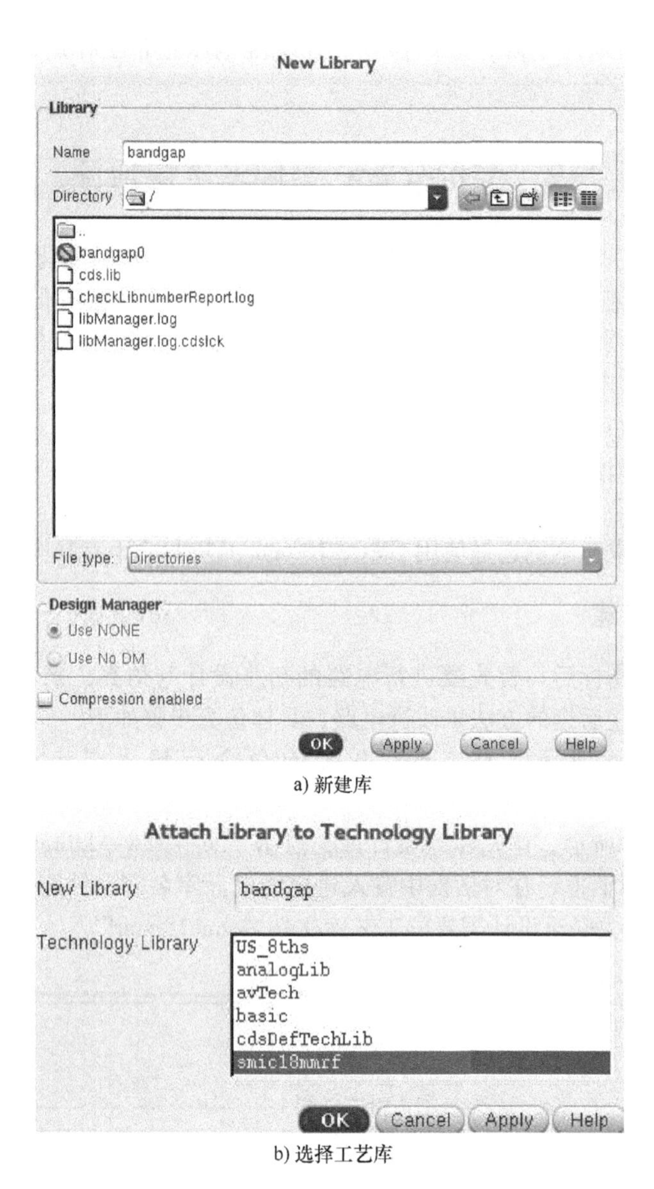

a) 新建库

b) 选择工艺库

图 8.6　新建工作库及工艺库选择窗口

5）按下键盘上的“P”键弹出“create Pin”窗口，分别添加“vdd”“gnd”“VREF”三个端口，如图 8.10 所示，需要注意的是“vdd”和“gnd”的方向设置选“input”，“VREF”的方向设置选“output”，并且将所有的元器件和端口按照图 8.9 所示进行连接。鼠标左键选中添加的 MOS 晶体管，选择其中的“property”指令，可以修改晶体管的属性和参数，参考数据手册及电路设计需要进行参数的修改，例如修改宽（W）、长（L）、栅指数（finger）等。

6）在图 8.9 中，放大器的具体电路如图 8.11 所示。这里将放大器电路制作成

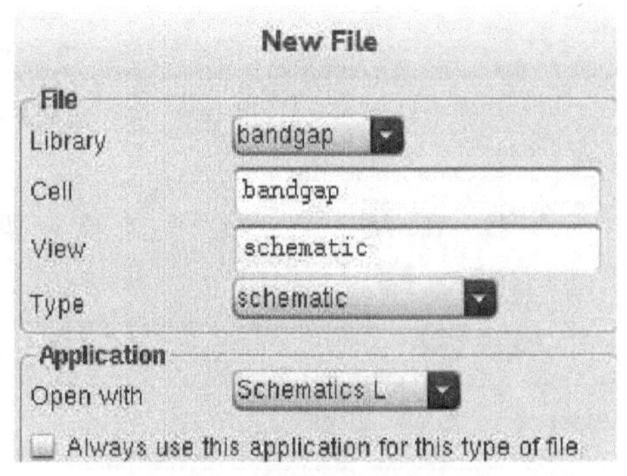

图 8.7　新建原理图单元

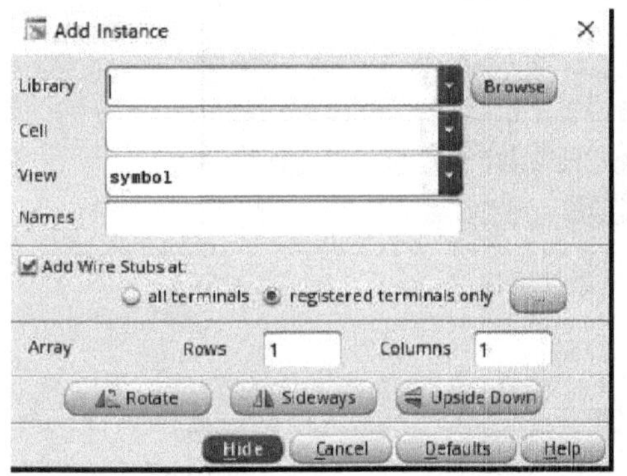

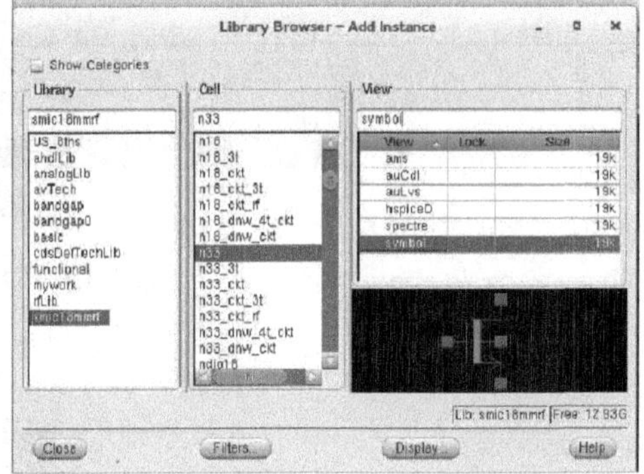

图 8.8　器件选择窗口

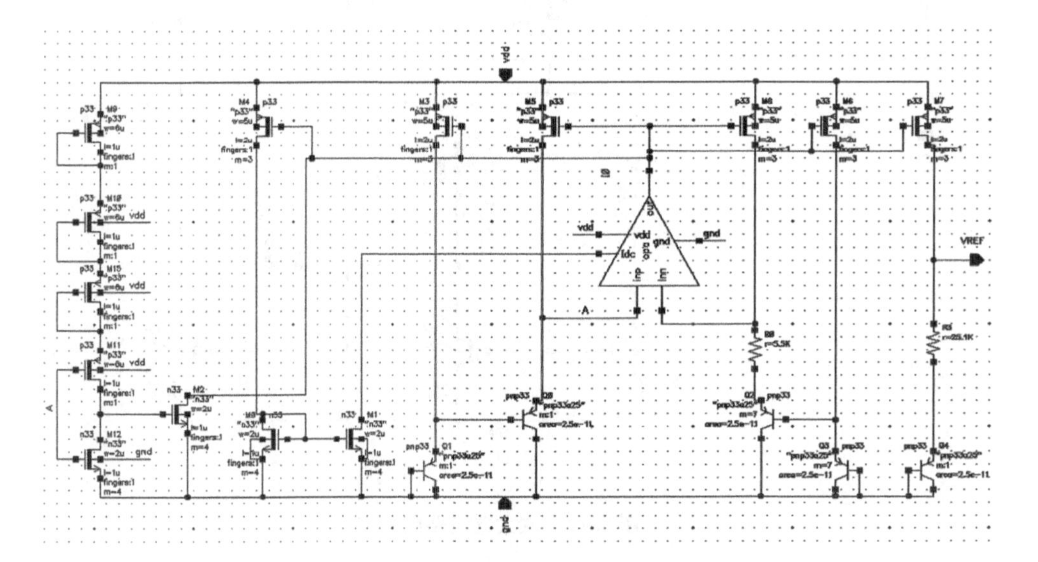

图 8.9　带隙基准电压源电路图

一个 symbol，方便电路的调用和仿真。下面以该放大器电路为例，介绍创建电路

Add Pin

Pin Names vdd

Direction input Bus Expansion off on

Usage schematic Placement single multiple

Signal Type signal

Attach Net Expression: No Yes

Property Name

Default Net Name

Font Height 0.0625 Font Style stick

Rotate Sideways Upside Down Show Sensitivity >>

Hide Cancel Defaults Help

图 8.10　端口添加窗口

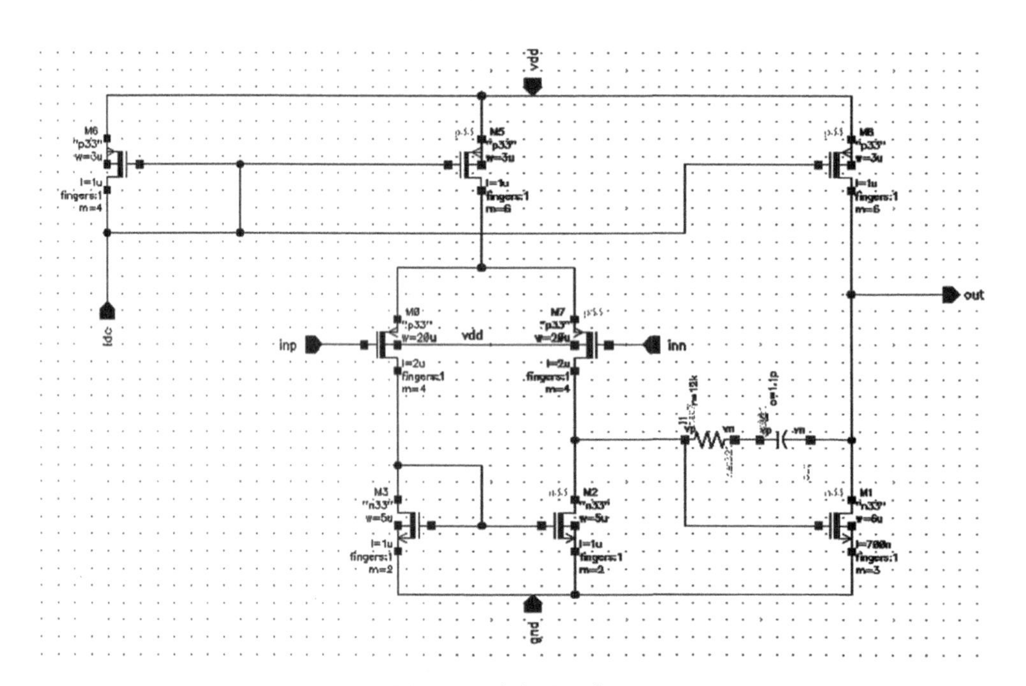

图 8.11　放大器电路图

symbol 的具体过程。首先，在电路图设计窗口中，点击菜单栏中的“Create”选择“Cellview”中的“From Cellview”。出现如图 8.12 所示的添加 symbol 的窗口，点击 OK 按钮，弹出设置 symbol 的选项窗口，我们根据图 8.13 所示进行设置，建立放大器的 symbol，如图 8.14 所示。

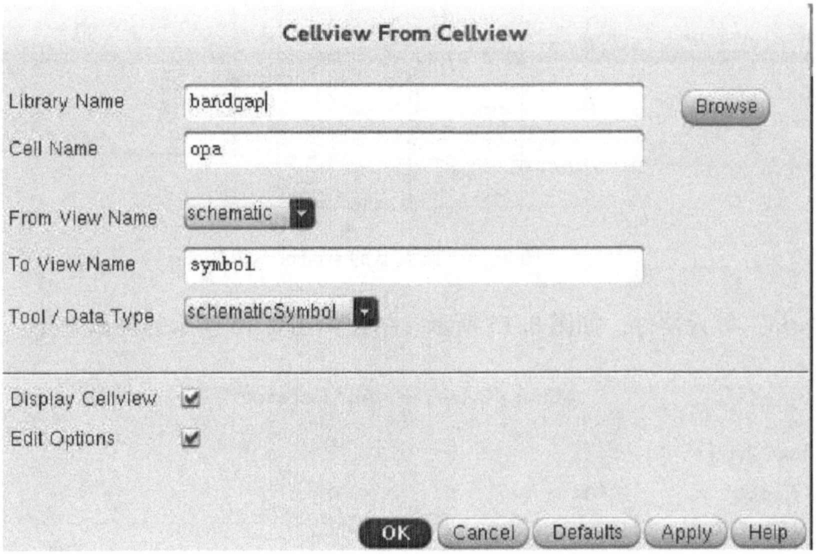

图 8.12　symbol 建立窗口

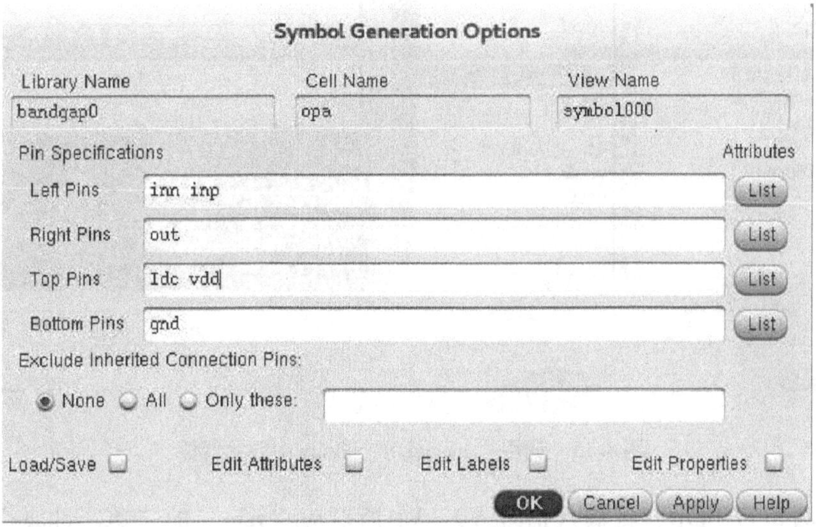

图 8.13　symbol 设置窗口

7）为了进行电路性能的测试，分别搭建放大器及带隙基准电压源的测试电路。首先，通过上述的方法新建一个 cellview，调取“bandgap” library 中放大器电路的“symbol”，然后，再调用“analogLib” library 中的“vdd”　“gnd”　“vsin”

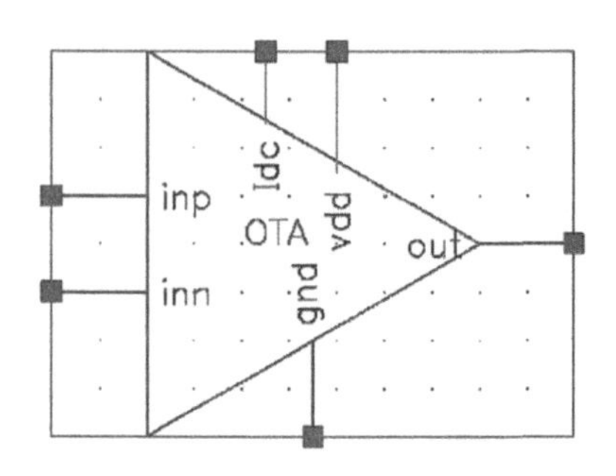

图 8.14　放大器的 symbol

“idc”“cap” 等元器件，如图 8.15 所示，搭建如图 8.16 所示的测试电路。

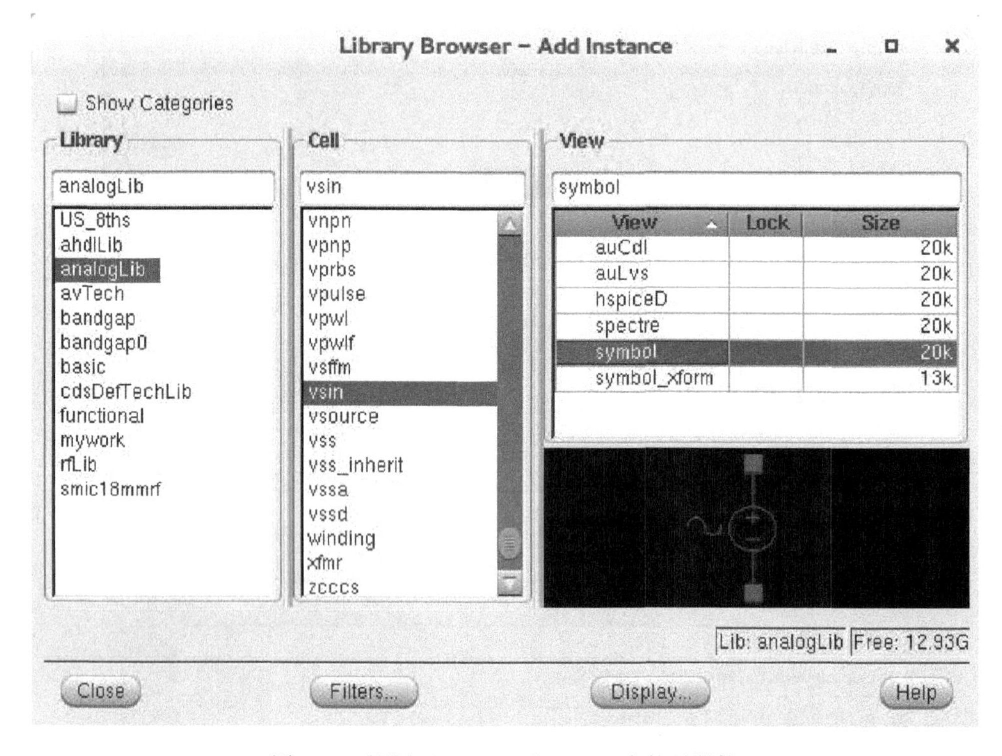

图 8.15　调用“analogLib”library 中的元器件

如图 8.17 所示，将输入信号 V0、V1 所对应“vsin”的“DC voltage”设为 1.65V，“AC magnitude”设为 1V，将“AC phase”分别设置为 0 和 180；将电流源所对应“idc”的“DC current”设为 $-5\mu A$；电容值“Capacitance”设置为 200fF。

类似的方法搭建带隙基准电压源的测试电路，如图 8.18 所示。

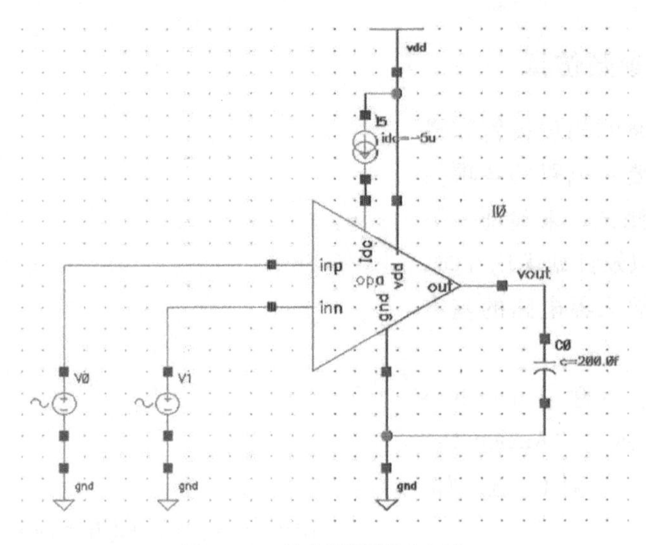

图 8.16　放大器的测试电路

CDF Parameter	Value	Display
First frequency name		off
Second frequency name		off
Noise file name		off
Number of noise/freq pairs	0	off
DC voltage	1.65 V	off
AC magnitude	1 V	off
AC phase	0	off

CDF Parameter	Value	Display
First frequency name		off
Second frequency name		off
Noise file name		off
Number of noise/freq pairs	0	off
DC voltage	1.65 V	off
AC magnitude	1 V	off
AC phase	180	off

CDF Parameter	Value	Display
Noise file name		off
Number of noise/freq pairs	0	off
DC current	-5u A	off

CDF Parameter	Value	Display
Model name		off
Capacitance	200.0f F	off

图 8.17　电路元件参数设置

8.2.2 电路参数仿真

在完成电路的初步设置和搭建后，我们需要对电路的各项指标进行仿真和测试，来验证一下是否符合指标以及计划优化方向。

首先完成放大器电路的基本测试。

1）点击菜单栏中 launch→ADE L 指令，弹出“Analog Design Environment”对话框，如图 8.19所示。

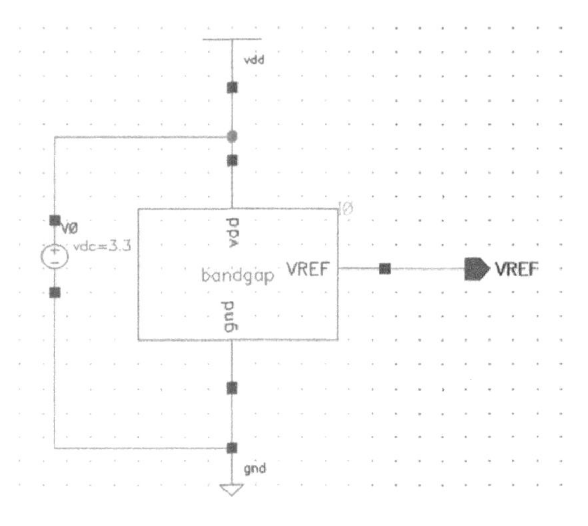

图 8.18 带隙基准电压源的测试电路

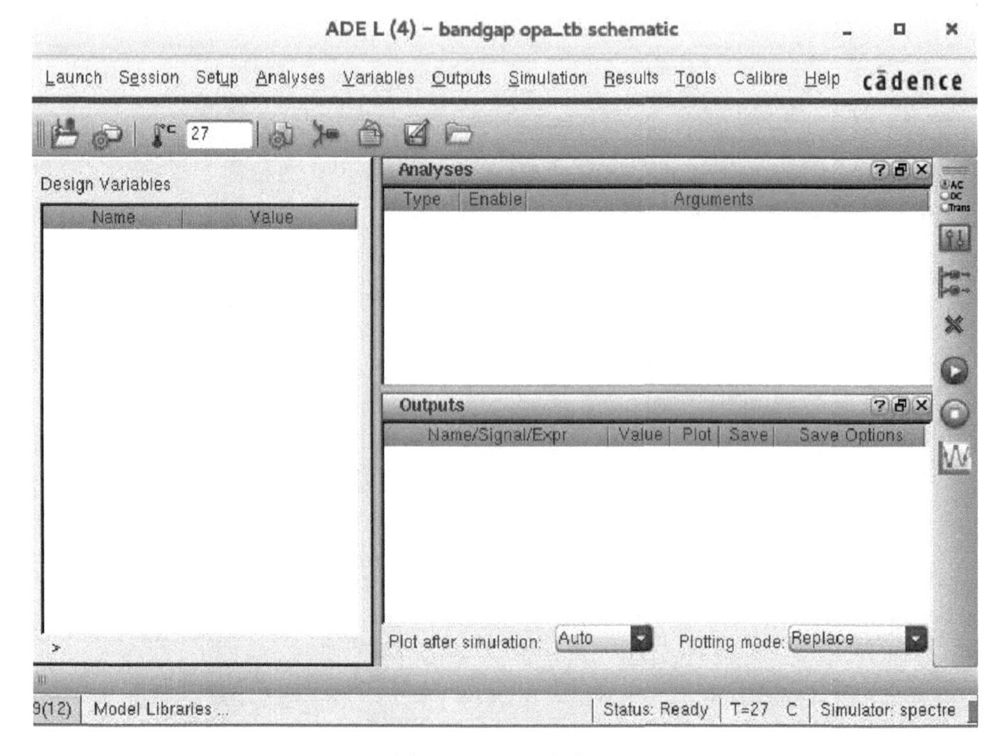

图 8.19 ADE 主窗口

2）点击 Analyses→Choose 指令，选择 ac 仿真，进行频域仿真，设置频率的仿真范围为 1Hz ~ 1GHz，如图 8.20 所示。

3）点击 Setup→Stimuli…指令，设置电源电压 vdd 为 3.3V，如图 8.21 所示。

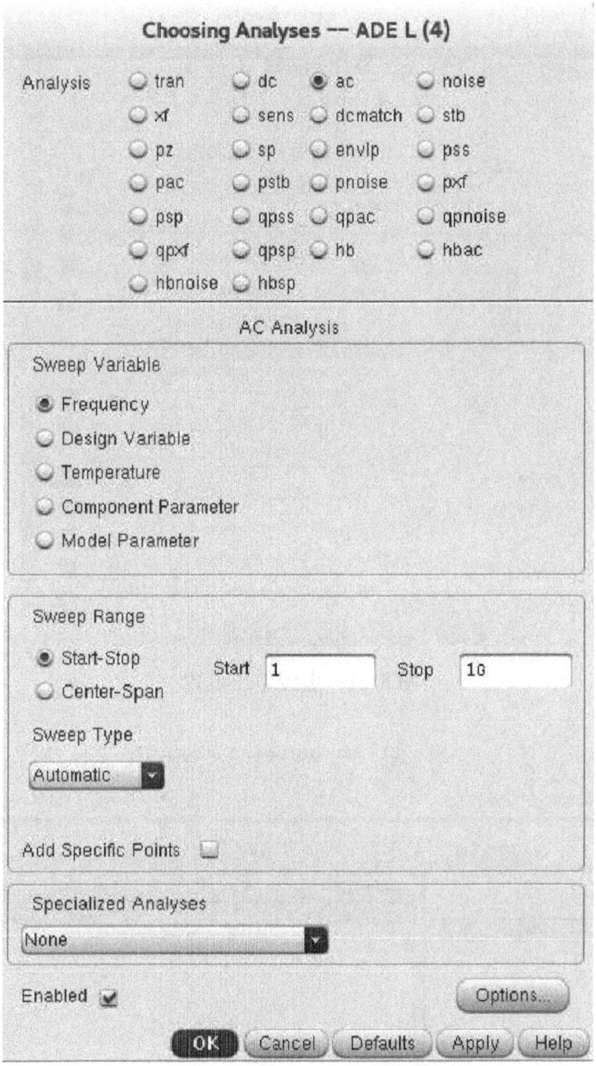

要求。

图 8.20　ac 仿真设置

仿真设置完后，主窗口如图 8.22 所示。此时，选择 Simulation →Netlist and run 开始仿真。

仿真结束后，可得放大器的频域仿真结果，如图 8.23 所示。放大器的开环增益约为 106.59dB，带宽约为 21.12MHz，相位裕度为 76.37°，能够满足电路的要求。

下面完成带隙基准电压源电路的基本测试。

1）点击菜单栏中 launch→ADE L 指令，弹出“Analog Design Environment”对话框，如图 8.24 所示。

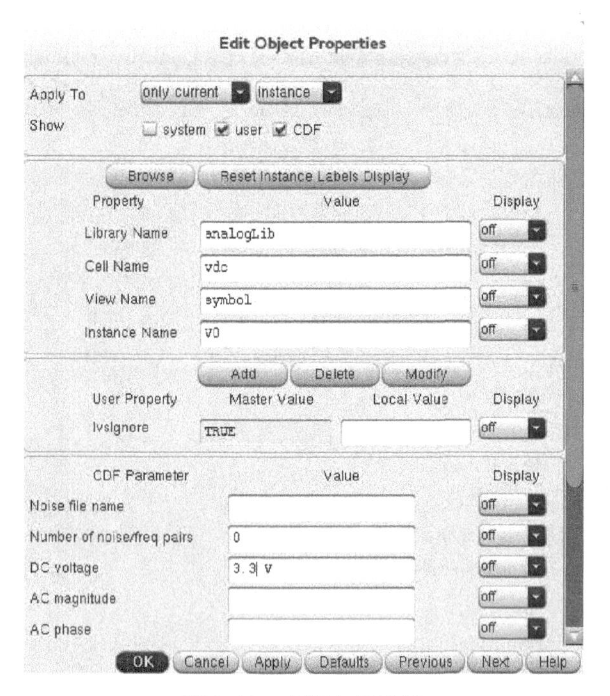

图 8.21　电源电压设置

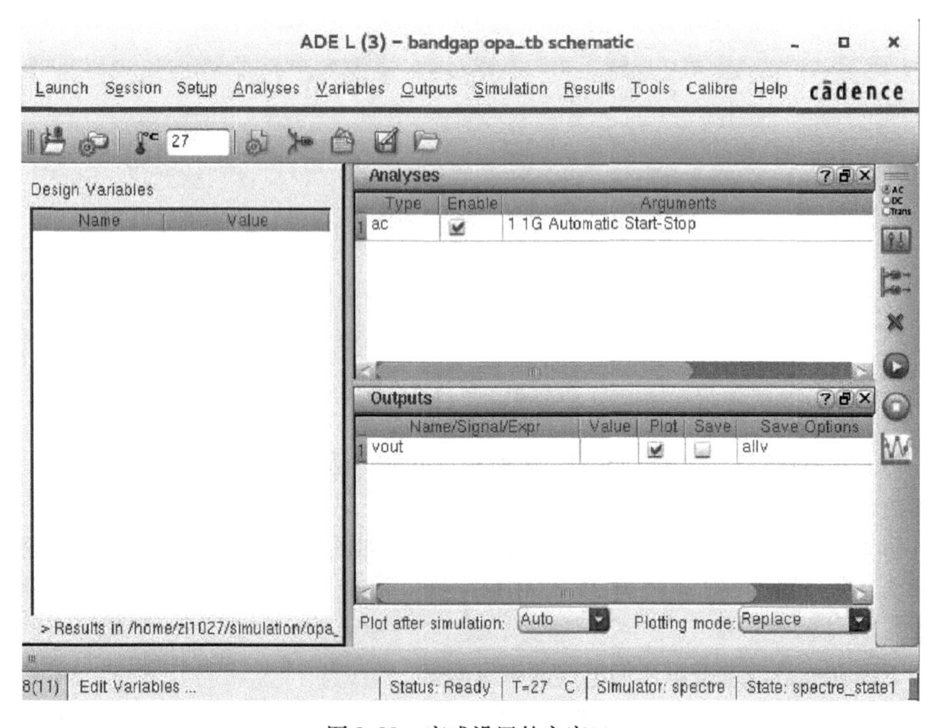

图 8.22　完成设置的主窗口

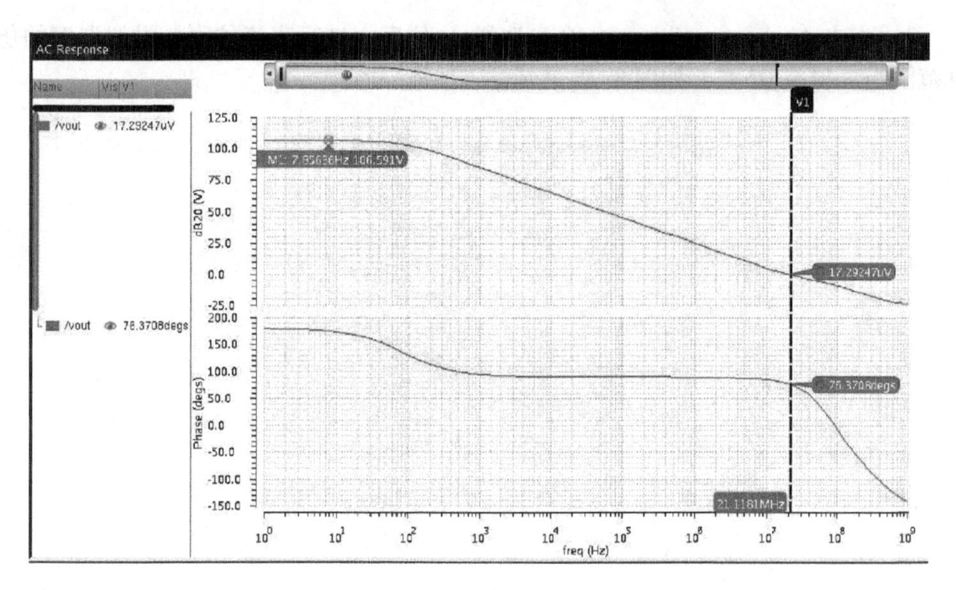

图 8.23　频域仿真结果

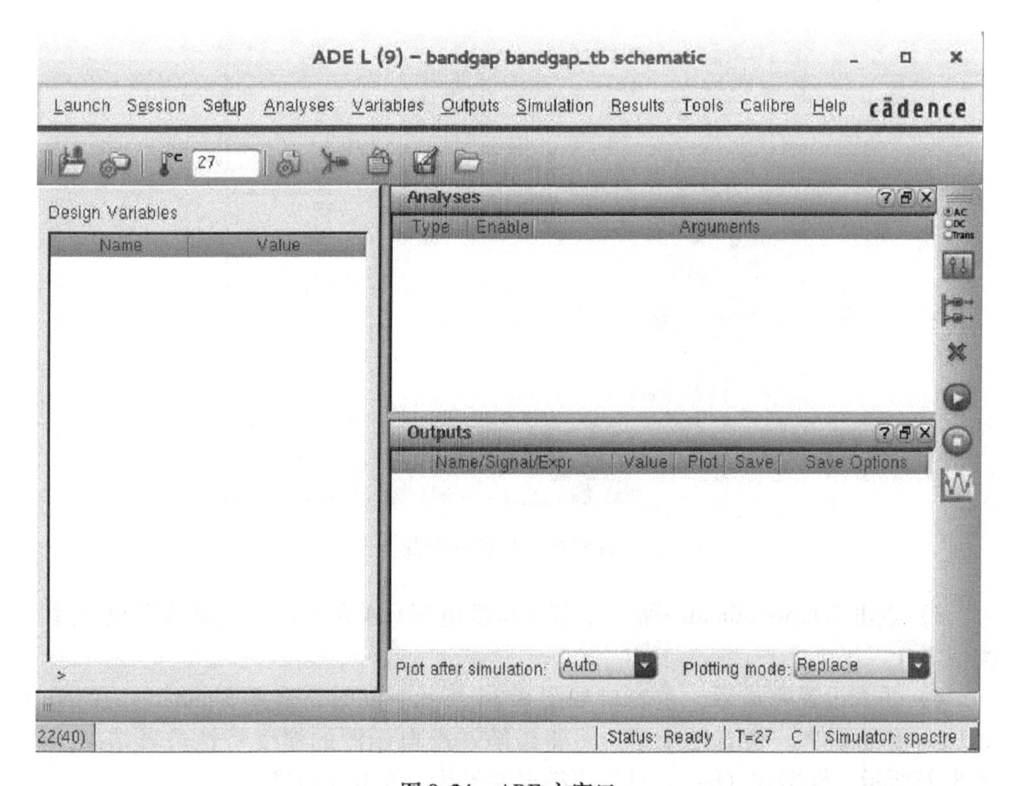

图 8.24　ADE 主窗口

2）点击 Analyses→Choose 指令，选择 dc 仿真，进行直流仿真，设置温度的仿真范围为 -40 ~ 125℃，如图 8.25 所示。

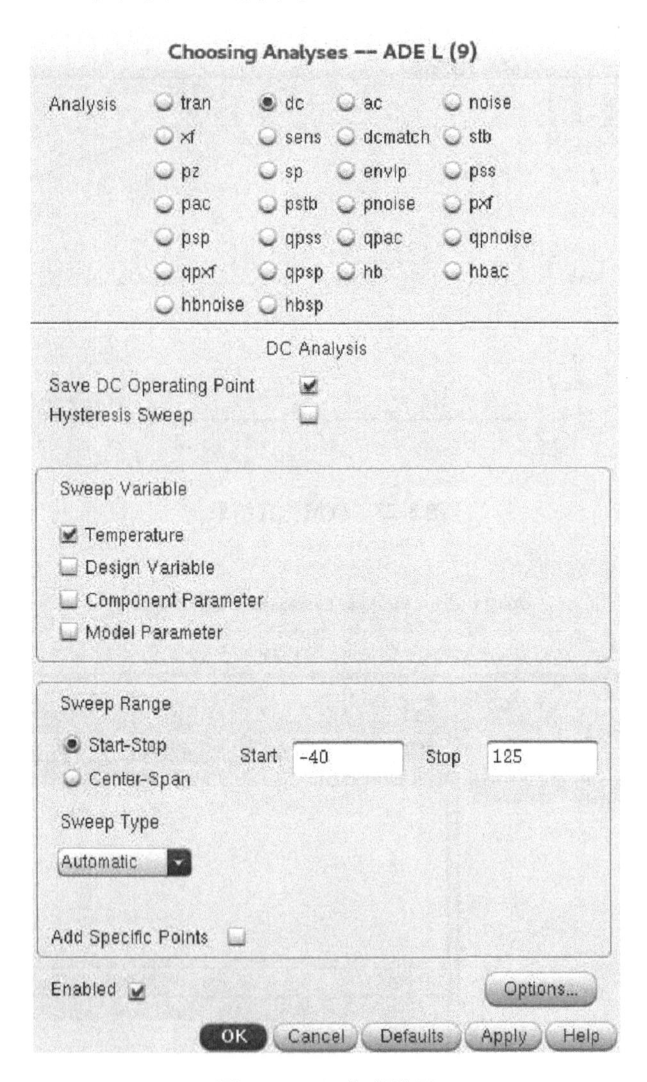

图 8.25　dc 仿真设置

3）点击 Setup→Stimuli…指令，设置电源电压 vdd 为 3.3V，与放大器设置过程类似。

4）仿真设置完成后，主窗口如图 8.26 所示。此时，选择 Simulation→Netlist and run 开始仿真。仿真结束后，可得带隙基准电压源的温度特性仿真结果，如图 8.27所示，根据式（8-1）计算可得温度系数约为 10ppm/℃。

5）进行电源抑制比仿真。点击 Setup→Stimuli…指令，设置电源电压 vdd 为交流信号，如图 8.28 所示。点击 Analyses→Choose 指令，选择 ac 仿真，进行频域仿

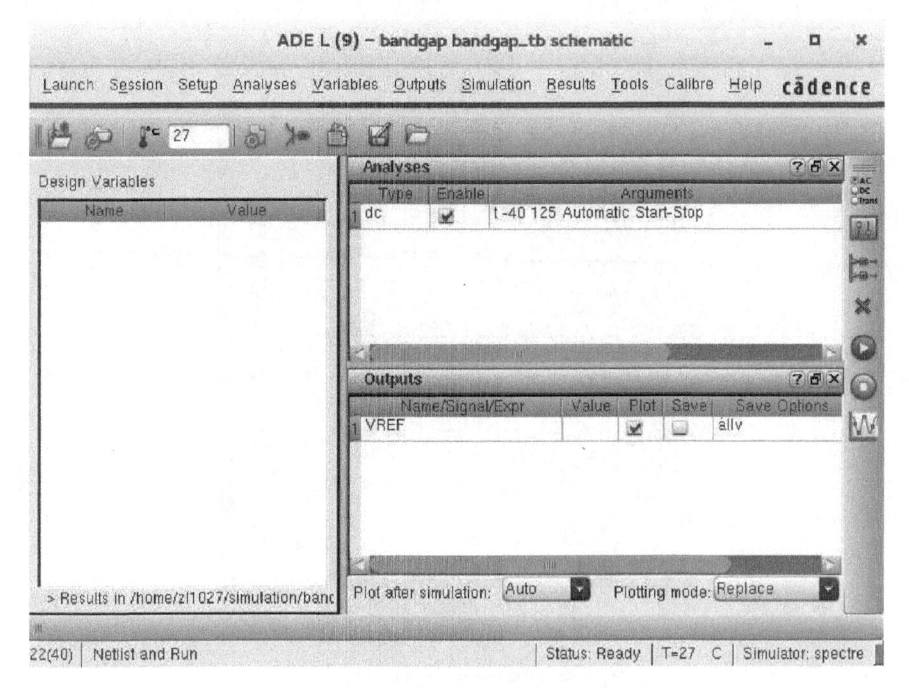

图 8.26　完成设置的主窗口

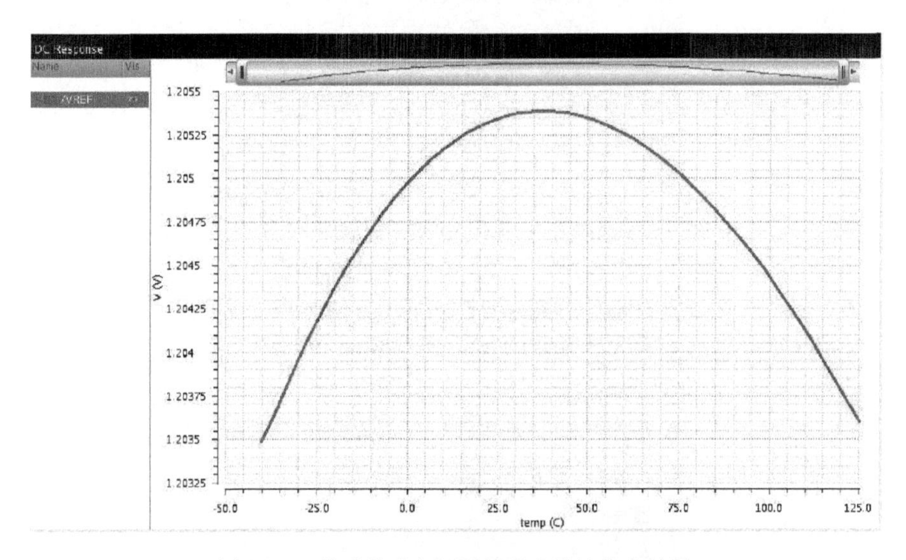

图 8.27　带隙基准电压源的温度特性仿真结果

真，设置频率的仿真范围为 1Hz ~ 1MHz，如图 8.29 所示。选择 Simulation→Netlist and run 开始仿真，可得仿真结果如图 8.30 所示，在 1kHz 频率处电源抑制比约为 65.7dB。

6）进行启动功能仿真。首先，搭建测试电路如图 8.31 所示，电源选择信号源

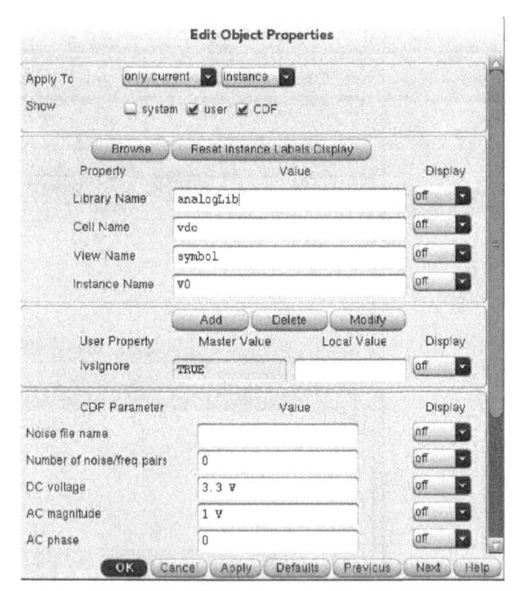

图 8.28 电源电压设置

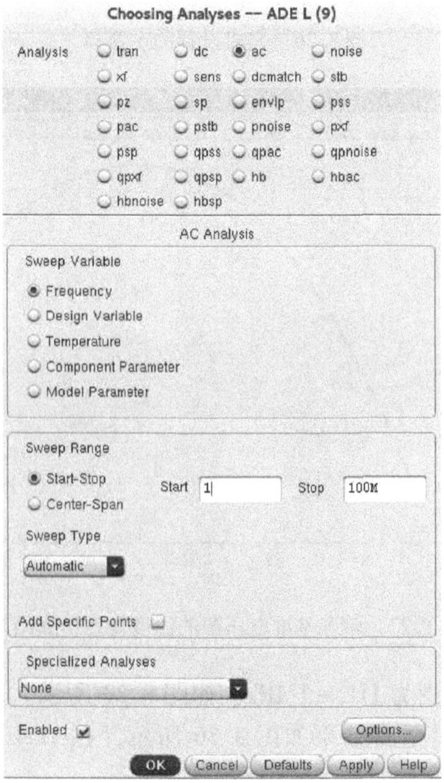

Choosing Analyses -- ADE L (9)

Analysis tran dc ac noise xf sens dcmatch stb pz sp envlp pss pac pstb pnoise pxf psp qpss qpac qpnoise qpxf qpsp hb hbac hbnoise hbsp

AC Analysis

Sweep Variable
Frequency
Design Variable
Temperature
Component Parameter
Model Parameter

Sweep Range
Start-Stop Start 1 Stop 100M
Center-Span
Sweep Type
Automatic

Add Specific Points

Specialized Analyses
None

Enabled Options...
OK Cancel Defaults Apply Help

图 8.29 ac 仿真设置

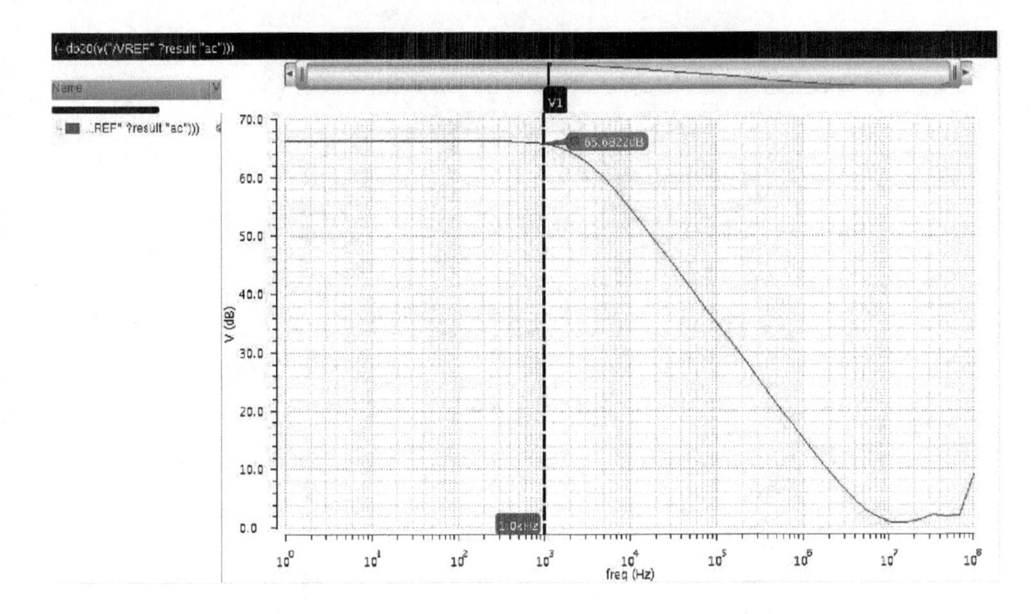

图 8.30　带隙基准电压源电源抑制比仿真结果

“vpwl”，具体参数设置如图 8.32 所示。点击 Analyses→Choose 指令，选择“tran”仿真，进行瞬态仿真，设置仿真时间为 6μs，如图 8.33 所示。选择 Simulation→Netlist and run 开始仿真，可得仿真结果如图 8.34 所示，可以看出带隙基准电压源的启动功能正常。

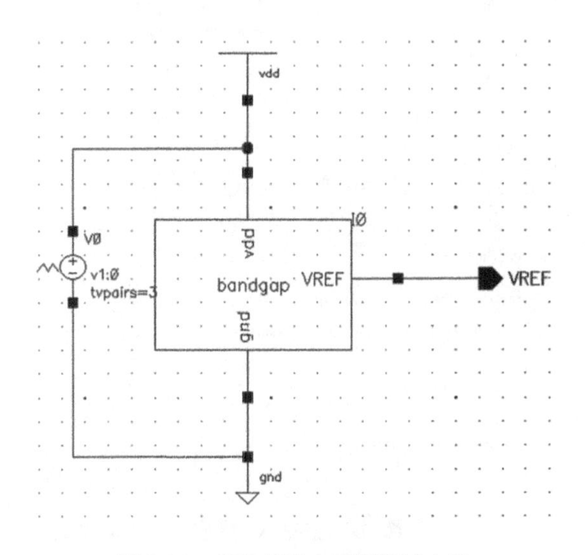

图 8.31　带隙基准电压源测试电路

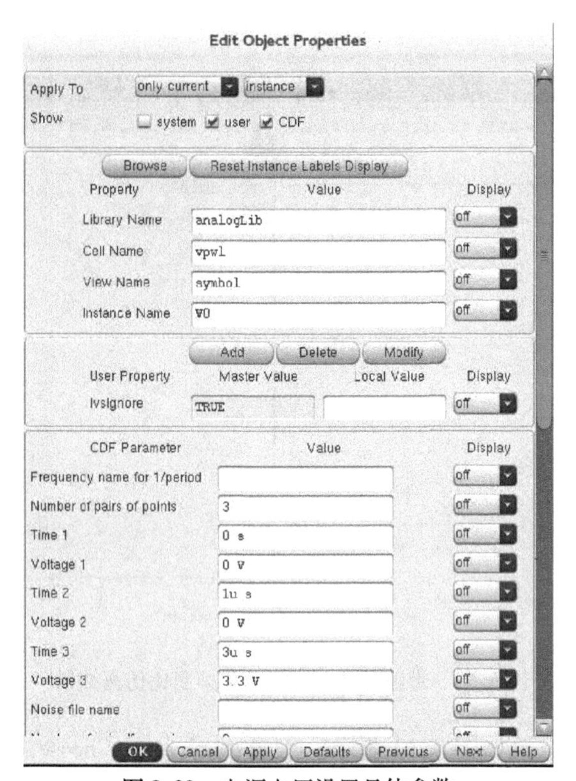

图 8.32　电源电压设置具体参数

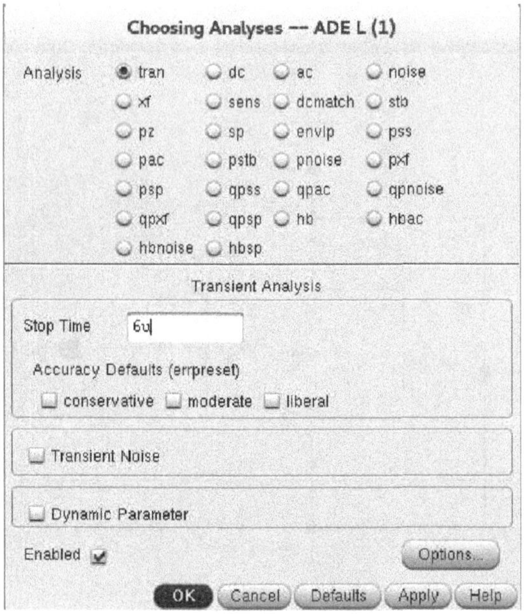

Choosing Analyses -- ADE L (1)

Analysis: tran, dc, ac, noise, xf, sens, dcmatch, stb, pz, sp, envlp, pss, pac, pstb, pnoise, pxf, psp, qpss, qpac, qpnoise, qpxf, qpsp, hb, hbac, hbnoise, hbsp

Transient Analysis

Stop Time 6u

Accuracy Defaults (errpreset)

conservative　moderate　liberal

Transient Noise

Dynamic Parameter

Enabled　Options...

OK　Cancel　Defaults　Apply　Help

图 8.33　“tran”仿真设置

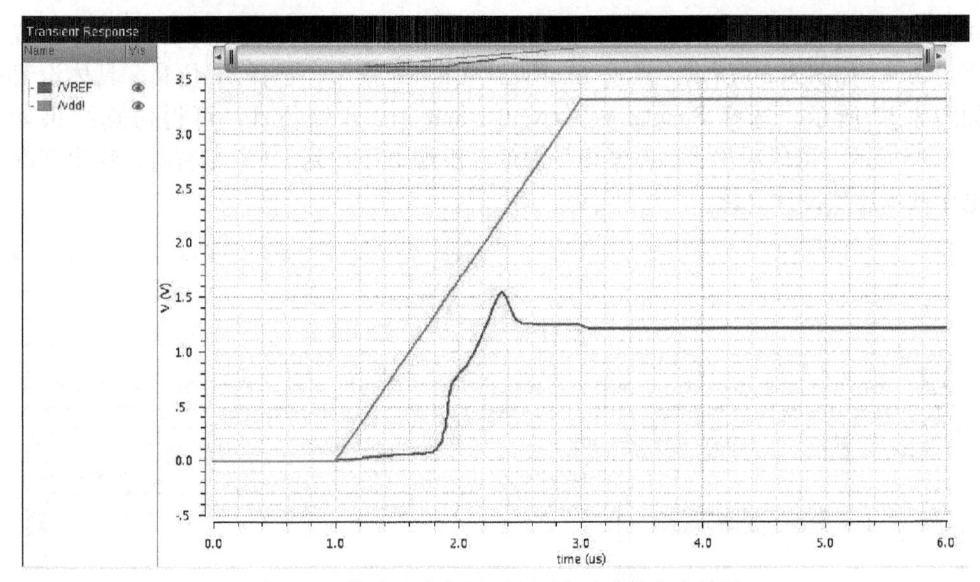

图 8.34　带隙基准电压源电源启动功能仿真结果

7）带隙基准电压源输出随电源电压变化的仿真。测试电路如图 8.18 所示，电源选择信号源“vdc”，将电源电压改成变量“power”，如图 8.35 所示。点击 Vari-

Edit Object Properties

Apply To　only current　instance

Show　system　user　CDF

Browse　Reset Instance Labels Display

Property	Value	Display
Library Name	analogLib	off
Cell Name	vdc	off
View Name	symbol	off
Instance Name	V0	off

Add　Delete　Modify

User Property	Master Value	Local Value	Display
lvsIgnore	TRUE		off

CDF Parameter	Value	Display
Noise file name		off
Number of noise/freq pairs	0	off
DC voltage	power V	off
AC magnitude		off
AC phase		off

OK　Cancel　Apply　Defaults　Previous　Next　Help

图 8.35　电源电压设置具体参数

ables→Copy From Cellview 指令，可在仿真主窗口看到设计变量“power”，并设置值为 3.3，如图 8.36 所示。点击 Analyses→Choose 指令，选择 dc 仿真，具体设置如图 8.37 所示。选择 Simulation →Netlist and run 开始仿真，可得仿真结果如图 8.38所示，可以看出带隙基准电压源的在电源电压达到 1.8V 左右时，输出基准电压基本达到设计要求。

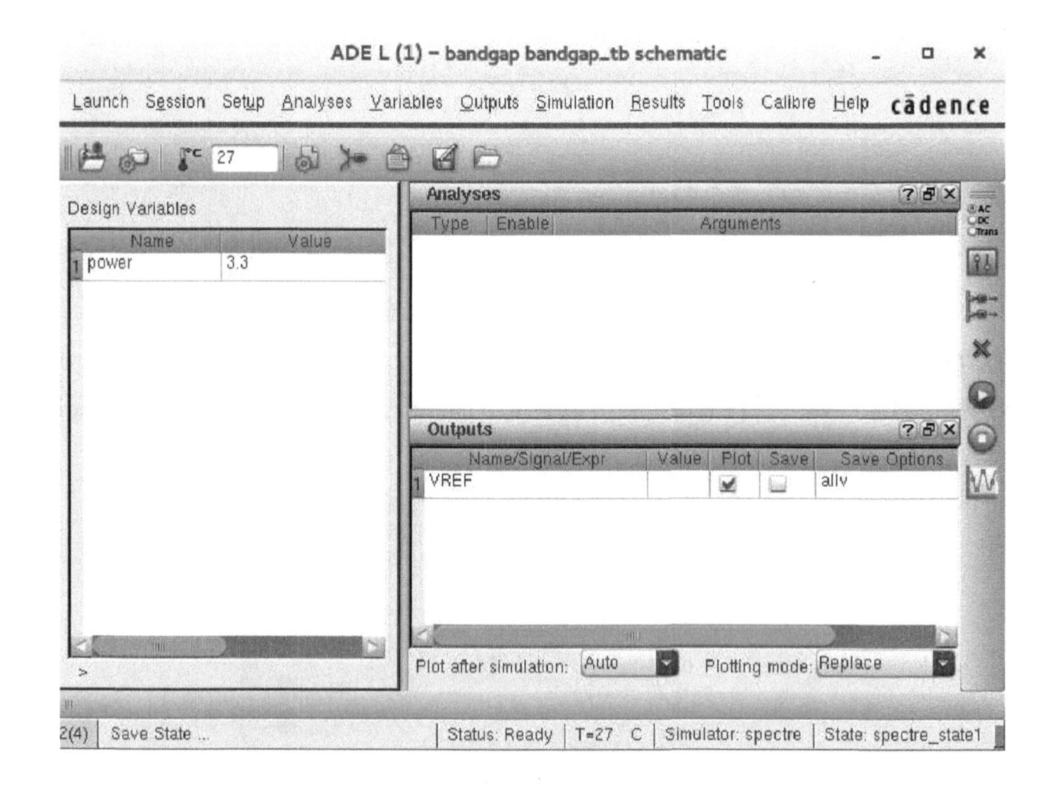

图 8.36　仿真主窗口

以上完成了带隙基准电压源的基本功能及性能的仿真，达到了预期的设计要求。在实际电路设计过程中，若出现仿真结果不能满足电路设计指标要求时，则需要根据带隙基准源的原理，将仿真结果与预期指标进行对比，确定不满足设计要求的原因，重新对电路进行设计和仿真，直到满足设计要求为止。

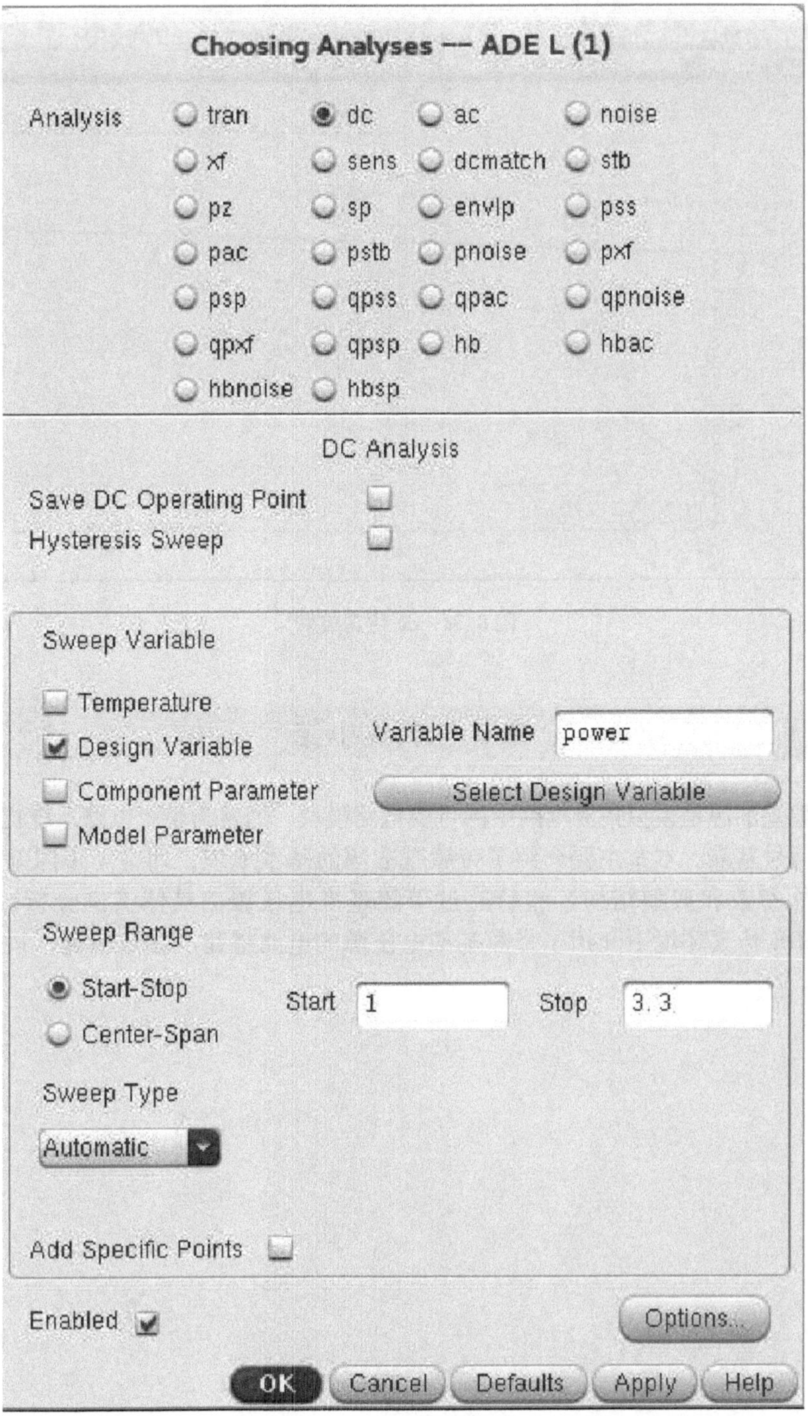

图 8.37　带隙基准电压源输出随电源电压变化的仿真结果

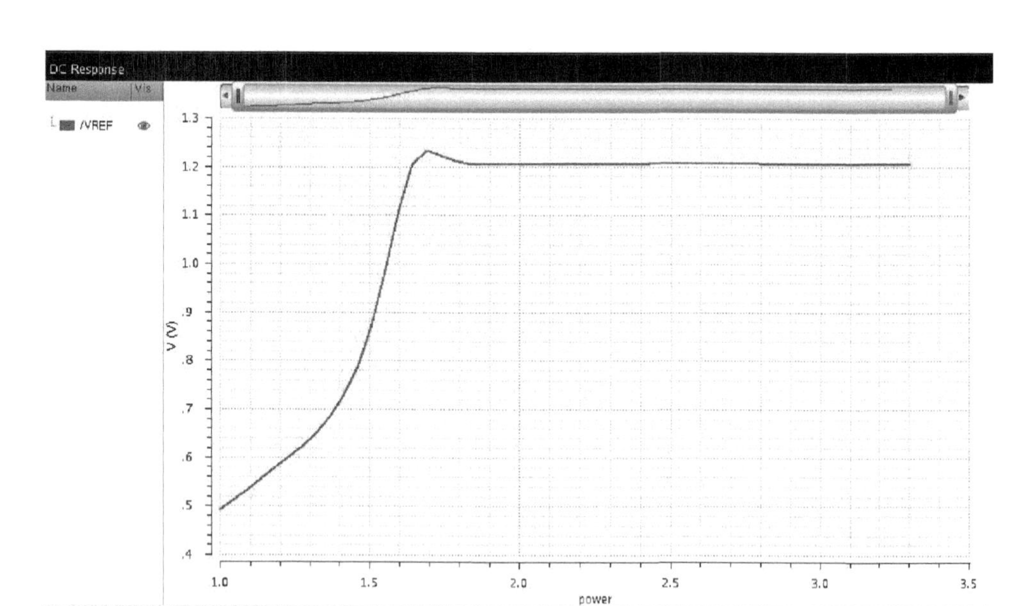

图8.38 dc仿真结果

8.3 本章小结

带隙基准源是模拟集成电路中的重要电路模块，通常为整个电路系统提供电压或电流信号基准。本章主要介绍了带隙基准源的基本原理，列举了带隙基准源的主要性能参数和典型结构。然后通过带隙基准电压源的具体实例分析，在Cadence ADE仿真环境下介绍了带隙基准电压源的电路搭建、参数仿真、设计及优化方法。

第9章　模-数转换器

模-数转换器（Analog-to-Digital Converter，ADC）作为混合信号集成电路的典型模块，广泛应用于各类电路与系统中，作为连接模拟信号和数字信号的桥梁有着不可替代的作用，在通信传输、军事国防、医疗卫生监护、工业监测与控制等领域发挥着重要作用。

本章首先介绍模-数转换器的基本原理、性能参数、常见电路结构等基础知识，然后通过逐次逼近式模-数转换器和并行快闪式模-数转换器两个典型模-数转换器电路，来说明模-数转换器电路设计的基本思想，以及利用 Cadence ADE 进行仿真的设计方法和过程。

9.1　模-数转换器概述

在自然界中，人类可以感知的信号基本都是模拟信号，例如声音、振动、温度、湿度、电磁波等，若要对这些信号进行处理和传输，就需要将模拟信号转换成易于存储和计算的数字信号。

9.1.1　模-数转换器的基本原理

模-数转换器是将模拟信号转换成数字信号输出，通常转换为具有不同权重的二进制码。对于理想模-数转换器，输入信号和输出信号的关系有：

$$V_i = V_{REF}(2^{-1}b_1 + 2^{-2}b_2 + \cdots + 2^{-N}b_N) \tag{9-1}$$

式中，V_i是输入模拟信号；V_{REF}是参考信号；b_i为第 i 位数字输出码，这里为二进制输出码，其中 b_1 是输出的最高位（MSB），b_N是输出的最低位（LSB）。输出码可以是串行输出，通常由最高位开始逐一输出；亦可并行输出，数字码同时在输出端输出。模-数转换器的一般原理性框图如图 9.1 所示。

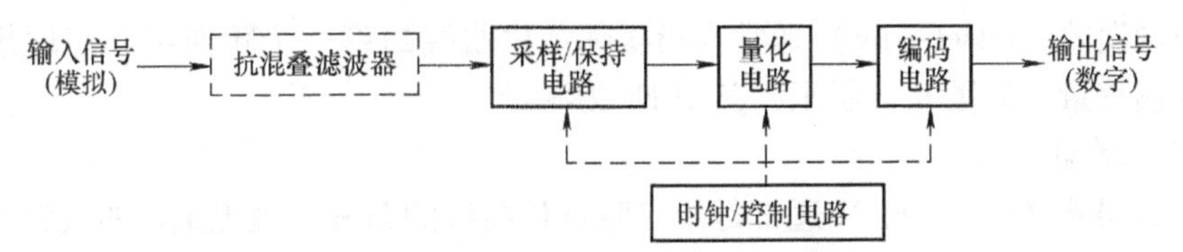

图 9.1　模-数转换器的一般原理性框图

根据奈奎斯特准则，模-数转换器的输入信号一般为带限信号，需要通过抗混叠滤波器将有用信号之外的信号分量滤除，避免与输入信号的混叠。然后经过采样/保持电路，将模拟连续时间信号转换为模拟离散时间信号，保证模-数转换器在采样周期内产生稳定的输入信号。采样/保持电路是模-数转换器的重要转换环节，需要保证在较大信号幅度和较高频率上，依然可以获得最优的电路性能，这往往需要在噪声和失真之间进行折中，为设计带来了巨大的挑战。量化电路完成输入信号与一系列参考值进行比较，生成数字码，实现将模拟信号转换成最接近的数字码的转换过程。在量化过程中，每一次转换都会产生误差信号，这些信号称为量化误差，其功率影响了模-数转换过程的质量。同时，量化过程严重影响模-数转换器的信噪比，还会带来单调性、积分非线性、微分非线性等问题。编码电路实现量化之后的数字码转换，以满足数字输出的要求，使得模-数转换器的输出直接或通过数字接口能够与微控制器、数字信号处理电路或FPGA等集成电路模块实现信息通信。时钟及控制电路完成整个模-数转换器电路所需时钟及相关控制时序的生成，主要用于各种开关电路及触发器等时序电路。

9.1.2 模-数转换器的性能参数

了解模-数转换器的性能参数，对理解其设计方法具有重要意义。模-数转换器的性能参数分为静态性能参数和动态性能参数两类。静态性能参数主要是在固有输入电压或者在较低频率下可以测量的参数，主要反映的是模-数转换器的实际量化曲线与理想量化曲线的偏差，包括准确度、失调误差、增益误差、微分非线性、积分非线性。动态性能参数主要是在不同采样频率和输入信号频率等情况下，模-数转换器的可以测量的性能参数，包括信噪比、有效位数、无杂散动态范围、谐波失真等。在系统输入带宽较大或模-数转换器转换速度较高时，动态性能变得非常重要。

1. 静态性能参数

（1）准确度

准确度是指ADC输出数字码发生改变的最小模拟输入变化值，通常也称为最低有效位（LSB）。若一个量化量程为V_{REF}的N位ADC，则其准确度为LSB = $V_{REF}/2^N$。

（2）失调误差

失调误差（offset error）通常是指实际量化曲线的第一个转换电平与理想量化曲线的偏移量，如图9.2所示，其中FS为满量程。

（3）增益误差

增益误差（gain error）通常是指实际量化曲线的斜率与理想量化曲线斜率的偏移量，如图9.2所示。增益误差会导致输入满量程时无法得到完全的输出码，与失调误差类似，会使得模-数转换器的输入范围减小。

（4）微分非线性

在理想转换曲线中，每个数字码对应的宽度应该是1LSB，而实际中会有部分

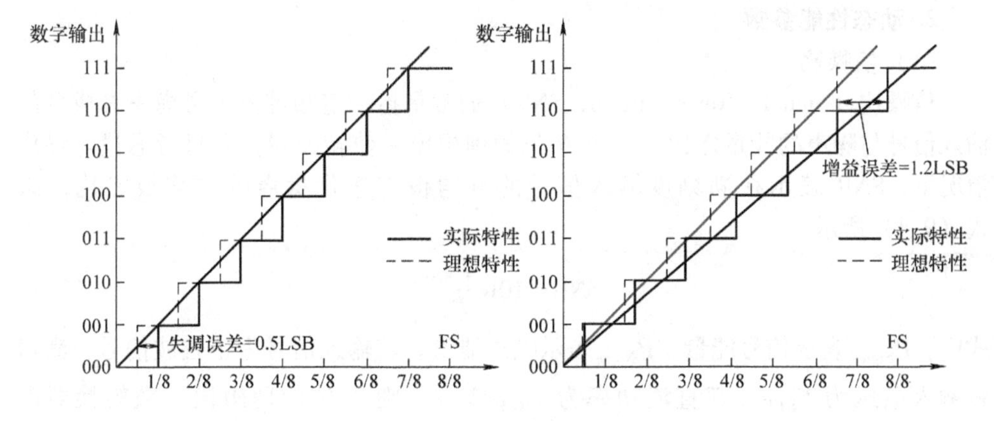

图 9.2　失调误差和增益误差

误差，数字码对应的宽度可能不再是 1LSB，这就是微分非线性（DNL），如图 9.3 所示。也就是说，微分非线性通常是指实际的量化曲线中数字码的宽度与理想曲线中数字码宽度的差，如式（9-2）所示。DNL 通常可以用 LSB 来衡量，当 DNL < ±1LSB时，则表明转换过程没有丢失码。较小的 DNL 不会造成数字码的丢失，影响较小；较大的 DNL 是额外的噪声来源，被累加到量化噪声中，会降低 ADC 的信噪比，影响电路的整体性能。

$$\text{DNL} = \text{实际数字码宽度} - 1\text{LSB} \tag{9-2}$$

（5）积分非线性

积分非线性（INL）从数学的角度可以看成是 DNL 在指定范围的积分，如式（9-3）所示。从转换特性曲线上看，积分非线性是实际曲线与理想曲线在水平方向上的最大差值，也可以用 LSB 来衡量，表征实际转换电平偏离理想转换电平的程度。

$$\text{INL} = \sum_{k=1}^{\text{Code}} \text{DNL}(k) \tag{9-3}$$

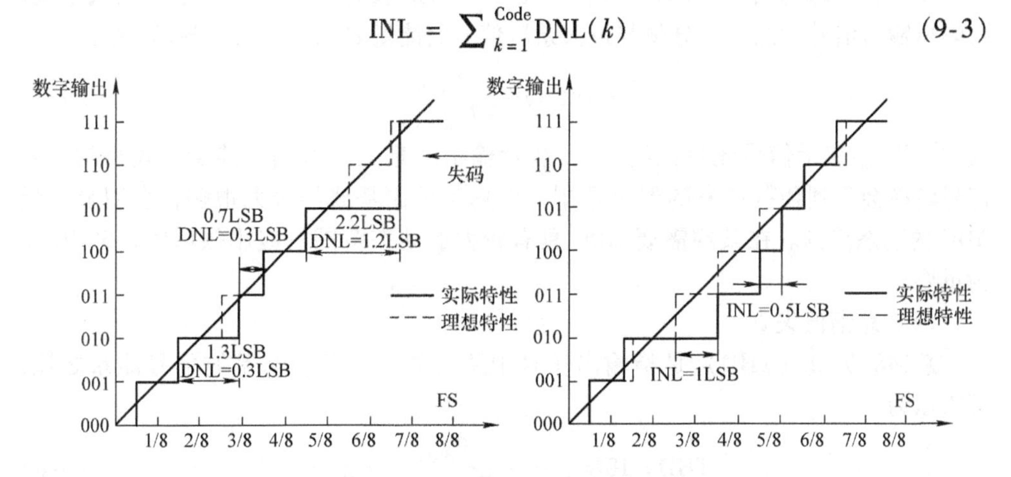

图 9.3　微分非线性和积分非线性

2. 动态性能参数

（1）信噪比

信噪比（Signal - Noise - Ratio，SNR）通常是指一定频带内不考虑失真成分的输入信号与噪声的能量之比。一个 N 位的理想模 - 数转换器，在只考虑量化噪声情况下，SNR 表示在满刻度输入信号的方均根与量化噪声的方均根之比，如式（9-4）所示。

$$\mathrm{SNR}=10\lg\frac{P_{\mathrm{Signal}}}{P_{\mathrm{Noise}}} \tag{9-4}$$

式中，P_{Signal}表示信号能量；P_{Noise}表示噪声能量。若输入信号为正弦波信号，满量程输入电压为 V_{REF}，其直流功率为 $V_{\mathrm{REF}}/2\sqrt{2}$，则 N 位的理想模 - 数转换器的 SNR 为

$$\mathrm{SNR}=20\lg\frac{V_{\mathrm{REF}}/2\sqrt{2}}{V_{\mathrm{REF}}/2^{N}\sqrt{12}}=20\lg\left(2^{N}\sqrt{\frac{3}{2}}\right)=(6.02N+1.76)\mathrm{dB} \tag{9-5}$$

（2）信噪失真比

在实际的 ADC 中，除了量化噪声，谐波和杂散信号是不能忽略的，因此可以用信噪失真比（SNDR）来说明一定频带内输入信号与所有噪声的能量之比，如式（9-6）所示。

$$\mathrm{SNDR}=10\lg\frac{P_{\mathrm{Signal}}}{P_{\mathrm{Noise}}+P_{\mathrm{HD}}} \tag{9-6}$$

式中，P_{Signal}表示信号能量；P_{Noise}和 P_{HD}分别表示除信号之外噪声能量和谐波能量。在实际中，一般 SNDR 的结果要比 SNDR 的结果更好一些，特别是随着输入频率的增加，电路的总谐波失真增加，相应的 SNDR 会降低。

（3）无杂散动态范围

无杂散动态范围（SFDR）表征一定频带内杂散信号对输出信号的最大干扰，具体指输出信号中的基波分量与最大杂散信号的能量之比，如式（9-7）所示。

$$\mathrm{SFDR}=10\lg\frac{P_{\mathrm{Signal}}}{P_{\mathrm{spur\_max}}} \tag{9-7}$$

式中，P_{Signal}表示信号能量；$P_{\mathrm{spur_max}}$表示输出的最大杂散信号能量。较小的输入信号转换会受到杂散信号的严重限制，失真信号比基波信号大很多，会明显降低 ADC 的动态范围。在某些需要 ADC 具有较大的动态范围的应用领域中，SFDR 尤为重要。

（4）总谐波失真

总谐波失真（THD）是指输出信号中所有的谐波分量与基波信号能量之比，可表示为

$$\mathrm{THD}=10\lg\frac{P_{\mathrm{Signal}}}{P_{\mathrm{HD1}}+P_{\mathrm{HD2}}+\cdots+P_{\mathrm{HD}m}} \tag{9-8}$$

式中，P_{Signal}表示信号能量；P_{HD1}表示第1次谐波能量；P_{HD2}表示第2次谐波能量；P_{HDm}表示第m次谐波能量。

（5）有效位数

有效位数（ENOB）是指ADC在某输入频率和采样速度时的实际转换准确度，与信噪失真比相对应，如式（9-9）所示。

$$\mathrm{ENOB} = (\mathrm{SNDR} - 1.76)/6.02 \tag{9-9}$$

因此，实际中也可用ENOB来代替SNDR。

（6）优值

不同结构性能的ADC在对比时，一般可以用优值（FOM）来衡量和对比不同ADC在不同速度和准确度下的功耗效用，具体定义如式（9-10）所示，单位为J/conversion - step。

$$\mathrm{FOM} = \frac{\mathrm{Power}}{\min(f_s, \mathrm{BW} \times 2) \times 2^{\mathrm{ENOB}}} \tag{9-10}$$

式中，Power为ADC的功耗；f_s为采样频率；BW为信号有效带宽。

9.1.3 模-数转换器的电路结构

面对不同的电子系统应用，对模-数转换器的性能要求也不尽相同，不同结构的模-数转换器电路在速度、分辨、功耗等方面有着显著的差异。常用的模-数转换器结构主要有流水线式模-数转换器（Pipeline - ADC）、逐次逼近式模-数转换器（SAR - ADC）、并行式模-数转换器（Flash - ADC）、Sigma - Delta模-数转换器、时间交织型模-数转换器（TI - ADC）等结构，其性能对比见表9.1。

表9.1 常用模-数转换器结构性能对比

结构/性能	分辨率	速度	功耗	结构复杂度	先进工艺兼容性
Pipeline - ADC	较高	较高	高	较高	中
SAR - ADC	中	中等	低	中	优
Flash - ADC	较低	高	低	低	优
Sigma - Delta - ADC	高	低	中	较高	中
TI - ADC	—	高	高	较高	—

1. 流水线式模-数转换器

流水线式模-数转换器的电路结构原理图如图9.4所示。典型的流水线式模-数转换器中包含M级子ADC，每个子ADC具有独立的采样及量化电路，因此每级电路转换时相互影响较小。若每个子ADC可以实现准确度为k的转换，则整个模-数转换器准确度满足$N = kM$。在每个子ADC中，首先进行信号采样，并经过转换后得到k位的数字输出码，数字输出码被k位数-模转换器（DAC）转换为模拟信号，然后由该子ADC的输入信号与经过DAC转换后的模拟信号相减，获得量化残差，再经过级间放大器放大后作为下一级的输入信号，进入下一级转换。通常第一级子 ADC 产生整个模 - 数转换器的最高位，第 M 级子 ADC 产生整个模 - 数转换器的最低位。

流水线式模 - 数转换器的每一级子 ADC 的准确度对整个电路的速度、功耗及级间误差都有影响，因此需要合理选择子 ADC 的准确度。每级子 ADC 的准确度可以相同，也可以不同，不同准确度的子 ADC 构成的整体电路也不同。例如，一个 12 位的流水线式模 - 数转换器可以设计为每一级子 ADC 的准确度是 2 位，也可以设计成每一级子 ADC 的准确度是 3 位。在设计子 ADC 准确度时，一般还需要折中考虑电路的速度要求。

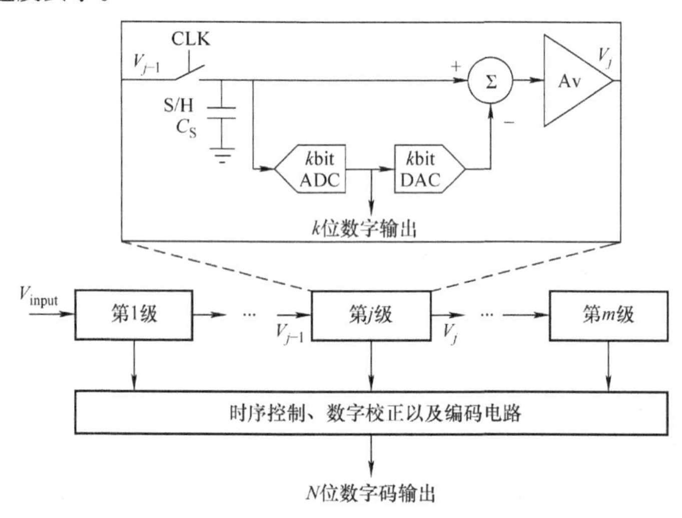

图 9.4　流水线式模 - 数转换器的电路结构原理图

流水线式模 - 数转换器的误差主要来自每一级子 ADC 中比较器的失调误差、DAC 的转换误差以及级间放大的增益误差等。通常可以采用数字纠错或者数字校正技术减小误差的影响。

2. 逐次逼近式模 - 数转换器

逐次逼近式模 - 数转换器基于二进制搜索算法使输出逐次逼近输入的模拟信号。逐次逼近式模 - 数转换器的基本结构如图 9.5 所示，主要由采样/保持电路（S/H）、数 - 模转换器（DAC）、比较器、时序逻辑控制电路组成，在某些应用中还需要基准源等辅助电路。

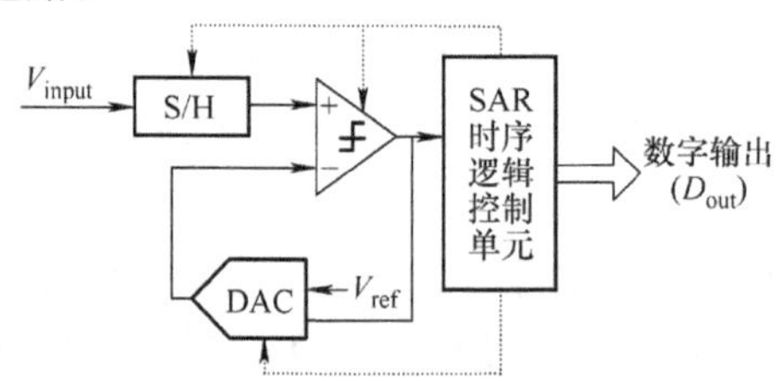

图 9.5　逐次逼近式模 - 数转换器的电路结构原理图

通常，逐次逼近式模-数转换器将模拟输入信号转换成N位数字码输出需要N个转换周期。首先模拟输入信号V_{in}被采样保持单元采样，并与数-模转换器的参考电压进行比较，得到比较器的输出结果。如果$V_{in}>1/2V_{ref}$，那么比较器输出1，SAR最高位定为1；否则，如果$V_{in}<1/2V_{ref}$，那么比较器输出0，SAR最高位定为0，从而得到最高位的结果，然后确定次高位。如果前一个转换周期确定的MSB=1，则此时DAC输出$3/4V_{ref}$，V_{in}与$3/4\ V_{ref}$比较大小，进而确定SAR次高位；如果前一个转换周期确定的MSB=0，则此时DAC输出为$1/4V_{ref}$，V_{in}与$1/4\ V_{ref}$比较大小，从而确定SAR次高位。其他各低位依此类推，直到最低位（LSB）确定为止，获得本转换的最终数字输出码。以3位逐次逼近模-数转换器为例，DAC输出电压转换如图9.6所示。第一个转换周期，DAC输出$1/2V_{ref}$，此时$V_{in}>1/2V_{ref}$，所以输出数字码bit2=1；在第二个转换周期，DAC输出转换至$3/4V_{ref}$，此时$V_{in}<3/4V_{ref}$，所以输出数字码bit1=0，以此类推，得到最终转换结果为100。从上述中可得，逐次逼近式模-数转换器的转换判决逻辑如图9.7所示。

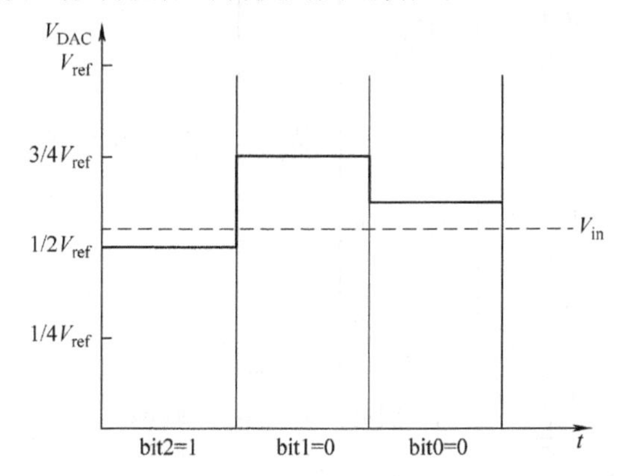

图9.6 逐次逼近式模-数转换器的电压转换示意图

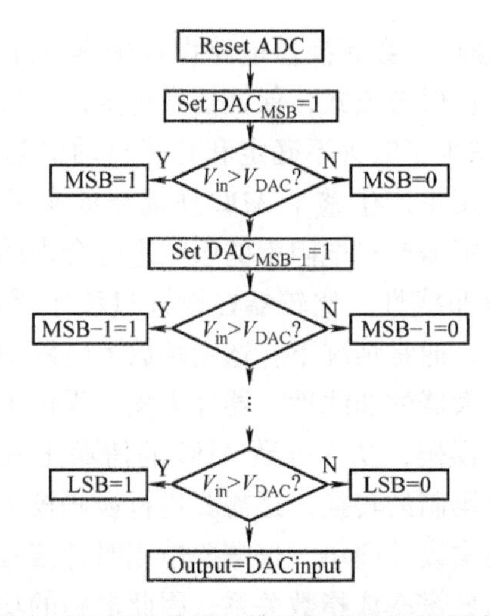

图9.7 逐次逼近式模-数转换器的转换判决逻辑

3. 并行式模－数转换器

并行式模－数转换器是应用于高速 ADC 的常用结构之一，其电路结构原理图如图 9.8 所示。模拟输入信号经采样/保持电路后，与电阻串产生的参考电压输入到比较器的输入端，理想情况下，当输入信号大于对应的参考电压时，比较器的输出为 1，反之则输出为 0。由此可知，比较器输出为温度计码，一般需要通过编码电路转换成二进制码或格雷码输出，在部分应用中需要转换成满足接口协议的数字码输出。比较器的个数与模－数转换器的准确度直接相关，N 位分辨率的全并行模－数转换器需要 2^N-1 个比较器。

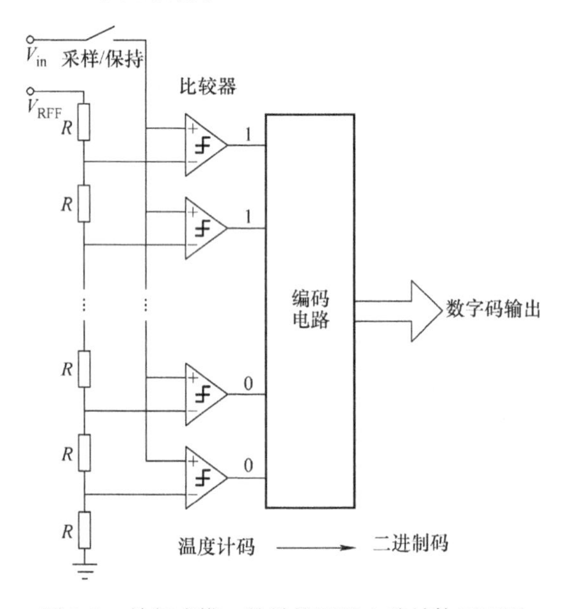

图 9.8 并行式模－数转换器的电路结构原理图

采样/保持电路在高速模－数转换器电路设计中具有非常重要的作用。在采样模式，将信号进行采样；在保持模式，保证信号稳定，不再随输入信号的变化而变化，采样/保持电路大大减少了时钟不确定和孔径抖动引起的误差，降低了对后级电路带宽的要求。电阻串用来产生整个 ADC 所需要的参考电压，一般由高准确度的电阻串联而成，在实际中需要对电阻串的版图进行合理的设计与优化，从而使得整个电路具有良好的积分非线性。比较器在设计过程中需要对速度、准确度、失调、功耗等进行综合考虑，通常情况下，选用预放大电路加锁存比较器的结构。在实际应用中，由于存在放大器的非线性、器件失配、噪声干扰等非理想因素，比较器的输出可能产生亚稳态误码，从而导致 ADC 的信噪比下降，因此，超高速应用中，编码电路不仅要完成码制的转换，还需要进行误码校正。

并行模－数转换器结构设计简单，仅需要单相时钟信号，高频性能优良。但是其所需要的比较器数目与分辨率成指数关系，因此电路的功耗、芯片面积等也与分辨率成近似指数关系。在 CMOS 工艺中，一般并行模－数转换器的分辨率小于 8 位。在对电路速度要求较高，但是准确度要求不高的应用中，该结构使用较广泛。

4. Sigma－Delta 模－数转换器

Sigma－Delta 模－数转换器属于过采样模－数转换器，通过过采样技术和噪声整形技术将信号带宽内的量化噪声推向高频频带，从而降低信号带宽内的噪声，然后再通过数字滤波器将高频噪声信号去除，从而实现电路高准确度的性能，电路结构如图 9.9 所示。

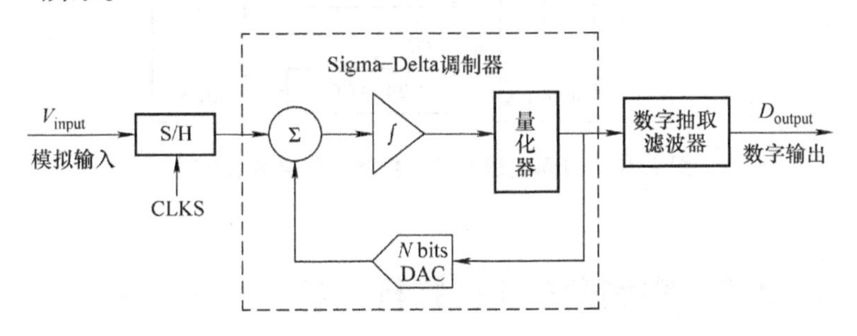

图 9.9　Sigma－Delta 模－数转换器的电路结构原理图

Sigma－Delta 模－数转换器主要由 Sigma－Delta 调制器和数字抽取滤波器两部分构成。模拟输入信号经过采样/保持电路后，进入 Sigma－Delta 调制器实现信号的过采样和量化噪声的整形。Sigma－Delta 调制器主要由环路滤波器、量化器和 N 位数－模转换器构成。经过 Sigma－Delta 调制器后，信号经数字滤波器实现将高频的量化噪声去除，并降采样至奈奎斯特频率输出数字码。数字抽取滤波器主要有数字滤波器和数字采样模块构成。

Sigma－Delta 模－数转换器在声音、图像等低频、高准确度、高动态范围的系统中应用非常广泛。

5. 时间交织型模－数转换器

时间交织型模－数转换器采用多个并行工作的模－数转换器对输入信号进行量化，通过量化结果的适当选通输出，可以产生相当于一个模－数转换器的结果，但其转换速度提高数倍。转换速率提高的倍数与并行工作的模－数转换器数目相关。

时间交织型模－数转换器结构示意图如图 9.10 所示。输入信号经过工作在采样频率 f_s 的采样/保持电路，然后经过模拟多路选择器将采样结果依次传送给转换速率在 f_s/M 的 N 位模－数转换器，转换后的数字码由多路选择器按顺序依次选择每个 N 位模－数转换器的输出，从而获得工作在采样频率 f_s 下的 N 位模－数转换器。时间交织的各路模－数转换器一般采用相同的结构，可以采用流水线式、逐次逼近式、并行式模－数转换器等。

另外，为了降低对采样保持电路的要求，也可以每一路模－数转换器使用各自的采样保持电路，这就需要非常仔细地产生、分配这些控制相位，以降低由于相位偏差导致的动态性能的影响。在单个高速模－数转换器中失调和增益等不匹配性可能对性能影响不大，但是在时间交织结构中变得相当严重，会被转换为动态误差，从而限制整个模－数转换器的性能。

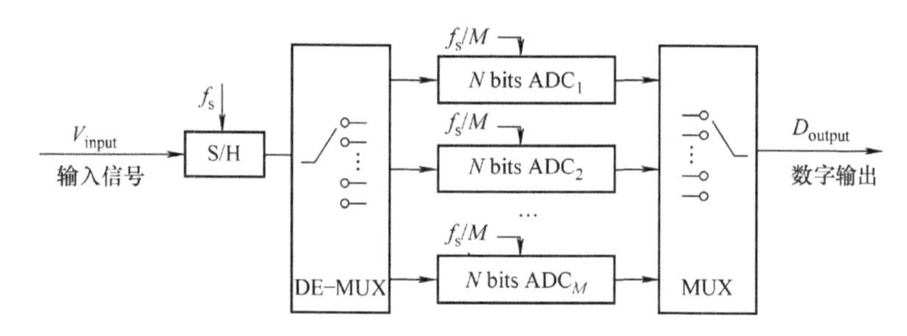

图9.10 时间交织型模－数转换器结构示意图

9.2 实例分析1：并行式模－数转换器

本节主要通过一个设计实例讲解并行式模－数转换器的设计思想，基于Cadence ADE完成电路的性能仿真，使读者能够清晰、全面地了解该电路的设计方法。其设计指标具体如下：

1）电源电压：1.8V；

2）有效位数＞2.5bits；

3）采样时钟信号：500MHz；

4）输出信号的信噪失真比＞15dB；

5）无杂散动态范围＞20dB。

本例选择使用CMOS 180nm工艺来完成并行模－数转换器的设计和仿真。

9.2.1 并行式模－数转换器设计与时域仿真

在确定设计指标后，首先要进行电路的初步设计与仿真，根据前一节关于并行式模－数转换器的结构及相关原理介绍，在软件中搭建相关电路。

1. 采样保持电路的建立与仿真

采样保持电路在模－数转换器的采样周期内产生一个稳定的输入信号，基本结构主要由一个开关和一个电容构成。在开关导通期间，采样电容上的信号跟随输入信号的变化而变化，在开关关断后，采样电容上的信号保持不变，直到下一次采样。在CMOS工艺中，开关可由单个MOS管即可实现，通过控制MOS管的栅压从而控制MOS管的导通与关断，为了降低开关导通电阻对信号的影响，可以采用互补型开关，如图9.11所示。

在Cadence ADE中进行电路设计并完成电路的仿真，具体步骤如下：

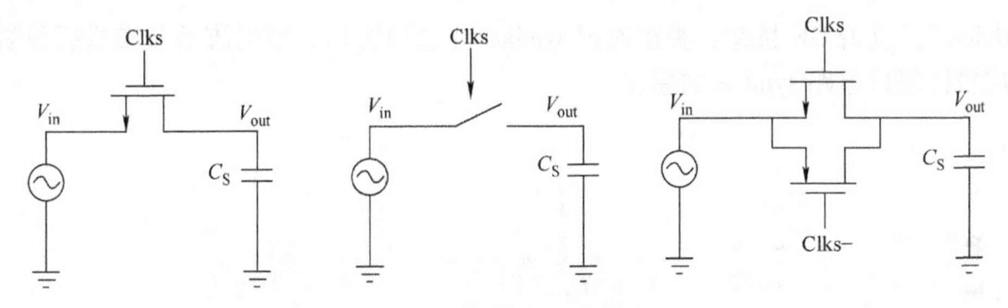

图 9.11　采样保持电路示意图

1）如图 9.12 所示，在 Linux 系统的命令行输入“virtuoso &”，运行 Cadence IC。

2）建立设计库，点击 File→New→Library 的指令，弹出“New Library”对话框，在对话框中输入建立的设计库名“flash”，并选择“Attach to an existing techfile”关联至设计需要的工艺库文件“smic18mmrf”。

图 9.12　CIW 主窗口

3）如图 9.13 所示，点击 File→New→Cellview 指令，弹出“Cellview”对话框，输入所建立的 cell 的名字“sample”，点击 OK 按钮，新建一个设计原理图。

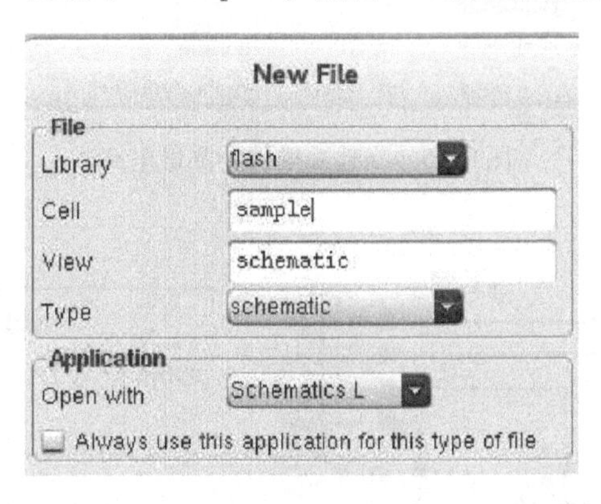

图 9.13　新建采样保持设计原理图

4）设计采样保持电路，如图 9.14 所示。采用 CMOS 互补性开关，保证在整个输入电压范围内，导通电阻较为稳定。为此电路建立一个 symbol，方便后续调用。在电路图设计窗口中，点击菜单栏中的“Create”选择“Cellview”中的“From

Cellview”，点击 OK 按钮，弹出设置 symbol 的选项窗口，对引脚的分布进行设置，完成采样保持电路 symbol 的建立。

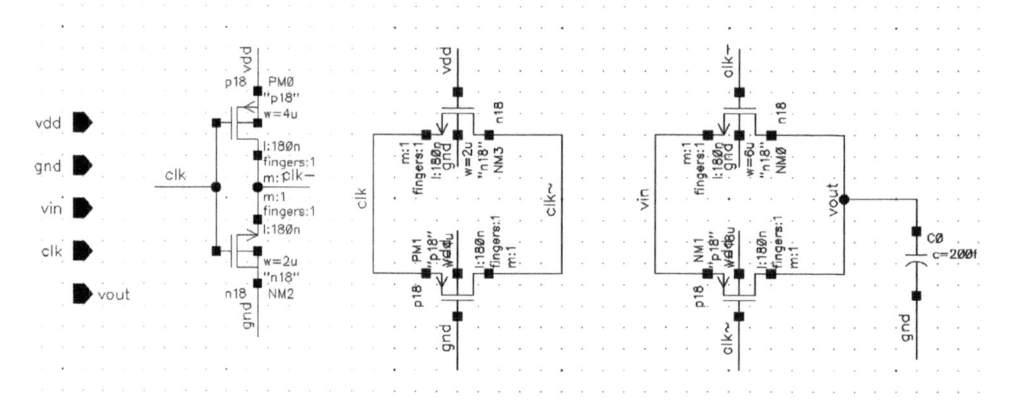

图 9.14 采样保持电路图

5）如图 9.15 所示，新建采样保持测试电路，建立的 cell 的名字“sample_tb”，并搭建仿真电路如图 9.16 所示。

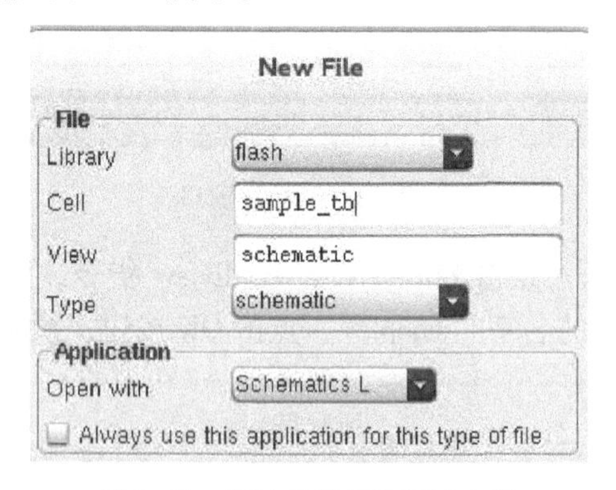

图 9.15 新建采样保持测试电路

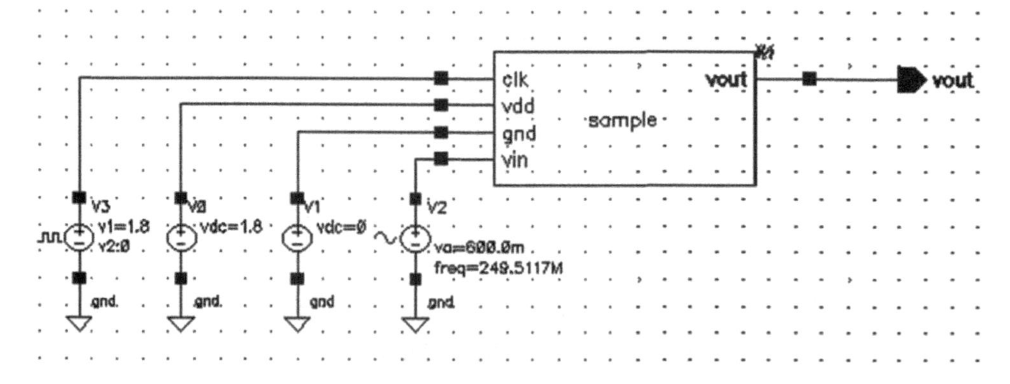

图 9.16 采样保持测试仿真电路图

6）进行时域仿真。电源信号选用“analogLib”中的直流电压源“vdc”，设置为1.8V的直流电压信号，gnd信号设置为0V。时钟信号选择“analogLib”中的“vpluse”，设置频率500MHz的方波信号。输入信号选择“analogLib”中的“vsin”，设置为100MHz的正弦信号。选择Analyses→Choose指令，选择“tran”进行瞬态仿真，设置“Stop Time”的仿真时间为20ns，点击OK按钮完成设置。选择Simulation→Netlist and Run命令，开始进行仿真，仿真结束后选取输出端可得瞬态仿真结果如图9.17所示，可以看出采样保持电路工作正常。

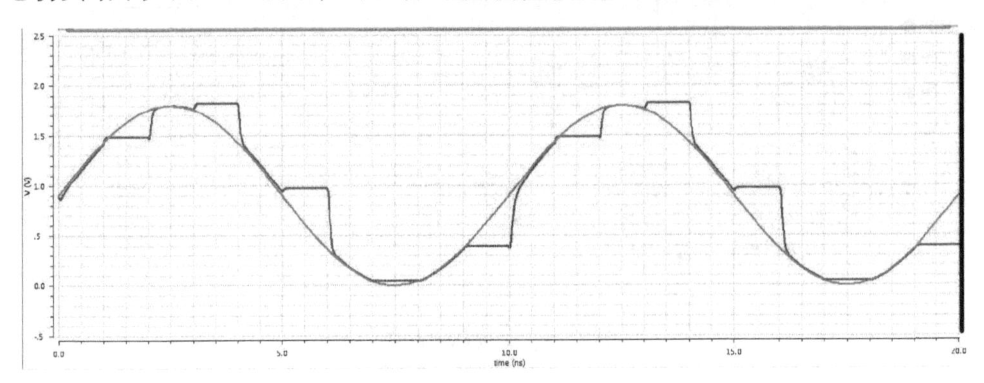

图9.17 采样保持电路时域仿真结果

2. 比较器的建立与仿真

在并行式模-数转换器中，比较器是重要的核心模块。本实例中，比较器采用预放大器加锁存器的结构。具体步骤如下：

1）如图9.18所示，点击File→New→Cellview指令，弹出“Cellview”对话框，输入所建立的cell的名字“comparator”，点击OK按钮，新建一个设计原理图。

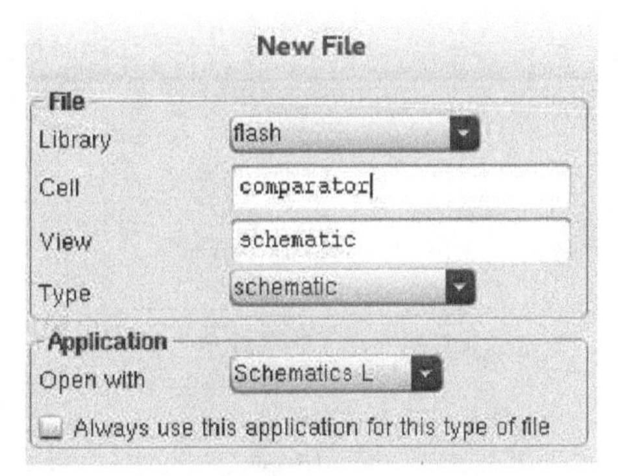

图9.18 新建比较器单元电路

2）设计比较器电路，如图9.19所示。比较器为四输入比较器，主要由放大电路、锁存电路及输出整形缓冲器组成。为了方便后续调用，为此电路建立一个symbol。在电路图设计窗口中，点击菜单栏中的“Create”选择“Cellview”中的“From Cellview”，点击OK按钮，弹出设置symbol的选项窗口，对引脚的分布进行设置，完成比较器电路symbol的建立。

3）进行时域仿真。电源电压VDD设置为1.8V的直流电压信号；GND信号设置为0V直流电压信号；参考信号源VREFN和VREFP设置为0.9V的直流电压信

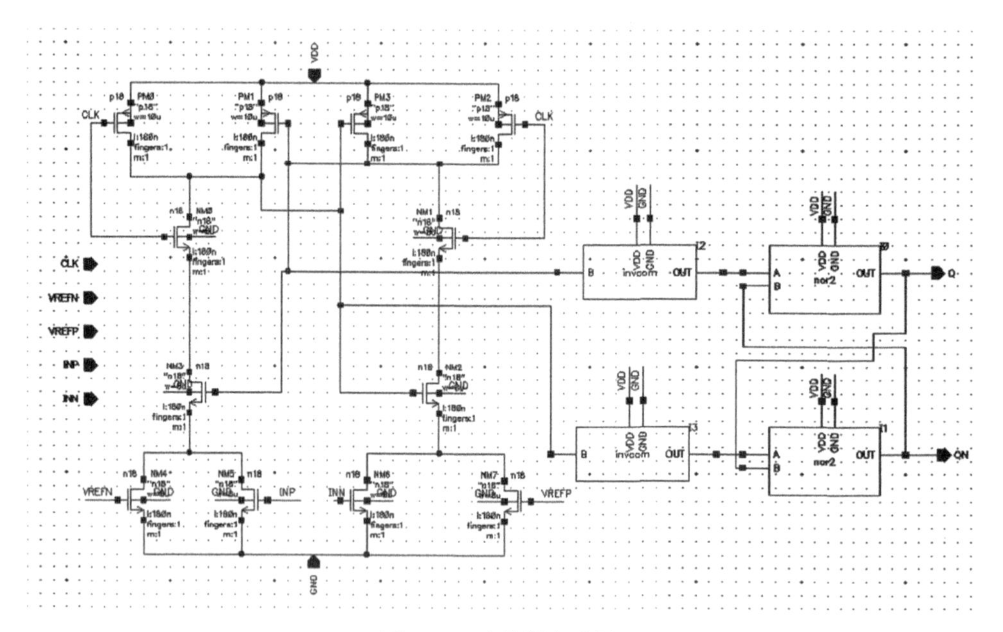

图9.19　比较器电路图

号；输入信号INP设置为0.9V的直流电压信号；INN设置为斜坡信号，具体设置如图9.20所示。选择Analyses→Choose指令，选择“tran”进行瞬态仿真，设置“Stop Time”的仿真时间为200ns，点击OK按钮完成设置。选择Simulation→Netlist and Run命令，开始进行仿真，仿真结束后选取输出端可得时域瞬态仿真结果如图9.21所示，可以看出比较器电路工作正常。

Setup Analog Stimuli

Source type	pwl
Type of rising _falling edge	
Desired rms value	
Cosine Filter	
Rolloff factor	
Bandwidth	
Frequency name for 1/period	
Number of pairs of points	2
Time 1	0n
Voltage 1	0
Time 2	200n
Voltage 2	1.8
Time 3	

OK　Cancel　Apply　Change　Help

图9.20　输入信号设置

3. 编码电路的建立与仿真

在并行式模－数转换器中，编码电路主要完成将比较器结果的温度计码转换成

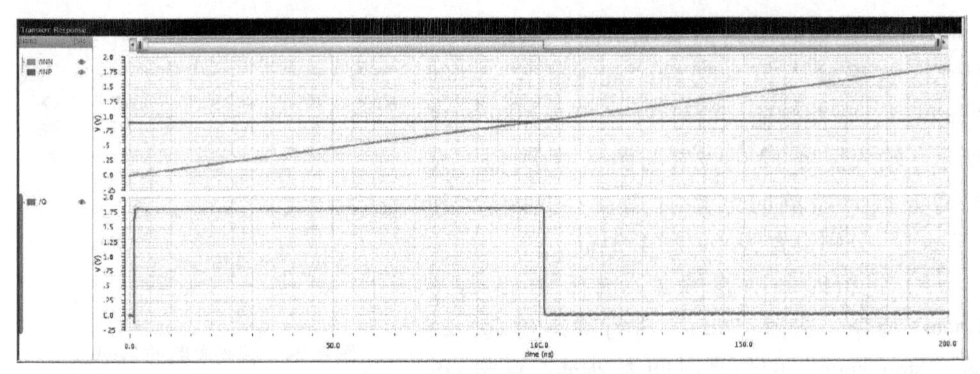

图 9.21　瞬态仿真结果图

输出所需的二进制码或其他码制。具体步骤如下：

1）在“flash”库中完成编码电路的绘制。点击 File→New→Cellview 指令，弹出“Cellview”对话框，输入所建立的 cell 的名字“decoder”，点击 OK 按钮，新建一个设计原理图，如图 9.22 所示。

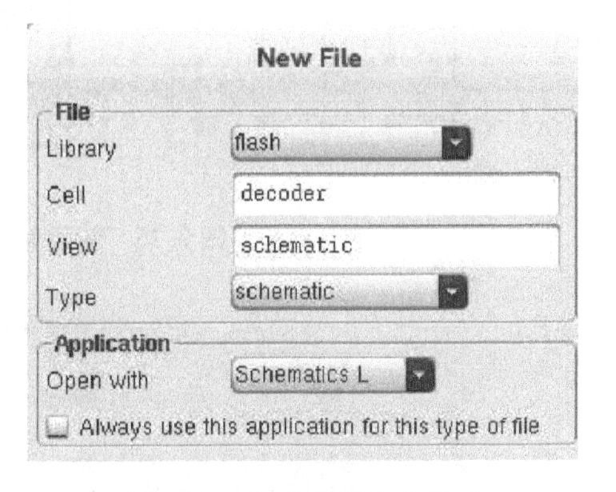

图 9.22　新建编码电路单元

2）设计编码器电路，如图 9.23 所示。这里编码器电路采用由异或门构成的加法器，将温度计码转换成输出所需的二进制码。为了方便后续调用，为此电路建立一个 symbol。在电路图设计窗口中，点击菜单栏中的“Create”选择“Cellview”中的“From Cellview”，点击 OK 按钮，弹出设置 symbol 的选项窗口，对引脚的分布进行设置，完成比较器电路 symbol 的建立，如图 9.24 所示。

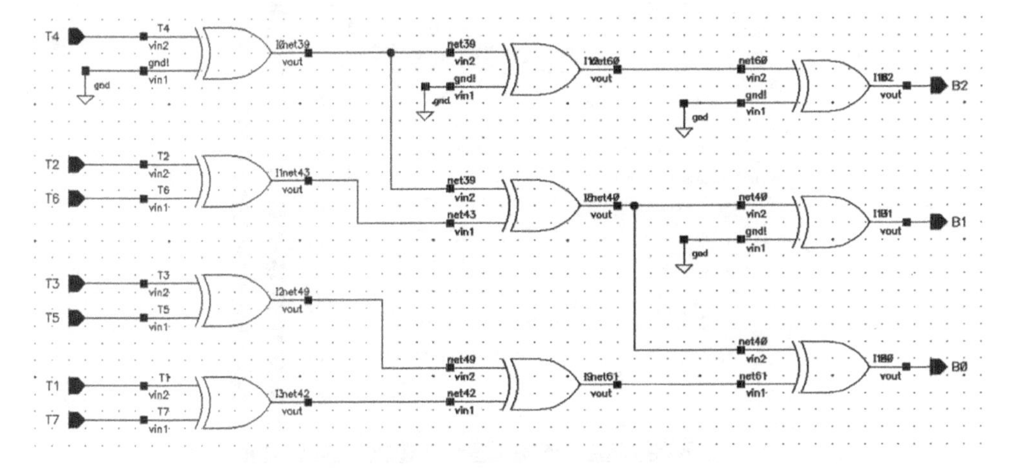

图 9.23　编码器电路图

3）新建编码电路的测试电路，如图 9.25 所示。这里输入信号选择“analogLib”中的“vpluse”，最左侧输入信号 T1 的设置如图 9.26 所示，输入信号 T2 的设置与图 9.26 类似，只是将方波开始的时间推后 2ns，“Time2”和“Time3”分别设置为 4ns 和 4.01ns。

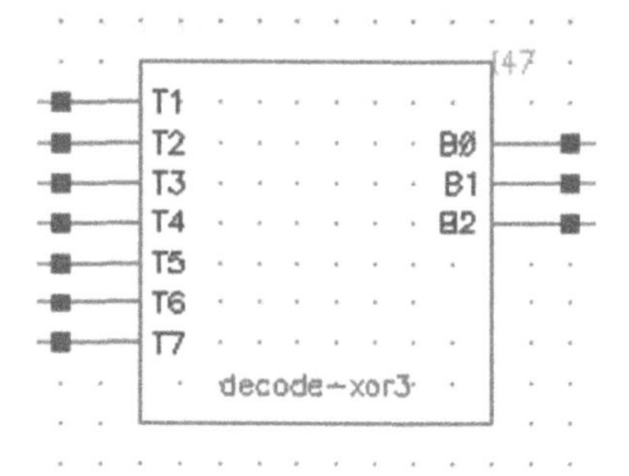

图 9.24 编码电路的 symbol

4）进行时域功能仿真。选择 Analyses→Choose 指令，选择“tran”进行瞬态仿真，设置“Stop Time”的仿真时间为 20ns，点击 OK

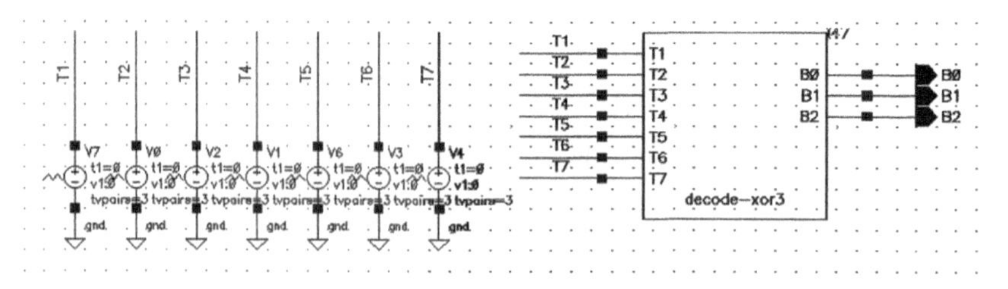

图 9.25 新建编码电路的测试电路

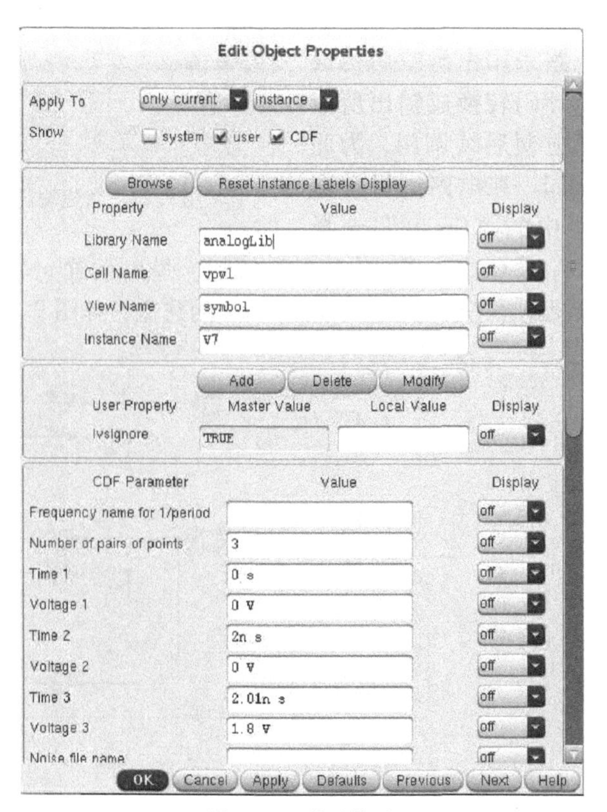

图 9.26 激励信号

按钮完成设置。选择 Simulation→Netlist and Run 命令，开始进行仿真，仿真结束后选取输出端可得瞬态仿真结果如图 9.27 所示，其中 T1 ~ T7 为输入信号；B0 ~ B2 是输出信号；B0 是二进制码的最低位；B2 是二进制码的最高位，可以看出该加法器电路工作正常。

Name
Vis
/T7
/T6
/T5
/T4
/T3
/T2
/T1
/B0
/B1
/B2
V (V)
2.0
-.25
0.0
5.0
10.0
15.0
20.0
time (ns)

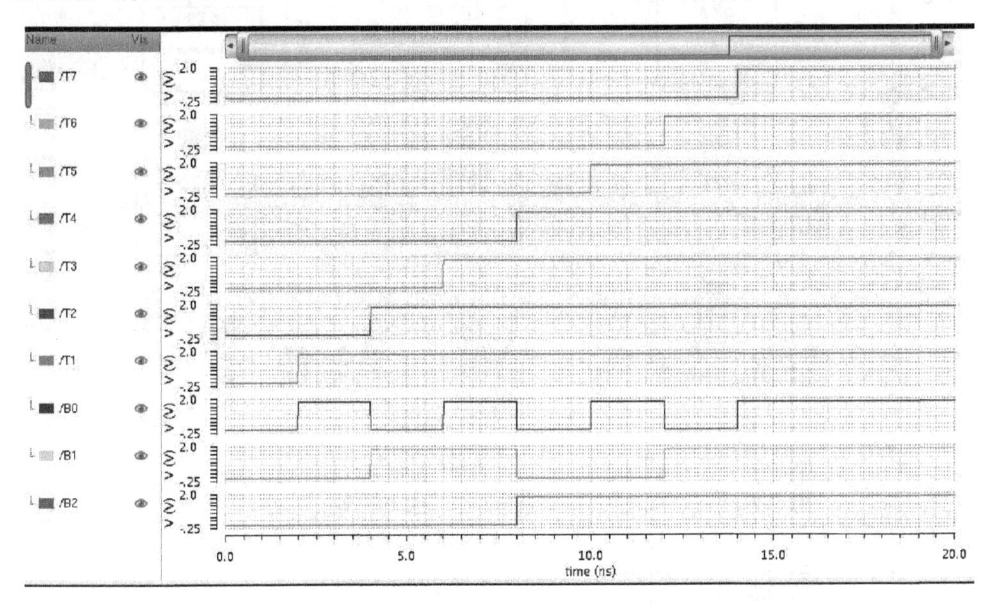

图 9.27 编码电路时域仿真结果

4. 并行式模 - 数转换器电路的建立与仿真

在完成采样保持电路、比较器、编码器等单元的基础上，进行并行式模 - 数转换器整体电路的建立，并完成时域及频域的相关仿真。具体步骤如下：

1）在 “flash” 库中完成并行式模 - 数转换器电路的绘制。点击 File→New→Cellview 指令，弹出 “Cellview” 对话框，输入所建立的 cell 的名字 “flash3bit”，点击 OK 按钮，新建一个设计原理图，如图 9.28 所示。

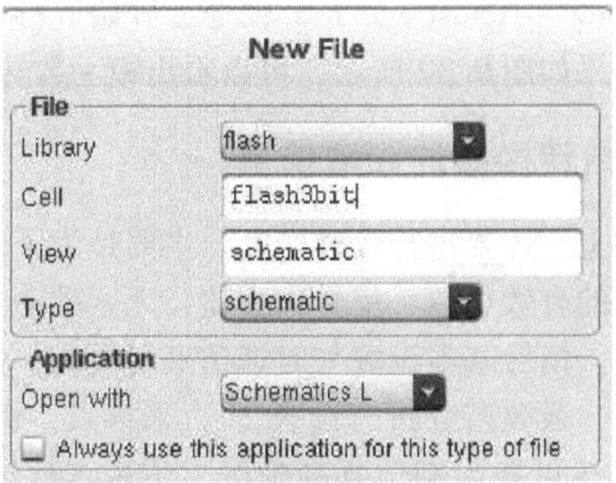

New File
File
Library
flash
Cell
flash3bit
View
schematic
Type
schematic
Application
Open with
Schematics L
Always use this application for this type of file

图 9.28 新建并行式模 - 数转换器电路

2）设计并行式模-数转换器电路，如图9.29所示，包括采样保持电路、电阻串、比较器阵列、编码电路及输出缓冲器等。

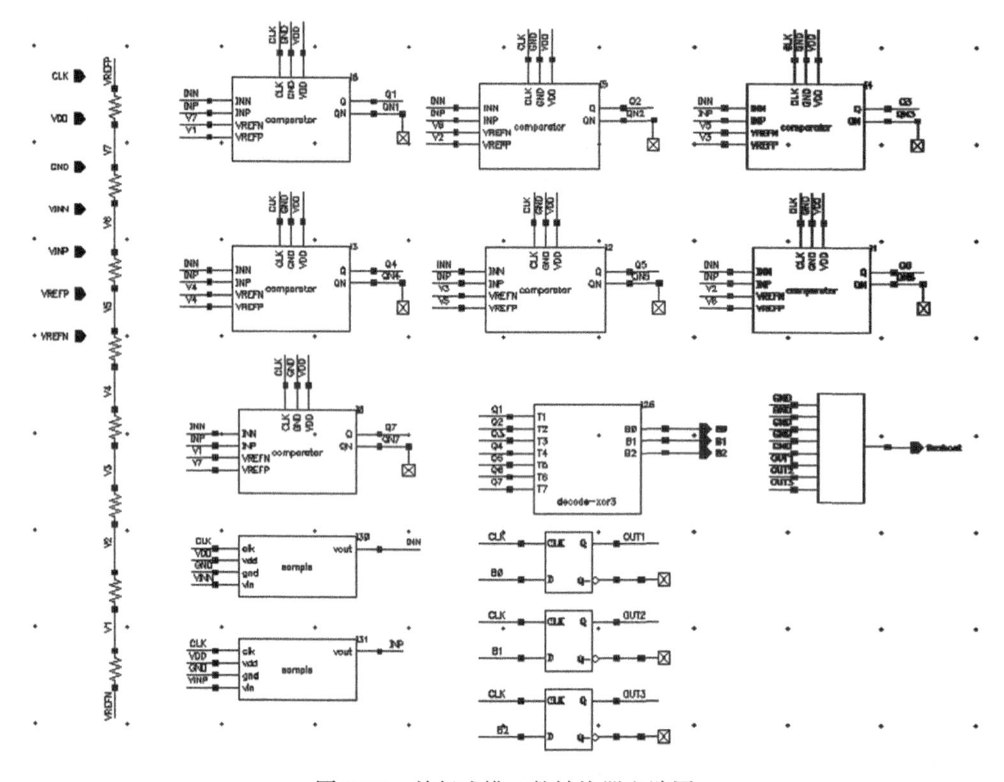

图9.29 并行式模-数转换器电路图

3）进行时域仿真。电源电压VDD设置为1.8V的直流电压信号，GND信号设置为0V直流电压信号，参考信号源VREFN和VREFP分别设置为0V和1.8V的直流电压信号。输入信号INP和INN设置为斜坡信号。选择Analyses→Choose指令，选择“tran”进行瞬态仿真，设置“Stop Time”的仿真时间为40ns，点击OK按钮完成设置。选择Simulation→Netlist and Run命令，开始进行仿真，仿真结束后选取输出端可得瞬态仿真结果如图9.30所示，可以看出模-数转换器电路工作正常。

9.2.2 并行式模-数转换器的频域仿真

在时域仿真的基础上，还要进行频域仿真，主要是为了验证模-数转换器的动态性能，包括输出信号的有效位数、信号失真比、无杂散动态范围等。

在进行频域仿真时，信号基本设置与时域仿真时类似，但是输入信号设置需符合奈奎斯特采样要求，一般频谱分析时选择2^N个采样点，例如512个、1024个或2048个等，仿真点数过少可能影响仿真准确度，仿真点数过多则需要仿真较长时间。这里设置为249.51MHz的正弦信号。选择Analyses→Choose指令，选择

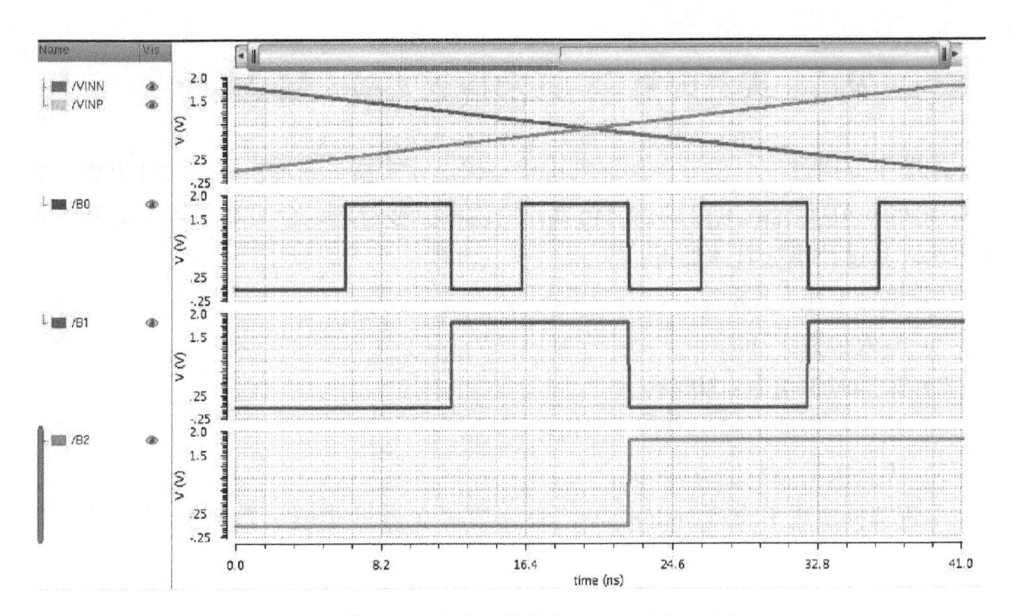

图 9.30　并行式模 - 数转换器时域仿真结果

“tran”进行瞬态仿真，设置“Stop Time”的仿真时间为 2.1μs，点击 OK 按钮完成设置。选择 Simulation→Netlist and Run 命令，开始进行仿真，仿真结束后将结果在 Matlab 软件中进行频谱分析，或选择 Measurement→Spectrum 命令，进行相关频谱分析，结果如图 9.31 所示，满足电路对准确度和速度的要求。

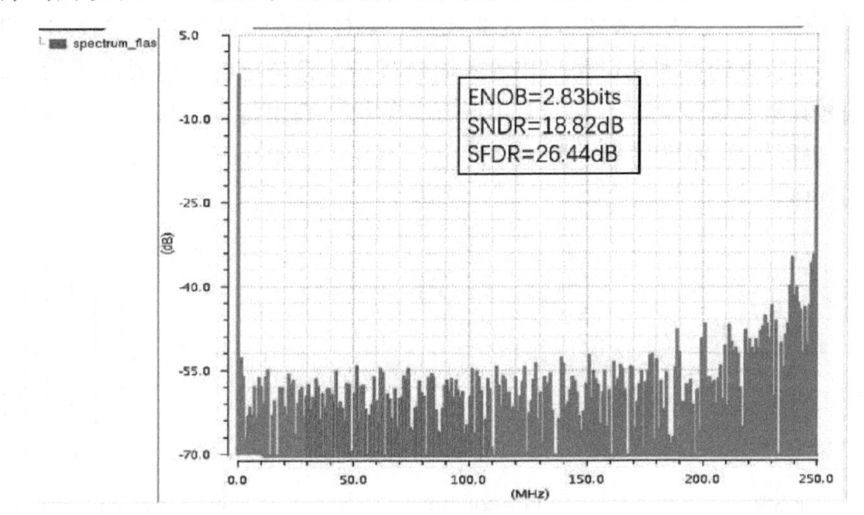

图 9.31　并行式模 - 数转换器频域仿真结果

至此，本小节完成了并行式模 - 数转换器的仿真流程，验证了该模 - 数转换器时域以及频域的性能，满足相关的设计要求。

9.3 实例分析2：逐次逼近式模-数转换器

本节主要通过一个设计实例详细讲解逐次逼近式模-数转换器的设计思想，基于Candence ADE完成电路的性能仿真，使读者能够清晰、全面地了解该电路的设计方法。其设计指标具体如下：

1）电源电压：1.8V；

2）有效位数>7bits；

3）采样时钟信号：10MHz；

4）输出信号的信噪失真比>42dB；

5）无杂散动态范围>50dB。

本例选择使用CMOS 180nm工艺来完成逐次逼近式模-数转换器的设计和仿真。

9.3.1 逐次逼近式模-数转换器设计与时域仿真

在确定设计指标后，首先要进行电路的初步设计与仿真，根据前一节关于逐次逼近式模-数转换的结构及相关原理介绍，在软件中搭建相关电路。

1. 采样保持电路的建立与仿真

采样保持电路是SAR ADC系统的最前端，对信噪比、线性度、直流失调等性能有重要影响。为了减小采样过程的非线性，采样开关通常采取自举技术（Bootstrap）。自举技术的原理是在栅端和输入端跨接一个自举电容，电容电压为固定的V_{DD}，信号在输入端变化时，利用CMOS开关的栅端高阻特性，自举电容可保持电压不变，也即采样MOS管栅-源端之间电压不变，如图9.32所示，其中R_{on}是开关的导通电阻。

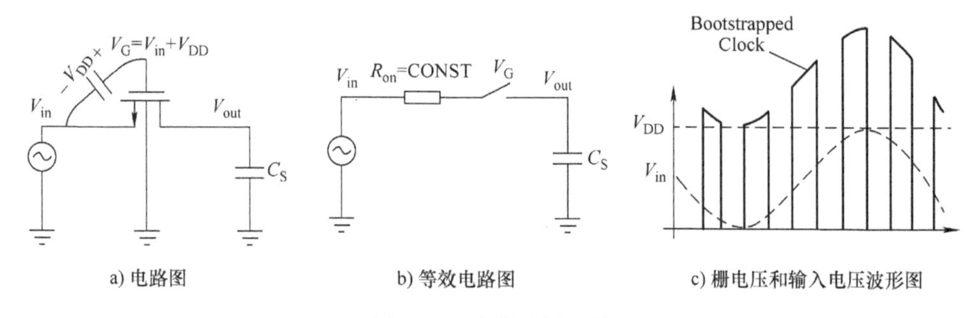

a) 电路图　b) 等效电路图　c) 栅电压和输入电压波形图

图9.32　自举采样开关

一种经典自举开关由两部分组成，分别是电荷泵（Charge Pump）和开关控制电路，如图9.33所示。电荷泵的作用是产生倍增时钟电压，从而提高开关管的栅极电压，实现“自举”的功能。经过时钟信号 3 次跳变之后，电容 C_1 和 C_2 两端电压被充至电压 V_{DD}，此后 C_1 和 C_2 的下极板电压在 0 和 V_{DD}间跳变，C_1 上极板电压则在 V_{DD}和 2 倍 V_{DD}之间跳变，并作为 M3 管的控制信号。当时钟信号 CLK 为低时，自举电容 C_3 通过 M3 管被充电至 V_{DD}，当时钟 CLK 为高时，M3、M12 关断，C3 悬空，与电荷泵隔离。再考虑开关控制部分的工作过程，当时钟 CLK 为低时，M11 的栅端 G 被 M7 和 M10 拉低至地，采样电容进入保持状态，同时 M8 和 M9 关断，切断自举电容和采样开关之间的通路；当时钟 CLK 为高时，M8 和 M9 导通，自举电容 C_3 被接入 M11 的源端和栅端，同时 M7 和 M10 关断，切断 M11 栅端到地通路。为了防止闩锁效应（Latch - up），M8 的源极与衬底连接。

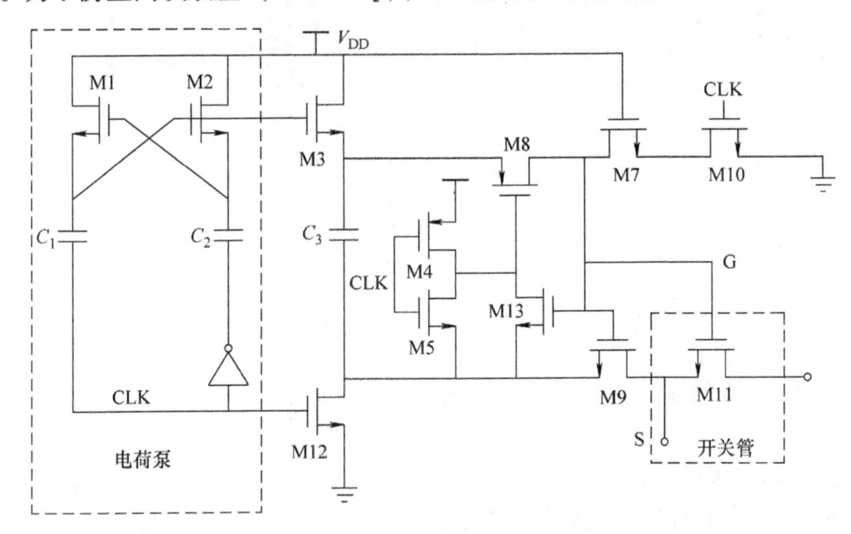

图 9.33　自举开关电路示意图

在 Cadence ADE 中进行电路设计并完成电路的仿真，具体步骤如下：

1）在 Linux 系统的命令行输入“virtuoso &”，运行 Cadence IC。

2）建立设计库，点击 File→New→Library 的指令，弹出“New Library”对话框，在对话框中输入建立的设计库名“saradc”，并选择“Attach to an existing techfile”关联至设计需要的工艺库文件“smic18mmrf”。

3）如图 9.34 所示，点击 File→New→Cellview 指令，弹出“Cellview”对话框，输入所建立的 cell 的名字“btswitch”，点击 OK 按钮，新建一个设计原理图。

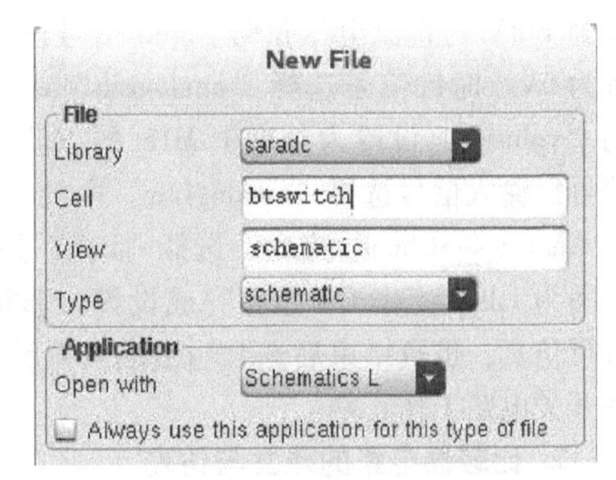

图 9.34　新建自举开关设计原理图

4）设计采样保持电路，如图9.35所示。采用自举开关，保证在整个输入电压范围内电路具有较好的线性度。为此电路建立一个symbol，方便后续调用。在电路图设计窗口中，点击菜单栏中的“Create”选择“Cellview”中的“From Cellview”，点击OK按钮，弹出设置symbol的选项窗口，对引脚的分布进行设置，完成采样保持电路symbol的建立。

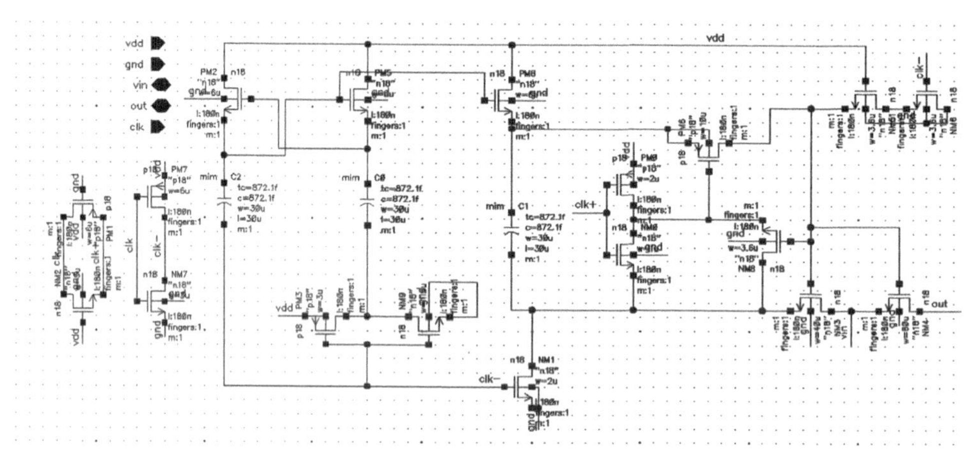

图9.35　采用自举开关的采样保持电路图

5）如图9.36所示，新建采样保持测试电路，建立的Cell的名字“btsample_tb”，并搭建仿真电路如图9.37所示。在SAR ADC中，采样电容由电路数模转换器中的电容阵列实现，因此在测试时需要添加等效负载电容。

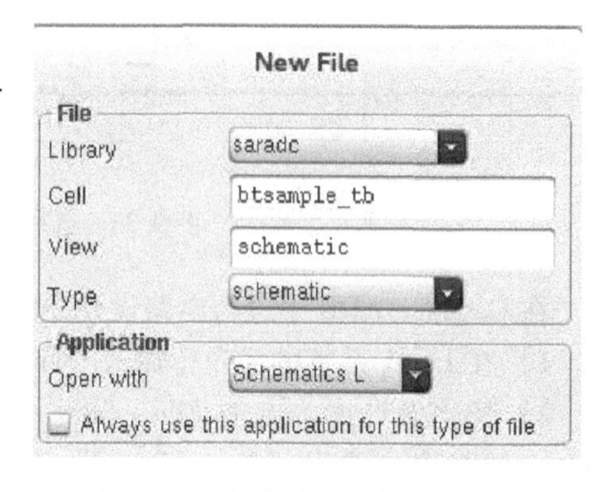

图9.36　新建采样保持测试电路

6）进行时域仿真。电源信号选用“analogLib”中的直流电压源“vdc”，设置为1.8V的直流电压信号，gnd信号设置为0V。时钟信号选择“analogLib”中的“vpluse”，设置为频率10MHz的方波信号。输入信号选择“analogLib”中的“vsin”，设置为4.9MHz的正弦信号。选择Analyses→Choose指令，选择“tran”进行瞬态仿真，设置“Stop Time”的仿真时间为1μs，点击OK按钮完成设置。选择Simulation→Netlist and Run命令，开始进行仿真，仿真结束后选取输出端可得瞬态仿真结果如图9.38所示，可以看出自举开关电路工作正常。

2. 比较器电路的建立与仿真

在逐次逼近式模-数转换器中，比较器是核心模块之一。本实例中，比较器采

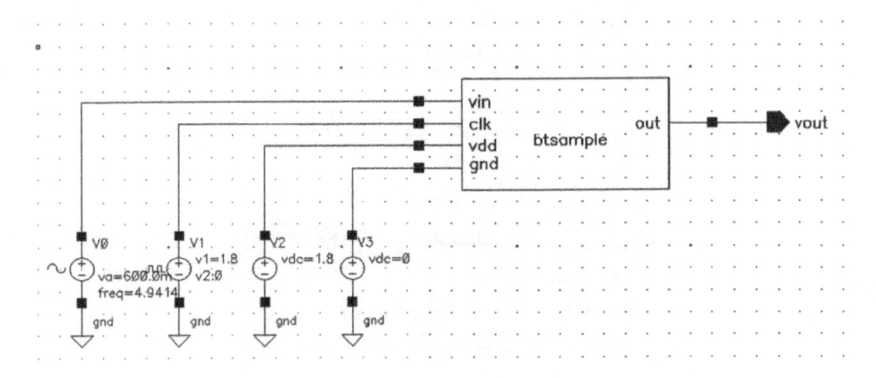

图 9.37　采样保持测试电路图

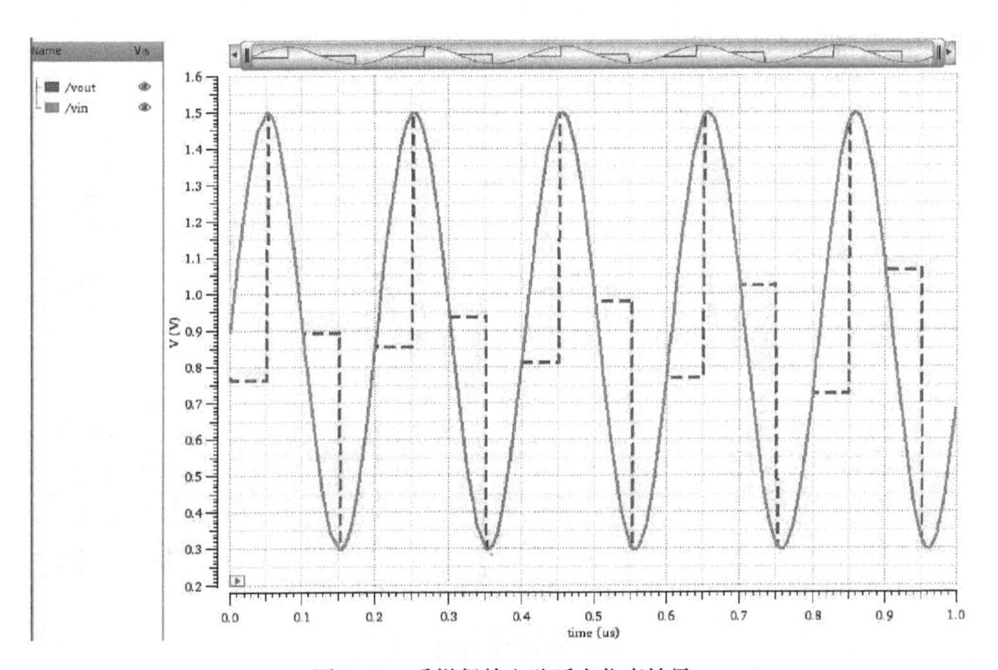

图 9.38　采样保持电路瞬态仿真结果

用动态比较器，主要采用动态预放大电路和锁存器相结合的结构。具体步骤如下：

1）如图 9.39 所示，点击 File→New→Cellview 指令，弹出 “Cellview” 对话框，输入所建立的 Cell 的名字 “comparator”，点击 OK 按钮，新建一个设计原理图。

2）设计比较器电路，如图 9.40 所示。比较器主要由动态预放大电路、锁存电路及输出整形缓冲器组成。为了方便后续调用，为此电路建立一个 symbol。在电路图设计窗口中，点击菜单栏中的 “Create” 选择 “Cellview” 中的 “From Cellview”，点击 OK 按钮，弹出设置 symbol 的选项窗口，对引脚的分布进行设置，完

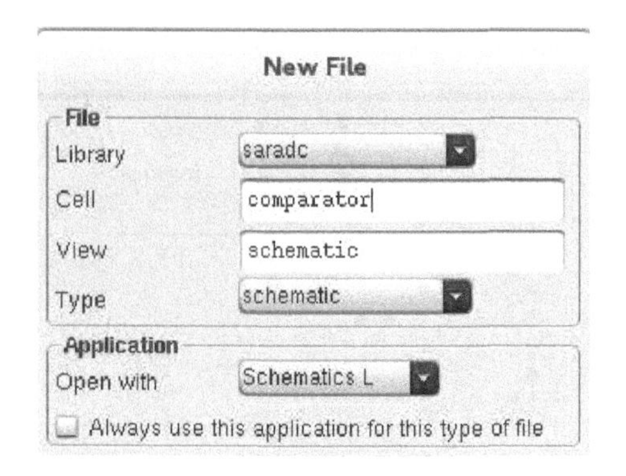

图 9.39　新建比较器单元电路

成比较器电路 symbol 的建立。

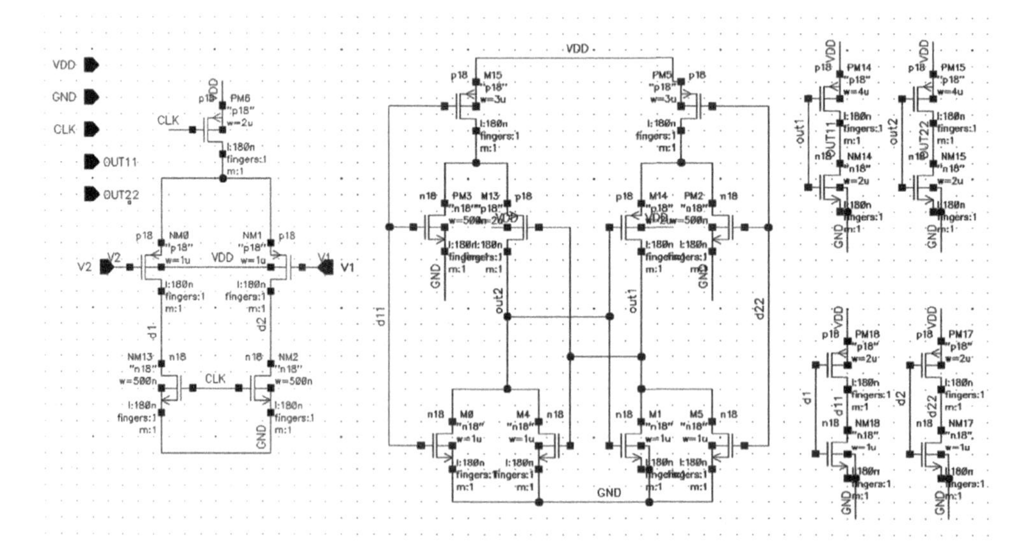

图 9.40　比较器电路图

3）进行时域仿真。电源电压 VDD 设置为 1.8V 的直流电压信号，GND 信号设置为 0V 直流电压信号。输入信号 V1 设置为 0.9V 的直流电压信号，V2 设置为斜坡信号。选择 Analyses→Choose 指令，选择“tran”进行瞬态仿真，设置“Stop Time”的仿真时间为 1000ns，点击 OK 按钮完成设置。选择 Simulation→Netlist and Run 命令，开始进行仿真，仿真结束后选取输出端可得时域瞬态仿真结果，如图 9.41所示，可以看出比较器电路工作正常。

3. 时序控制电路的建立与仿真

在逐次逼近式模－数转换器中，时序逻辑控制电路主要完成整个电路的内部逻辑控制，并根据比较器的结果控制数－模转换器的电平切换。具体步骤如下：

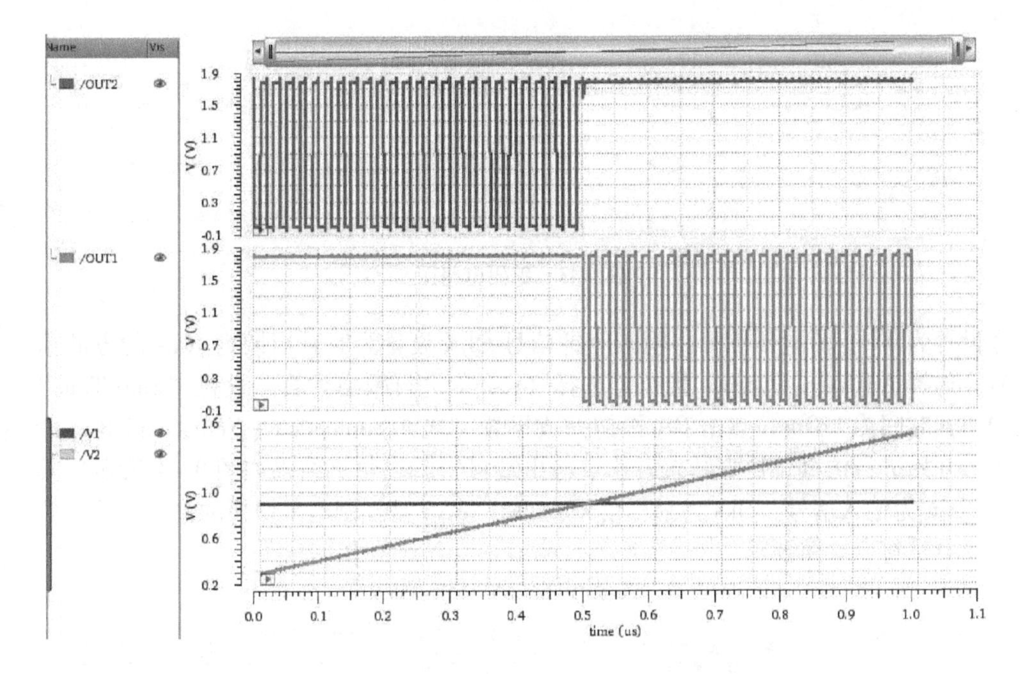

图 9.41　比较器电路的时域瞬态仿真结果图

1）点击 File→New→Cellview 指令，弹出"Cellview"对话框，输入所建立的 cell 的名字"timecontrol"，点击 OK 按钮，新建一个设计原理图，如图 9.42 所示。

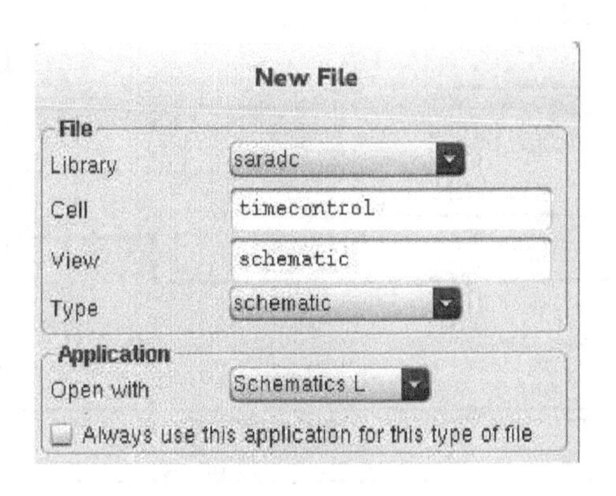

图 9.42　新建时序控制电路单元

2）设计时序控制电路，如图 9.43 所示。这里时序控制电路产生同步时序逻辑控制信号，电路主要由 D 触发器、反相器、或门等单元电路构成，根据输入时钟信号产生采样信号、比较器控制信号，以及每一次电平转换控制信号。

3）进行时域功能仿真。电源电压 VDD 设置为 1.8V 的直流电压信号，GND 信

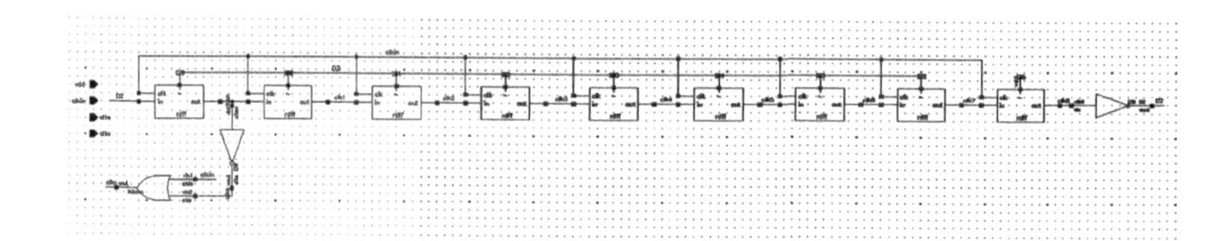

图 9.43　编码电路图

号设置为 0V 直流电压信号。输入时钟信号 CLK 设置为时钟周期为 10ns 的方波信号。选择 Analyses→Choose 指令，选择“tran”进行瞬态仿真，设置“Stop Time”的仿真时间为 120ns，点击 OK 按钮完成设置。选择 Simulation→Netlist and Run 命令，开始进行仿真，仿真结束后选取输出端可得瞬态仿真结果如图 9.44 所示，其中 clkin 为输入信号，clks 为采样信号，clk1 ~ clk8 是控制电平切换的输出信号，该时序电路符合电路要求。

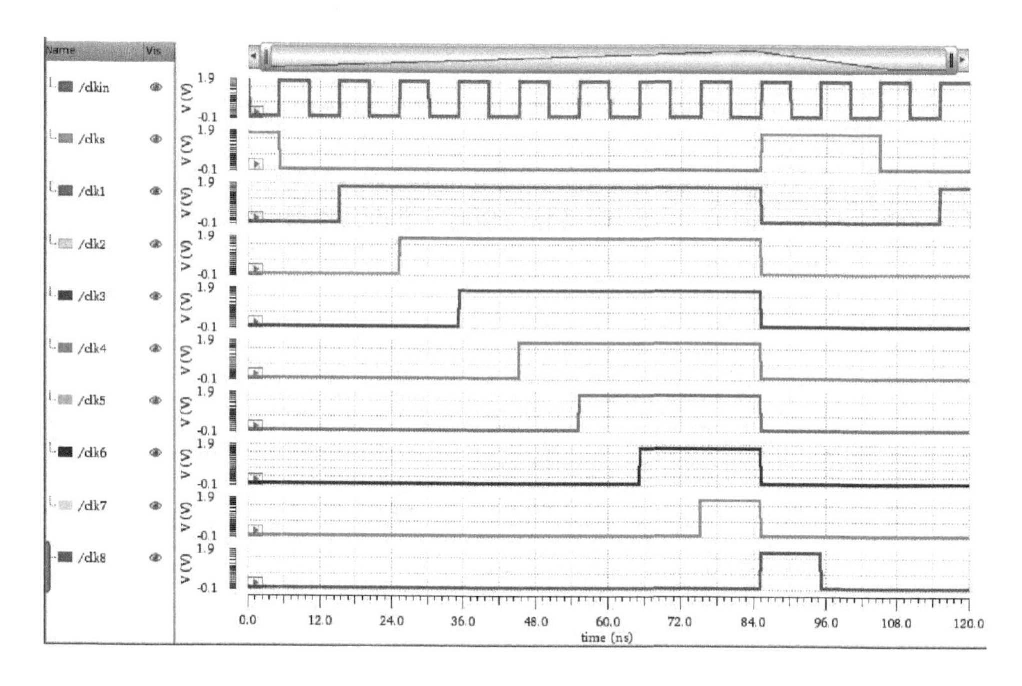

图 9.44　编码电路时域仿真结果

4. 逐次逼近式模 - 数转换器电路的建立与仿真

在完成相关单元模块的建立和仿真的基础上，进行整体电路的设计和仿真。具体步骤如下：

1）点击 File→New→Cellview 指令，弹出“Cellview”对话框，输入所建立的

Cell 的名字 “saradctop”，点击 OK 按钮，新建一个设计原理图，如图 9.45 所示。

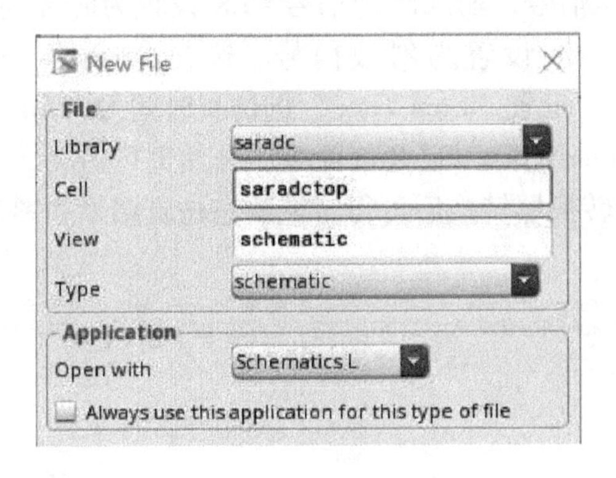

图 9.45　新建逐次逼近式模 – 数转换器电路

2）设计逐次逼近式模 – 数转换器电路。电路主要由采样保持电路、比较器、时序控制电路、由电容阵列构成的数 – 模转换器以及相关控制开关构成。采样保持电路的采样电容由 DAC 的电容等效，不需要额外的采样电容。数 – 模转换器中电容阵的单位电容为 C_u，则逐次转换时每一位电容的容值由低位到高位按 2 倍的关系依次递增。调用之前设计的单元电路，根据电路原理设计逐次逼近式模 – 数转换器整体电路，如图 9.46 所示。

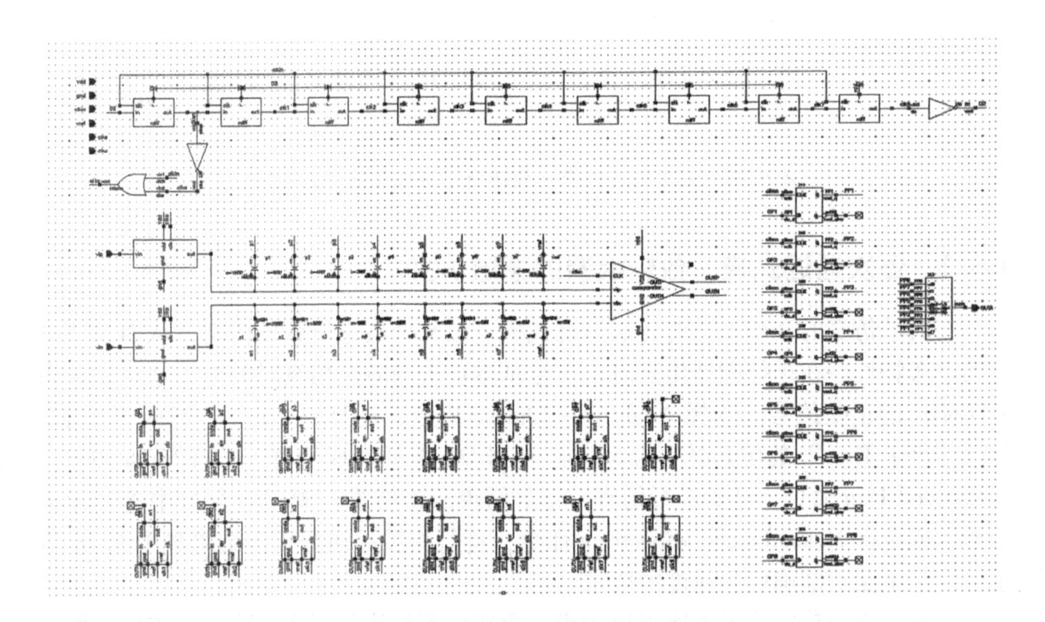

图 9.46　逐次逼近式模 – 数转换器电路图

3）进行时域功能仿真。电源电压VDD设置为1.8V的直流电压信号，GND信号设置为0V直流电压信号，输入时钟信号CLK设置为时钟周期为10ns的方波信号，输入信号vip和vin设置为斜坡信号。选择Analyses→Choose指令，选择“tran”进行瞬态仿真，设置“Stop Time”的仿真时间为5.5μs，点击OK按钮完成设置。选择Simulation→Netlist and Run命令，开始进行仿真，仿真结束后选取输出端，经过理想数-模转换器转换后可得时域瞬态仿真结果如图9.47所示。

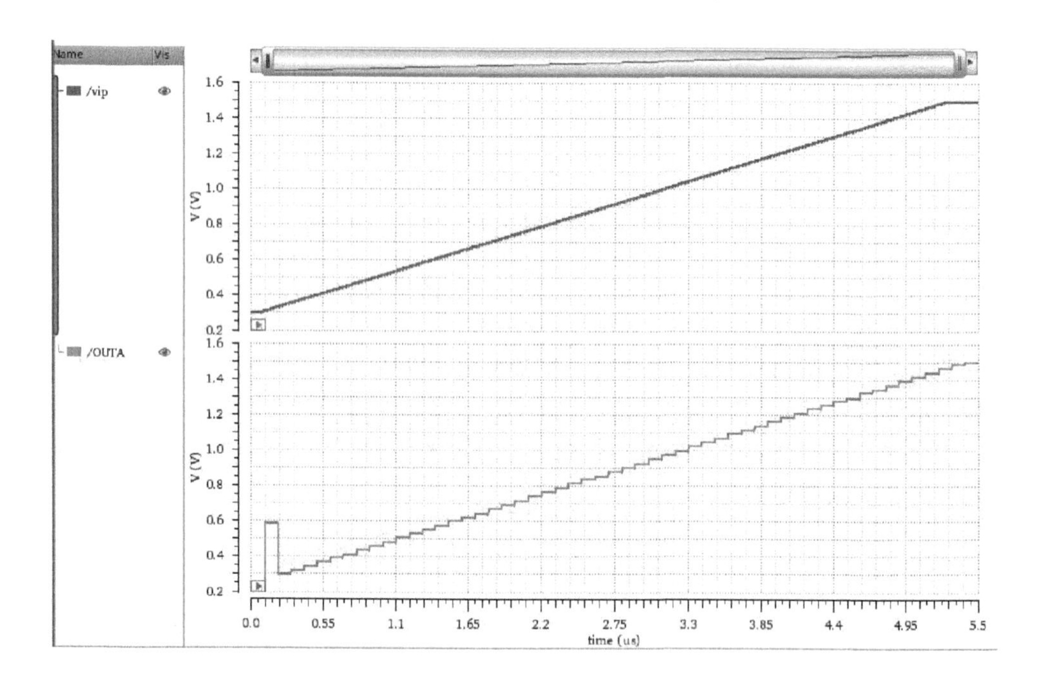

图9.47 逐次逼近式模-数转换器时域瞬态仿真结果

9.3.2 逐次逼近式模-数转换器的频域仿真

在时域仿真的基础上，对逐次逼近式模-数转换器进行频域仿真，从而验证电路的动态特性。在进行频域仿真时，信号基本设置与时域仿真时类似，这里设置为4.94MHz的正弦信号。选择Analyses→Choose指令，选择“tran”进行瞬态仿真，设置“Stop Time”的仿真时间为52μs，点击OK按钮完成设置。选择Simulation→Netlist and Run命令，开始进行仿真，仿真结束后将结果在Matlab软件中进行频谱分析，或选择Measurement→Spectrum命令，进行相关频谱分析，结果如图9.48所示，满足电路对准确度和速度的要求。

至此，本小节完成了逐次逼近式模-数转换器的仿真流程，验证了该模-数转换器时域以及频域的性能，满足相关的设计要求。

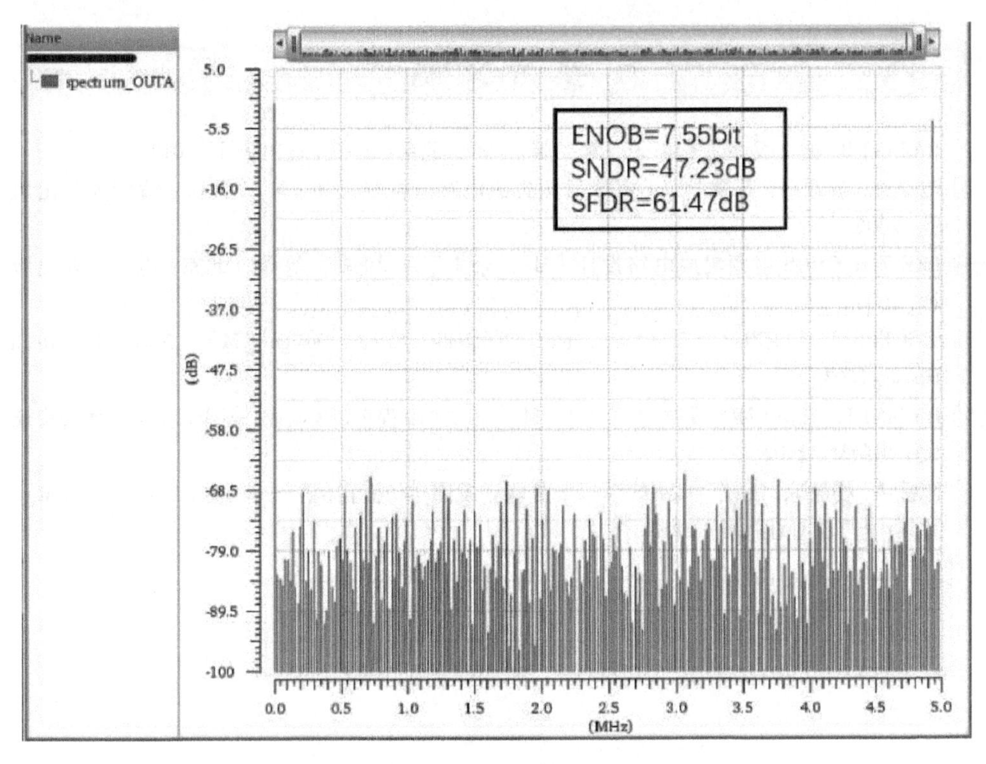

图 9.48　逐次逼近式模 - 数转换器频域仿真结果

9.4　本章小结

本章主要介绍了模 - 数转换器的基础知识，包括基本原理、性能参数、常见的模 - 数转换器的电路结构，并以并行式模 - 数转换器和逐次逼近式模 - 数转换器为例，介绍了使用 ADE 对两种电路结构的设计及仿真方法和流程。通过本章使读者对模 - 数转换器有一个概括性的了解，并能够进一步熟悉 ADE 的仿真，尤其是对模 - 数转换器时域和频域的相关仿真。

参考文献

[1] RAZAVI B. 英文版 射频微电子（第二版）[M]. 北京：电子工业出版社，2012.

[2] 池保勇，余志平，石秉学. CMOS 射频集成电路分析与设计 [M]. 北京：清华大学出版社，2006.

[3] LEE T H. CMOS 射频集成电路设计 [M]. 余志平，周润德，等译. 北京：电子工业出版社，2006.

[4] ROGERS J, PLETT C. Radio Frequency Integrated Circuit Design [M]. Norwood: Artech House, 2003.

[5] RAZAVI B. 模拟 CMOS 集成电路设计 [M]. 陈贵灿，程军，张瑞智，等译. 西安：西安交通大学出版社，2002.

[6] 陈铖颖，杨丽琼，王统. CMOS 模拟集成电路设计与仿真实例——基于 Cadence ADE [M]. 北京：电子工业出版社，2013.